无人机巡检培训教程

国网江苏省电力有限公司技能培训中心 **组编**

机械工业出版社
CHINA MACHINE PRESS

本书按照国家电网公司生产技能人员模块化培训课程体系的要求，依据《国家电网公司生产技能人员职业能力培训规范》，将无人机与电网巡检结合起来，参考相关技术资料编写而成。全书共6章，主要内容包括无人机巡检的基础理论、常规设备操作与维护、飞行操作与技巧、设备维护与故障排查、应急处置与安全管理和无人机巡检作业实践等多个方面。无人机因其位置灵活、视角广泛、挂载种类多等优点，可适应各种巡检场景，已逐渐代替人工巡检成为当前巡检的主要方式，极大地提高了巡检效率。

本书可作为电网企业、电力研究院校，以及运维单位培训巡检人员的教学用书，也可作为电力职业院校教学参考书。

图书在版编目（CIP）数据

无人机巡检培训教程 / 国网江苏省电力有限公司技
能培训中心组编. -- 北京：机械工业出版社，2025.5.
ISBN 978-7-111-78333-6

I. TM727

中国国家版本馆 CIP 数据核字第 2025BB2328 号

机械工业出版社（北京市百万庄大街 22 号　邮政编码 100037）

策划编辑：周国萍　　　　　　责任编辑：周国萍　刘本明
责任校对：薄萌钰　张亚楠　　封面设计：马精明
责任印制：张　博

北京建宏印刷有限公司印刷

2025 年 7 月第 1 版第 1 次印刷

184mm×260mm · 15.75 印张 · 349 千字

标准书号：ISBN 978-7-111-78333-6

定价：79.00 元

电话服务　　　　　　　　　网络服务

客服电话：010-88361066　　机　工　官　网：www.cmpbook.com
　　　　　010-88379833　　机　工　官　博：weibo.com/cmp1952
　　　　　010-68326294　　金　书　网：www.golden-book.com
封底无防伪标均为盗版　机工教育服务网：www.cmpedu.com

尊敬的读者们，欢迎翻开这本精心编撰的《无人机巡检培训教程》，本书凝聚了国家电网江苏省电力有限公司对配电无人机巡检技术的深刻理解和丰富实践经验，旨在为您铺设一条由浅入深、理论结合实际的学习路径，助力您掌握无人机巡检的精髓，成为智能电网维护的中坚力量。

本书编制之初，即充分考虑了配电无人机巡检的全方位需求，从基础理论、设备操作与维护到飞行技巧，再到应急处置与安全管理和巡检作业实践，每章都是通往专业技能巅峰的坚实阶梯。我们不仅重视理论的系统性和深度，更强调实践的应用性和创新性，可帮助您快速掌握无人机操作的核心技能。

第 1 章基础理论，作为学习的基石，不仅涵盖了无人机系统的基础知识，还深入讲解了与无人机运行密切相关的气象学基础，让您在理解规则的同时，也能感受其在实际工作中的应用。第 2 ~ 5 章从常规设备的操作与维护、飞行操作与技巧、设备维护与故障排查，到应急处置与安全管理，每一步都配备了详尽的操作指南、故障排查技巧及安全策略，确保读者在面对各种情况时都能游刃有余。特别值得一提的是，第 5 章的无人机巡检风险评估与预案制定和第 6 章的实战案例分析，旨在通过真实案例分析与经验分享，提升读者的决策能力与问题解决的能力，同时数据处理与分析技巧的介绍，将使读者在巡检作业后能够有效利用数据，提升工作效率。本书的最后提供了相关法律法规与标准和 15 个无人机巡检工作中常用的表格，供读者在实践中参考使用。

我们的目标是，无论您是刚刚踏入无人机巡检领域的新人，还是寻求提升的老手，都能在本书中找到启发与指导。让我们一同启程，以科技之名，守护光明，为构建更加安全、高效、智能的电网贡献力量。

由于编写时间紧，且无人机巡检技术发展迅速，书中难免有不足之处，敬请广大读者给予指正。

国网江苏省电力有限公司技能培训中心

目 录

第 1 章　基础理论

目标和要求：掌握无人机系统的组成、掌握气象知识。

重点和难点：能够阐述无人机的定义和分类，了解大气分类与结构、气团与锋面天气，熟练特殊气象条件下的飞行考量。

1.1　无人机系统概述

1.1.1　无人机分类与应用领域

无人机，全称为无人驾驶航空器，是一架由遥控器站管理（包括远程操纵或自主飞行）的航空器，也称为遥控驾驶航空器，英文缩写为 UAV。

近年来，国内外无人机相关技术飞速发展，无人机系统种类繁多、用途广泛、特点鲜明，致使其尺寸、重量、航程、航时、飞行高度、飞行速度、性能以及任务等方面都有较大的差异。由于无人机的多样性，出于不同考量会有不同的分类方法，且不同分类方法相互交叉、边界模糊。

无人机可按飞行平台构型、用途、活动半径、任务高度、尺寸等方法进行分类。

1）按飞行平台构型分类，无人机可分为固定翼无人机、旋翼无人机、无人飞艇、伞翼无人机、扑翼无人机等。

2）按用途分类，无人机可分为军用无人机和民用无人机。军用无人机可分为侦察无人机、诱饵无人机、电子对抗无人机、通信中继无人机、无人战斗机等；民用无人机可分为巡查无人机、农用无人机、气象无人机、勘察无人机、测绘无人机等。

3）按活动半径分类，无人机可分为超近程无人机、近程无人机、短程无人机、中程无人机和远程无人机。超近程无人机的活动半径在 15km 以内，近程无人机的活动半径在 15 ～ 50km 之间，短程无人机的活动半径在 50 ～ 200km 之间，中程无人机的活动半径在 200 ～ 800km 之间，远程无人机的活动半径大于 800km。

4）按任务高度分类，无人机可以分为超低空无人机、低空无人机、中空无人机、高空无人机和超高空无人机。超低空无人机的任务高度一般在 0 ～ 100m 之间，低空无人机的任务高度一般在 100 ～ 1000m，中空无人机的任务高度一般在 1000 ～ 7000m 之间，高空无人机的任务高度一般在 7000 ～ 18000m 之间，超高空无人机的任务高度一般大于 18000m。

5）按尺寸分类（参照无人驾驶航空器飞行管理暂行条例），无人机分为微型无人机、轻型无人机、小型无人机、中型无人机以及大型无人机。

①微型无人机，是指空机重量小于 0.25kg，最大飞行真高不超过 50m，最大平飞速度不超过 40km/h，无线电发射设备符合微功率短距离技术要求，全程可以随时人工介入操控的无人机。

②轻型无人机，是指空机重量不超过 4kg 且最大起飞重量不超过 7kg，最大平飞速度不超过 100km/h，具备符合空域管理要求的空域保持能力和可靠被监视能力，全程可以随时人工介入操控的无人机，但不包括微型无人机。

③小型无人机，是指空机重量不超过 15kg 且最大起飞重量不超过 25kg，具备符合空域管理要求的空域保持能力和可靠被监视能力，全程可以随时人工介入操控的无人机，但不包括微型、轻型无人机。

④中型无人机，是指最大起飞重量不超过 150kg 的无人机，但不包括微型、轻型、小型无人机。

⑤大型无人机，是指最大起飞重量超过 150kg 的无人机。

随着无人机技术的快速发展，无人机在我们日常生活中随处可见。无人机在民用领域主要用于影视传媒、农业植保、能源、地理测绘、生物监测、环境保护、气象探测、物流配送、应急救援、交通监视、治安维护、智慧城市、智慧文旅等领域。在能源领域，无人机主要应用于电力设备、油气设施、各类发电厂设备等的巡视。

目前，国家电网已经将无人机巡检工作进行规模化的应用和开展。国家电网江苏省电力有限公司在无人机巡检应用领域进行了积极主动探索，丰富了很多应用场景，同时也打造了一支高质量、高素质、高水平的无人机专业化团队，除了在输电和配电专业常态化、规模化的应用，还横向拓展了变电专业巡视、安监专业无感化督查、无人机检修替代、基建专业督查、电网规划设计等专业应用。在电网中应用的无人机如图 1-1 ～图 1-6 所示。

图 1-1　固定翼无人机

图 1-2　多旋翼无人机

图1-3　单旋翼无人机

图1-4　无人飞艇

图1-5　伞翼无人机

图1-6　扑翼无人机

1.1.2　无人机系统组成

典型的无人机系统由飞行器平台、控制站、通信链路以及批准的型号设计规定的任何其他部件组成。

飞行器是由人类制造、能飞离地面、在大气层内或大气层外空间飞行的机械飞行物。大气层内的飞行器称为航空器，在太空飞行的飞行器称为航天器。

航空器依据获得升力的方式不同分两大类，一类是轻于空气的航空器，依靠空气的浮力浮于空中，如气球，飞艇；另一类是重于空气的航空器，包括非动力驱动和动力驱动。无人机系统的飞行器平台主要使用的是重于空气的动力驱动航空器。

从飞行器平台技术本身来讲，无人机和有人机并无本质的区别，但无人机系统飞行器平台更加"简单"。这主要体现在以下五个方面：

1）无须生命支撑系统，平台规模尺度较小，更加简化。

2）无须考虑过载、耐久等人为因素，平台更加专用化。

3）降低采购价格，相对于有人机在一定程度上放宽了可靠性指标。

4）对场地、地面保障等依赖较少。

5）训练可大量依赖于模拟器，节省飞行器实际使用寿命。

1. 飞行器平台

（1）固定翼平台　固定翼平台即日常生活中提到的"飞机"，是指由动力装置产生前进的推力或拉力，由机体上固定的机翼产生升力，在大气层内飞行的重于空气的航空器。固定翼平台如图1-7所示。

大多数固定翼平台有相同的主要结构，它们的总体特性大部分由最初的设计目标确定。大部分固定翼平台的结构包含机身、机翼、尾翼、起落架和发动机等，如图 1-8 所示。

图 1-7　固定翼平台

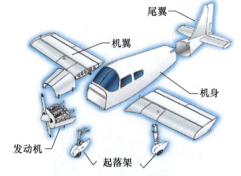

图 1-8　固定翼平台的通用结构

  1）机身：机身的主要功能是装载设备、燃料和武器等，同时它是其他结构部件的安装基础，用于将尾翼、机翼、起落架等连接成一个整体。

  2）机翼：机翼是固定翼飞行器产生升力的部件，机翼后缘有可操纵的活动面，一般靠外侧的叫作副翼，用于控制飞机的滚转运动，靠内侧的则是襟翼，用于增加起飞着陆阶段的升力。大型飞机机翼内部通常安装有油箱，军机机翼下面则可供挂副油箱和武器等附加设备。

  3）尾翼：尾翼是用来配平、稳定和操控固定翼飞行器飞行的部件，通常包括垂直尾翼和水平尾翼两部分。垂直尾翼由固定的垂直安定面和安装在其后部的方向舵组成；水平尾翼由固定的水平安定面和安装在其后部的升降舵组成，一些型号的飞机升降舵由全动式水平尾翼代替。方向舵用于控制飞机的横向运动，升降舵用于控制飞机的纵向运动。

  4）起落架：起落架是用来支撑飞行器停放、滑行、起飞和着陆滑跑的部件，一般由支柱、缓冲器、制动装置、机轮和收放机构组成。陆上飞机的起落架装置一般由减振支柱和机轮组成，此外还有专供水上飞机起降的带有浮筒装置的起落架和雪地起降用的滑橇式起落架。

  （2）垂直起降固定翼平台　垂直起降固定翼平台是指一种重于空气的无人机，垂直起降时由与直升机、多旋翼类似的起降方式或直接推力等方式实现，水平飞行由固定翼飞行方式实现，且垂直起降与水平飞行方式可在空中自由转换，如图 1-9 所示。

图 1-9　垂直起降固定翼平台

  （3）旋翼平台　旋翼平台即旋翼航空器平台，旋翼航空器是一种重于空气的航空器，它在空中飞行的升力由一个或多个旋翼与空气进行相对运动的反作用获得，与固定翼航空器为相对的关系。现代旋翼航空器通常包括直升机、旋翼机和变模态旋翼机三种类型。

  旋翼航空器其名称常与旋翼机混淆，实际上旋翼机的全称为自转旋翼机，是旋翼航空器的一种。

1）直升机：直升机是一种由一个或多个水平旋转的旋翼提供升力和推进力而进行飞行的航空器。直升机具有大多数固定翼航空器所不具备的垂直升降、悬停、小速度向前或向后飞行的特点。这些特点使得直升机在很多场合大显身手。直升机与固定翼飞机相比，其弱点是速度低、耗油量较高、航程较短。无人直升机平台如图1-10所示。

2）多轴飞行器：多轴飞行器（Multirotor）是一种具有三个及以上旋翼轴的特殊直升机。它通过每个轴上的电动机转动，带动旋翼，从而产生升推力。旋翼的总距固定，而不像一般直升机那样可变。通过改变不同旋翼之间的相对转速，可以改变单轴推进力的大小，从而控制飞行器的运行轨迹。四旋翼无人机平台如图1-11所示。

图1-10　无人直升机平台

图1-11　四旋翼无人机平台

由于多轴飞行器结构简单，便于小型化生产，近年来在小型无人机、直升机领域大量应用，常见的有四轴、六轴、八轴飞行器。它的体积小、重量轻、携带方便，能轻易进入不易进入的各种恶劣环境。

3）自转旋翼机：自转旋翼机（或自旋翼机）的旋翼没有动力装置驱动，仅依靠前进时的相对气流吹动旋翼自转以产生升力。自转旋翼机大多由独立的推进或拉进螺旋桨提供前飞动力，用尾舵控制方向。自转旋翼机必须像固定翼航空器那样滑跑加速才能起飞，少数安装有跳飞装置的自转旋翼机能够原地跳跃起飞，但自转旋翼机不能像直升机那样进行稳定的垂直起降和悬停。与直升机相比，自转旋翼机的结构非常简单、造价低廉、安全性较好，一般用于通用航空或运动类飞行。自转旋翼机如图1-12所示。

图1-12　自转旋翼机

2. 动力装置

动力装置是航空器的发动机以及保证发动机正常工作所必需的系统和附件的总称。无人机使用的动力装置主要有活塞式发动机、涡喷发动机、涡扇发动机、涡桨发动机、冲压式发动机、电动机等。目前主流的民用无人机采用的动力系统通常为活塞式发动机和电动机两种。

出于成本和使用方便的考虑，目前电网无人机巡检系统普遍使用的是电动动力系统。

电动动力系统主要由动力电动机、动力电源、调速系统以及螺旋桨四部分组成。无人机电动动力系统构成及作用如图 1-13 所示。

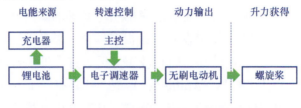

图 1-13　无人机电动动力系统构成及作用

（1）动力电动机　无人机使用的动力电动机可以分为两类：有刷电动机和无刷电动机。其中，有刷电动机由于效率较低，在无人机领域已逐渐被淘汰。多旋翼无人机常用的是三相无刷外转子电动机。无刷电动机是随着半导体电子技术发展而出现的新型机电一体化电动机，它是现代电子技术、控制理论和电机技术相结合的产物。

1）构成：无刷电动机总体由转子与定子共同构成，如图 1-14 所示。转子是指电动机中旋转的部分，包括转轴、钕铁硼磁铁；定子主要由硅钢片、漆包线、轴承等构成。

图 1-14　无刷电动机的构成

2）基本参数：

①工作电压：无刷电动机使用的工作电压较宽，但在限定了其负载设备的前提下，会给出其适合的工作电压，当整机系统电压高于额定工作电压时，电动机会处于超负荷状态，将有可能导致电动机过热乃至烧毁；当整机系统电压低于额定工作电压时，电动机会处于低负荷状态，电动机功率较低，将有可能无法保障整个无人机系统的正常工作。

②KV 值：KV 的概念是指无刷电动机工作电压每提升 1V，无刷电动机所增加的转速。无刷电动机引入了 KV 的概念，能够使我们了解到该电动机在不同的电压下所产生的空载转速（即没有安装螺旋桨）。KV 与转速的公式为：KV 值乘以电压值等于空载转速，例如，某电动机其 KV 值为 130KV，其最大工作电压为 50.4V，可知其最大空载转速为：130KV×50.4V=6552r/min。负载越大，其实际转速越低。

③最大功率：电动机能够安全工作的最大功率。电动机的功率反映了其对外的输出能力，功率越大的电动机，其输出能力也更强。功率的计算公式为：功率＝电压×电流，例如某 2212 电动机，工作电压为 11.1V，其最大工作电流为 20A，可知其最大功率为：11.1V×20A=222W。无刷电动机不可超过最大功率使用，如果长期处在超过最大功率的情况下，电动机将会发热导致高温乃至烧毁。

④电动机尺寸：多旋翼无人机采用的无刷电动机多采用其内部定子的直径和高度来定义电动机的尺寸。例如，某无人机采用的是 6010 电动机，表示其电动机定子的直径为 60mm、高度为 10mm。

⑤最大拉力：指电动机在最大功率下所能产生的最大拉力，直接反映了电动机的功率水平。多旋翼无人机要求其所有电动机总推力必须大于机身自重一定比例，才能保障无人机的飞行性能和飞行安全。这个比例称为推重比，多旋翼无人机的推重比必须大于 1，常见的在 1.6～2.5 之间。推重比反映了无人机动力的冗余情况，过低的推重比会降低多旋翼无人机的飞行性能和抗风性能。在一定范围内，无人机的推重比越低，说明电动机的工作强度越高，电动机的工作效率越会不断下降。以某无人机 [机身重量为 22.5kg、单电动机最大推力为 5.1kg f（1kg f=9.80665N）、八轴设计] 为例，来进行多旋翼无人机推重比的计算，单电动机的最大推力为 5.1kg f（1kg f=9.80665N），又已知其为八轴设计，所以其总推力为：5.1kg f×8=40.8kg f，则无人机的推重比为：40.8kg f÷22.5kg f=1.81（精确到小数点后两位），所以，该无人机的推重比为 1.81。

⑥内阻：电动机线圈本身的电阻很小，但由于电动机的工作电流可以达到几十安甚至上百安，所以其内阻会产生很多的热量，从而降低电动机的工作效率。多旋翼无人机使用的无刷电动机转速相对较低，所以电流频率也低，可以忽略电流的趋肤效应。因此，选择多旋翼无人机动力的时候尽量选择粗线绕制的无刷电动机，相同 KV 值的电动机漆包线直径越粗，内阻越小，效率更高，并且可以更好地散热。

（2）动力电源　动力电源主要为电动机的运转提供电能。通常采用化学电池来作为电动无人机的动力电源，主要包括镍氢电池、镍镉电池、锂聚合物电池、锂离子电池。其中，前两种电池因重量重，能量密度低，现已基本被锂聚合物电池所取代。

锂聚合物电池（Li-polymer，LiPo）是一种能量密度高、放电电流大的新型电池。同时，锂聚合物电池使用起来相对脆弱，对过充过放都极其敏感，在使用中应该熟练了解其使用性能。锂聚合物电池充电和放电过程就是锂离子的嵌入和脱嵌过程，充电时锂离子由负极脱离嵌入正极，而在放电时，锂离子脱离正极嵌入负极。一旦锂聚合物电池放电导致电压过低或者充电电压过高，正负极的结构将会发生坍塌，导致锂聚合物电池受到不可逆的损伤。单片锂聚合物电池内部结构如图 1-15 所示。

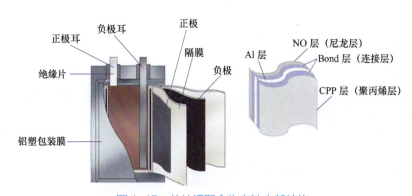

图 1-15　单片锂聚合物电池内部结构

随着无人机巡检技术的发展，智能电池也越来越多地出现在人们的视野中，目前部分无人机所使用的智能电池如图 1-16 所示。智能电池具备电量显示、寿命显示、电池存储自放电保护、平衡充电保护、过充电保护、充电温度保护、充电过流保护、过放电保护、短路保护、电芯损坏检测、电池历史记录、休眠保护、通信 13 个功能。其中有的功能可以直接通过电池上的 LED 灯有组合地亮和灭来确定电池目前的情况；有的功能则需要配合移动设备的 App 来实现，App 上会实时显示剩余的电池电量，系统会自动分析并计算返航和降落所需的电量和时间，免除时刻担忧电量不足的困扰。智能电池会显示每块电芯的电压、总充放电次数，以及整块电池的健康状态等。

电芯的标准标称电压为 3.7V，安全充电的最高电压为 4.20V，高于此电压继续充电将会对电池性能产生损伤。随着电池技术的发展，出现了高压版锂电池，锂聚合物电池截止电压由 4.2V 升至 4.35V。高压版锂电池（图 1-17）提升了电池的能量密度。专业无人机厂家目前多采用高压版锂电池来提高无人机的飞行性能，如 4s Lipo 的额定电压为 15.4V，满电电压为 17.6V。

图 1-16　某品牌智能电池

图 1-17　高压版锂电池

充电器是为电池进行平衡充电的设备，如图 1-18 所示。一般电池如镍氢以及镍镉电池普遍为仅串充的充电方式，而锂聚合物电池充电器须对电池进行平衡充电，锂聚合物电池的平衡头就是专门进行平衡充电的接口。这是因为，锂聚合物电池对过放敏感，一旦在使用中各片锂聚合物电池电芯电压不平衡，就会形成低电压电芯可能过放的风险。

（3）调速系统　动力电动机的调速系统称为电调，全称为电子调速器，英文缩写为 ESC。电调可分为有刷电调和无刷电调。电调根据控制信号调节电动机的转速。无刷电调的结构由信号输入线、电源输入线、电调主体、输出端等构成，如图 1-19 所示。

图 1-18　平衡充电器及其电池的平衡充电头

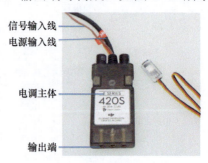

信号输入线
电源输入线

电调主体

输出端

图 1-19　无刷电调的基本构成

无刷电调的主要参数如下：

1）使用电压：即该电调所能使用的电压区间。例如某40A电调使用电池组为2～6S（S表示锂电池串联），也就是说使用电压区间为7.4～22.2V。需要注意的是，电调的使用电压必须在指定范围内，否则将不能正常工作。

2）持续工作电流：持续工作电流是该电调可以持续工作的电流，超过该电流可能导致电调过热烧毁。如图1-20所示，该款电调持续工作电流为20A，那该电调就必须工作在20A以内。

（4）螺旋桨　螺旋桨将电动机的旋转功率转变为无人机的动力，是整个动力系统的最终执行部件。螺旋桨的性能优劣对于无人机的飞行效率有十分重要的影响，直接影响无人机的续航时间。螺旋桨一般简称为桨叶。桨叶的构造图如图1-21所示。螺旋桨的分类如下：

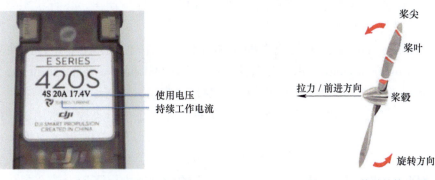

图1-20　某无刷电调的主要参数　　　　图1-21　桨叶的构造图

1）按材质分类：可分为碳桨、木桨、塑料桨。碳纤维螺旋桨强度高、重量轻、寿命较长，碳纤维是螺旋桨最好的材料之一，但价格最贵。木质螺旋桨强度高、性能较好、价格较高，主要应用于较大型无人机。塑料螺旋桨性能一般，但价格便宜，在小型多旋翼无人机中得到大量应用。

2）按结构分类：可分为折叠桨与非折叠桨，如图1-22所示。非折叠桨的结构为整体一体成形，而折叠桨其左右两侧的桨叶是分开并可以进行折叠。折叠桨的设计初衷主要是为了方便进行折叠，便于无人机的运输。

图1-22　折叠桨与非折叠桨

3）按桨叶数分类：可分为单叶桨、双叶桨、三叶桨和四叶桨及以上。螺旋桨的桨叶数增多，其最大拉力也会增大，但效率会降低。单叶桨一般用于高效率竞速机，可避免碰到前叶的尾流，效率最高，但另一端要配平。双叶桨是最常见的桨，效率高，并且容易平衡。三叶桨的效率比双叶桨的略低，优点是相同拉力的情况下尺寸可以做得更小。

四叶桨及以上多用于仿真机或者直升机，在实际中很少用到。

双叶桨、三叶桨和四叶桨如图 1-23 所示。

图 1-23　双叶桨、三叶桨和四叶桨

3. 飞行控制系统

飞行控制系统（简称为飞控）是无人机完成起飞、空中飞行、执行任务和返场回收等整个飞行过程的核心系统。飞控可以分为硬件层、软件驱动层、飞行状态感知与控制层、飞行任务层四大部分。

（1）硬件层　硬件层指的是飞控的实体部分，其中包含主控单元、惯性测量单元（Intertial Measurement Unit，IMU）、卫星定位模块（Global Navigation Satellite System，GNSS）、磁罗盘模块、状态指示灯模块、电源管理模块、数据记录模块等各类传感器。主控单元好比计算机的 CPU，负责飞控所有数据的计算工作。飞控上常用的陀螺仪、加速度计、磁力计、气压计、GPS 及视觉传感器，它们好比人类的眼睛、耳朵、鼻子、皮肤，给人类提供了视觉、听觉、嗅觉、触觉，如果失去了这些感觉，我们无从感知自身的状态位置以及外界环境信息，从而失去最基本的行动能力。飞控上的众多传感器正是起到这些作用，其中陀螺仪可以测量角速度，加速度计可以测量加速度（包括重力加速度和运动加速度），磁力计可以测量地球磁场强度，从而求出无人机航向，而气压计可以测量气压强度，根据特定公式转换成相对高度，最后 GPS 及视觉传感器可以测量出无人机绝对和相对速度 / 位置信息。

1）主控单元：主控单元是飞行控制系统的核心，如图 1-24 所示，负责传感器数据的融合计算，实现无人机飞行的基本功能。通过它将 IMU、GNSS、指南针、遥控接收机等设备接入飞行控制系统，从而实现无人机的所有功能。除了辅助飞行控制以外，某些主控单元还具备记录飞行数据的黑匣子功能。同时主控单元还可通过后续固件升级获得新功能。主控单元的飞行模式控制介绍如下：

多旋翼无人机一般提供三种飞行模式，分别是 GPS 模式、姿态模式、RTK（实时动态载波相位差分技术）模式。图 1-25 所示为三种飞行模式切换开关。

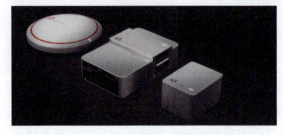

图 1-24　目前主流飞控的主控单元　　　　图 1-25　三种飞行模式切换开关

①GPS 模式：除了能自动保持无人机姿态平稳外，还具备精准定位的功能。在该种模式下，无人机能实现定位悬停、自动返航降落等功能。GPS 模式也就是 IMU、GNSS、磁罗盘、气压计全部正常工作，在没有受到外力的情况下（比如大风），无人机将一直保持当前高度和当前位置。此时飞行控制系统中的控制循环如图 1-26 所示。

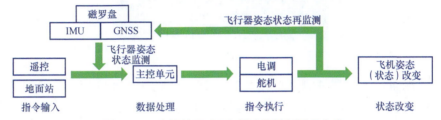

图 1-26 主控单元 GPS 模式的控制循环方式

在 GPS 模式下，在主控单元进行数据处理和指令输出时，主控单元在基于磁罗盘、IMU 和 GNSS 模块提供的环境数据进行指令输出后，需要对无人机输出的姿态和状态进行重新监测，形成一个定位及姿态控制闭环系统，一旦无人机状态（定位信息、航向信息、姿态信息等）与主控单元设定的状态不符，主控单元可发出修正指令，对无人机进行状态修正，使得该模式下无人机具有比较强的自体稳定性。

实际上，很多无人机的高级功能都需要 GNSS 模块参与才能完成，如大部分无人机的飞行控制系统所支持的地面站作业以及返回断航点功能，只有在 GNSS 模块参与的情况下无人机才知道自己在哪儿，自己该去哪儿。

GPS 模式是目前多旋翼无人机用得最多的飞行模式，它在遥控器上的代码通常为 P。

②姿态模式：能实现自动保持无人机姿态和高度，但不能实现自主定位悬停。主控单元姿态模式的控制循环方式如图 1-27 所示。

在姿态模式下，在主控单元进行数据处理和指令输出时，主控单元仅基于 IMU 模块提供的环境数据进行指令输出后，对无人机实时的姿态进行监测，形成一个姿态控制闭环系统，无人机姿态信息与主控单元设定的状态不符，主控单元可发出姿态修正指令，对无人机进行姿态修正。在该模式下，无人机仅具有姿态稳定功能，不具备精准定位悬停功能。

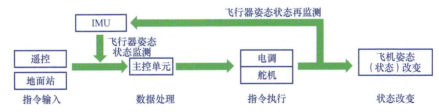

图 1-27 主控单元姿态模式的控制循环方式

大部分无人机工作在 GPS 模式下，姿态模式只是作为应急时的飞行模式。

③RTK 模式：在 RTK 模式中，基准站建在已知或未知点上；基准站接收到的卫星信号通过无线通信网实时发给用户接收机；用户接收机将接收到的卫星信号和收到的基准站信号实时联合解算，求得基准站和流动站间的坐标增量（基线向量）。站间距为 30km，平面精度为 1 ~ 2cm。RTK 模式的控制循环方式如图 1-28 所示。

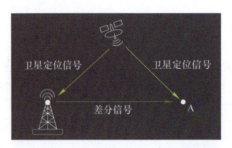

图 1-28　RTK 模式的控制循环方式

2）惯性测量单元：惯性测量单元（图 1-29），包含加速度计、角速度计和气压高度计传感器，用于感应无人机的姿态、角度、速度和高度数据。

一个 IMU 包含了三个以上单轴的加速度计和三个以上单轴的陀螺。加速度计检测物体在载体坐标系统独立三轴的加速度信号。陀螺检测载体相对于检测角速度信号的导航坐标系，它测量物体在三维空间中的角速度和加速度，并以此解算出物体的姿态，在导航中有着很重要的应用价值。

图 1-29　内置于主控单元的惯性测量单元

气压计是测量大气压强的设备，通常内置于 IMU 中，是保障无人机飞行高度稳定的传感器。

3）卫星定位模块：卫星定位模块是全球定位系统，用于确定无人机的方向及经纬度，实现无人机的失控保护、自动返航、精准定位、悬停等功能。其中，GPS 是由美国国防部研制建立的一种全方位、全天候、全时段、高精度的卫星导航系统，能为全球用户提供低成本、高精度的三维位置、速度和精确定时等导航信息。具体来讲，GNSS 能为无人机飞行控制系统提供的服务有：

①提供经纬度，使无人机能够获得地理位置信息，从而能够实现定位悬停以及规划航线飞行。

②提供无人机的高度、速度、时间等信息，对无人机提供信息支持，提高飞行稳定性。

在执行巡检作业过程中，应注意影响 GNSS 信号质量的因素，主要包括电气电磁干扰，无线电、强磁场均会产生不同程度的干扰。在城市中，由于高层建筑为垂直拔高，较少存在反射面，会导致 GNSS 信号降低，信号微弱会造成设备漂移。在峡谷中，周围有高山阻挡，因此卫星定位模块直接捕获的卫星数量可能只有头顶上的一到两颗。

4）磁罗盘模块：磁罗盘也被称为指南针，是利用地磁场固有的指向性测量空间姿态角度。磁罗盘在无人机中的作用也是提供方位，属于传感器。磁罗盘是无人机正常飞行的前提，所以一定要关注其状态，并根据操作要求及时对磁罗盘进行校正。地磁信号的特点是适用范围大，但强度较低，甚至不到 1Gs（10^{-4}T）（电动机里面的钕铁硼磁铁磁场可达几千高斯），非常容易受到其他磁体的干扰。铁磁性的物质都会对磁罗盘产生干扰，例如大块金属、高压电线、信号发射站、磁矿、停车场、桥洞、带有地下钢筋的建筑等。图 1-30 所示为大型钢结构厂房，其电磁信号比较复杂，无人机在这样的位置飞行时需谨慎留意磁罗盘的运行状态。

图1-30 电磁信号复杂的钢结构厂房

　　另外，不同地区的地磁信号会有细微差别，在南极北极地区，磁罗盘甚至无法正常使用。所以当使用多旋翼无人机从一个地点进入到一个较远的地区时，应首先对磁罗盘进行校准，使其能够良好工作。

　　5）状态指示灯模块：状态指示灯模块（LED）如图1-31所示，通过显示颜色、快慢频率、次数等，实时反馈无人机的飞行状态，是飞行过程中必不可少的显示设备，它能帮助飞手实时了解无人机的各项状态。

　　6）电源管理模块：电源管理模块（Power Management Unit，简称PMU）如图1-32所示，为整个飞行控制系统与接收机供电。

图1-31 状态指示灯模块

图1-32 电源管理模块

　　7）数据记录模块：数据记录模块（IOSD）用于存储飞行数据。它可以记录无人机在飞行过程中的加速度、角速度、磁罗盘数据、高度和无人机的部分操作记录。在无人机出现故障时，它能帮助维护人员对飞行数据进行分析，发现故障原因。

　　（2）软件驱动层　要让飞控工作，需要和最底层的寄存器打交道，传统的做法是根据单片机手册去正确配置各个寄存器，使其能够按照指定频率工作并驱动各个外设。除此之外，飞控还需要和外界进行数据交互，比如解析接收机的PWM/PPM/SBUS信号，输出PWM信号给电调，发送数据给地面站/App，接收地面站的数据与指令。飞控上常用的数据通信接口有串口和CAN等。

　　（3）飞行状态感知与控制层　飞行状态感知，第一步是计算无人机在三维空间中的姿态，陀螺仪无疑是最重要的元件。将陀螺仪直接安装在无人机上，使它们处于同一坐标系，测量无人机的旋转角速度，再通过离散化数值积分计算，便能得到某段时间内物体的旋转角度。它的优点是陀螺仪数据精度较高，不会受到外界环境干扰，不依赖任何外部信号，对振动（线性加速度）不敏感；缺点是只依靠陀螺仪无法确定初始姿态，另外由于各种误差的存在（传感器自身误差、积分计算误差等），积分得到的角度值会存在累积误差，且随着时间的增加而变大。尤其是当前使用的低成本MEMS（微机电系统）陀螺仪，其自身的随机噪声误差就已经远大于数值计算误差了。

为了解决只依靠陀螺仪计算姿态而导致的累积误差和初始状态确定的问题，采用三轴加速度传感器。加速度计主要用于测量加速度，当它静止时，输出重力加速度，而根据三个轴上的重力加速度分量，便能计算出当前无人机相对于地球的姿态角。既然可以直接用加速度计计算出无人机姿态，那为何不干脆只用加速度计，抛弃陀螺仪呢？问题没有这么简单，首先由于工作原理及制造工艺的影响，通常加速度计的噪声比较大；其次加速度计对振动非常敏感，轻微的抖动便会引入大量的噪声；最后也是最重要的，实际上，无人机并不是静止的，在飞行的过程中不断变化的运动加速度，均会被加速度计测量到，和重力加速度混合到一起，使得我们无法分辨出准确的重力加速度数值。换句话说，虽然我们可以直接使用加速度计的数据计算出无人机的姿态，但大部分时间内加速度计的数据可信度都很低。

综上所述，陀螺仪的数据短期精度很高，长期存在累积误差，而加速度计对于姿态的测量短期精度很低，但长期趋势准确。我们结合这两个传感器的特性，进行数据融合，最终计算得到一个相对精确的姿态值。

当计算得到无人机的状态信息后，便可以对无人机进行控制。也就是让无人机按照接收到的指令，往前飞、往后飞、往下飞、往上飞，或悬停在某个地方不动等。多旋翼无人机是一种不稳定的飞行系统，极其依赖电子化的自动控制，要以很高的频率不断调整多个电动机的转速，才能稳定无人机的姿态，而这是单靠人力很难完成的工作。旋翼无人机上，依靠单片机精确地高速运算，配合电子调速器及高性能无刷电动机，极大地降低了多旋翼无人机的控制难度和成本。在运行过程中，把计算得到的无人机状态量作为控制器的输入量，从而实现无人机的自动闭环控制。其中包括角速度控制、角度控制、速度控制、位置控制，这几个控制环节使用串联的方式有机结合起来，实时计算得到当前所需的控制量，根据多旋翼无人机的实际控制模型（四轴、六轴或八轴等），转换成每一个电动机的转动速度，最终以PWM信号的形式发送给电调，各个控制环节所需频率，从每秒调整数百次到几十次不等。

（4）飞行任务层　在飞行过程中有时可能没有遥控指令的参与，这时便需要无人机自主完成飞行动作，如自动起飞、自动降落，以及遥控器信号失联后的自动返航等。还有许多飞行任务是无法手动完成的，需要预先编写好任务程序，全自动执行。以最常见的测绘为例，通常需要在地面站软件上设置好测绘区域和参数，软件将自动生成飞行航线，其中包含了飞行路径、飞行速度、飞行高度和拍照间隔等信息，之后这些航线信息将会发送给飞控，然后飞控进入自动飞行模式，按照航线数据自主飞行，同时控制相机拍照。

4. 地面站

地面站（Ground Station）也称为"任务规划与控制站"，它作为整个无人机系统的指挥中心，其控制内容包括无人机的飞行过程、飞行航迹、有效载荷的任务功能、通信链路的正常工作，以及无人机的发射和回收。任务规划主要是指在飞行过程中无人机的飞行航迹受到飞行计划指引；控制是指在飞行过程中对整个无人机系统的各个模块进行控制，按照操作手预设的要求执行相应的动作。地面站应具有以下几个典型的功能：

（1）姿态控制　地面站在传感器获得相应的无人机飞行状态信息后，通过数据链路将信息数据传输到地面站。计算机处理信息，解算出控制要求，形成控制指令和控制参数，再通过数据链路将控制指令和控制参数传输到无人机上的飞控，通过后者实现对无人机的操控。

（2）机身任务设备数据的显示和控制　有效载荷是无人机任务的执行单元。地面站根据任务要求实现对有效载荷的控制，如拍照、录像或投放物资等，并通过对有效载荷状态的显示，来实现对任务执行情况的监管。

（3）任务规划、位置监控及航线的地图显示　任务规划主要包括研究任务区域地图、标定飞行路线及向操作员提供规划数据等，方便操作手实时监控无人机的状态。

（4）导航和目标定位　在遇到特殊情况时，需要地面站对其实现实时的导航控制，使无人机按照安全的路线飞行。

5. 通信链路

无人机数据链是无人机系统的重要组成部分，地面站与无人机之间进行的实时信息交换需要通过通信链路来实现。地面站需要将指挥、控制以及人物指令及时地传输到无人机上，无人机也需要将自身状态（飞行姿态、地面速度、空速、相对高度、设备状态、位置信息等）以及相关人物设备数据发回地面站。

在以往的航模无人机当中，地面与空中的通信往往是单向的，也就是地面进行信号发射，而空中进行信号接收并完成相应的动作，地面部分被称为发射机，空中部分被称为接收机，所以这一类的无人机其通信数据链只有一条，即遥控器上行链路。而多旋翼无人机地面操作人员不仅要求能控制无人机，还需要了解无人机的飞行状态以及无人机任务设备的状态，这就要求地面端能够接收多旋翼一端的数据，这就是常见的第二条数据链路，即数传上下行链路。同时无人机系统会回传机载摄像头拍摄的实时图像画面，方便操作手更便捷地了解此时无人机的飞机朝向及进行拍摄构图、记录使用，形成了第三条图传链路，即图传下行链路。

（1）遥控器链路设备　遥控器与接收机共同构成控制通信链路，如图1-33所示。遥控器也被称为发射机，负责将操作手的操作动作转换为控制信号并发射，接收机负责接收遥控信号。

图1-33　控制通信链路

需要注意的是，遥控器的信号发射是以天线为中心进行全向发射，在使用时一定要展开天线，保持正确的角度，如图1-34所示，以获得良好的控制距离和效果。其中，全向天线会向四面八方发射信号，前后左右都可以接收到信号；定向天线就好像在天线后面罩一个碗状的反射面，信号只能向前面传递，射向后面的信号被反射面挡住并反射到前方，加强了前面的信号强度。所以全向天线在通信系统中一般应用距离近，覆盖范围大，价格便宜，增益一般在9dB以下；定向天线一般应用于通信距离远、覆盖范围小、目标密度大、频率利用率高的环境。

图 1-34　天线正确使用方式

同一个厂家的同系列产品，其遥控器与接收机可以互相连通，这个连通的过程就是"对频"。对频是指将发射机与接收机进行通信对接，在对频之后该接收机即可接收该发射机发射的遥控信号。具体的对频方法，各个无人机品牌互有不同。

（2）图像通信链路设备　图像通信链路设备是将无人机所拍摄到的视频传送到地面的设备。常见的图像通信链路设备如图1-35所示，主要包括图传电台、地面端显示设备。图像通信链路设备主要是实现传输可见光视频、红外影像，供无人机操控人员实施操控云台转动到合适角度拍摄输电线路杆塔、通道的高清图像，同时辅助操控人员实时观察无人机的飞行状况。

（3）数据通信链路设备　数据通信链路设备如图1-36所示，又可称为"无线数传电台""无线数传模块"，是指实现数据传输的模块。数据通信链路设备一般由地面模块及机载模块组成。某些品牌的遥控器集成了数传电台的功能，通过地面模块与机载模块之间发送、接收信号，以实现远距离的遥控遥测。

图 1-35　常见的图像通信链路设备

图 1-36　数据通信链路设备

（4）5G下的链路系统　针对电网无人机巡检环境+5G通信信号覆盖下，采用5G巡检无人机通过5G链路实现终端采集图像、视频信息实时回传和地面端远程无线距离控制。无人机搭载5G控制模组，5G控制模块将飞机串口控制信号实时转换成 UDP 或 TCP 数据包，并通过 5G 基站向云端服务器进行发送。另外，远端地面站通过基站网络与云端服务器进行连接，并经过服务器与被控无人机建立连接链路，实现无人机通过 5G 链路的远程无限距离控制，远程管控平台通过网络与服务器进行连接，同时可根据无人机回传数据进行无人机飞行指令控制，为前端缺陷识别提供可靠的决策方案。

5G 巡检无人机在巡检系统中的应用，实现 5G 无人机与控制台均与就近的 5G 基站连接，在云端部署边缘计算服务，实现视频、图片、控制信息直接回传，保障通信时间延迟在毫秒级，通信带宽在 40Mbit/s 以上。基于边缘计算技术与 5G 网络的 eMBB 切片技术，构建适合无人机无线传输和数据处理的网络架构，实现无人机能够更加快捷地接收信息和任务指令，更好地解决数据问题，大幅提升了数据处理效率，确保无人机行业应用的高可靠性和低时延性，同时能够保证数据传输、使用、存储的安全性。图 1-37 为 5G 下的链路系统。

图 1-37　5G 下的链路系统

6. 任务设备

（1）可见光设备　可见光设备主要由云台或吊舱、相机共同构成，如图 1-38 所示。光电摄像机是主要的可见光设备，通过电子设备的转动、变焦和聚焦来成像，在可见光谱下工作，所生成的图像形式包括全活动视频、静止图片或二者的合成。云台是安装、固定摄像机的支撑设备，用来隔绝机身振动以提高成像质量，并且能够降低因为机身运动幅

图 1-38　一体化的可见光设备：云台与吊舱

度过大而造成的画面抖动，提升成像质量。吊舱与云台相比，其转动范围大、精度高、密闭性好，高质量吊舱对加工精度要求极高，更多考虑无人机的空气动力学特性。在控制指令的驱动下，可实现吊舱对输电线路、杆塔和线路走廊的搜索与定位，同时进行监视、拍照并记录，有些吊舱还具备图像处理功能，实现对被检测设备的跟踪和凝视，取得更好的检测效果。

光电摄像机通过电子设备的转动、变焦和聚焦来成像，为地面飞行控制人员和任务操控人员提供实时图像数据，同时提供高清静态照片供后期分析输电线路、杆塔和线路走廊的故障和缺陷使用。

（2）红外设备　红外成像仪在红外电磁频谱范围内工作。红外传感器也称为前视红外传感器，利用红外或热辐射成像。无人机采用的红外摄像机分为两类，即冷却式和非冷却式，冷却式摄像机生成的图像质量比非冷却式摄像机的质量高。

红外设备的主要参数包括热灵敏度、有效焦距和分辨率。其中，热灵敏度表示热像仪可以分辨的最小温差，直接关系到红外设备测量的清晰度，热灵敏度的数值越小，表示其灵敏度越高，图像越清晰。长焦镜头可提高远距离物体的辨识度，但会缩小视野范围；短焦镜头会扩大视野范围，但会降低远目标的辨识度。分辨率，即像素，分辨率越高，成像越清晰，观看效果越好。常见分辨率有160×120、240×180、320×240、384×288、640×480。红外设备及其拍摄效果如图1-39所示。

图1-39　红外设备及其拍摄效果

（3）激光雷达设备　激光雷达利用激光束确定到目标的距离。激光指示器利用激光束照射目标。激光指示器发射不可视编码脉冲，脉冲从目标反射回来后，由接收机接收。但利用激光指示器照射目标的这种方法存在一定的缺点。如果大气不够透明（如下雨，有云、尘土或烟雾），则会导致激光的精确度欠佳。此外，激光还可能被特殊涂层吸收，或不能正确反射，或根本无法发射（例如照到玻璃上）。

LiDAR（图1-40）是一种集激光、GPS和惯性导航系统（INS）三种技术于一身的系统，用于获得数据并生成精确的DEM（数字高程模型）。这三种技术的结合，可以高度准确地定位激光束打在物体上的光斑。

图1-40　LiDAR

LiDAR包括一个单束窄带激光器和一个接收系统。激光器产生并发射一束光脉冲，打在物体上并反射回来，最终被接收器接收。接收器准确地测量光脉冲从发射到被反射回的传播时间。因为光脉冲以光速传播，所以接收器总会在下一个脉冲发出之前收到前一个被反射回的脉冲。鉴于光速是已知的，传播时间即可被转换为对距离的测量。结合激光器高度、激光扫描角度、从GPS得到的激光器的位置和从INS得到的激光发射方向，就可以准确地计算出每一个地面光斑的坐标 X、Y、Z。激光束发射的频率可以从每秒几个脉冲到每秒几万个脉冲。举例而言，一个频率为每秒一万次脉冲的系统，接收器将会在 1min 内记录60 万个点。

激光雷达是一种工作在从红外到紫外光谱段的雷达系统，其原理和构造与激光测距仪极为相似。科学家把利用激光脉冲进行探测的雷达系统称为脉冲激光雷达，把利用连续波激光束进行探测的雷达系统称为连续波激光雷达。激光雷达的作用是能精确测量目标位置（距离和角度）、运动状态（速度、振动和姿态）和形状，探测、识别、分辨和跟踪目标。

激光本身具有非常精确的测距能力，其测距精度可达厘米级，而激光雷达的精确度除了激光本身因素，还取决于激光、GNSS 及 IMU 三者同步等内在因素。随着商用 GNSS 及 IMU 的发展，通过激光雷达从移动平台上（图 1-41）获得高精度的数据已经成为可能。

图 1-41　安装有激光雷达的无人机

1.1.3　无人机技术发展趋势

随着人工智能在无人机中的应用越来越多，无人机向着高度集成化、高度智能化的方向发展。比如大疆无人机自主返航功能，从以前的垂直上下，现在已经实现了 S 形避障返航，极大地降低了碰撞风险；大疆御 3 系列实现了无人机转弯提供转弯避障视角，给操控者提供更加清晰的画面，减少了操控人员的盲区。

在输配电专业，随着电网无人机规模化应用不断深化，产生的海量巡检图像将会造成传输速度慢、通信费用高、存储设备投资大等问题。采用图像压缩技术在边缘端对巡检图像进行压缩得到高压缩比中间结果，传输完成后在后端利用人工智能恢复模型对中间结果进行恢复。目前压缩比可达 10 倍以上，有效提升了数据传输效率和经济效益，已在无人机自主巡检微应用得到广泛应用，具体对比见表 1-1。

表 1-1　采用图像压缩技术在边缘端对巡检图像进行压缩

上传方式	图片回传			压缩比	平均耗时 /s	带宽占用 /MB
	数量 / 张	流量 /MB	上传耗时 /s			
普通上传	100	≈920	836.3	8 ～ 14	25	500
压缩上传	100	≈83.6	76		2.3	50

在无人机电网应用中，无人机自适应巡检技术就是依托轻量化处理技术，将平台端复杂神经网络模型轻量化部署至边缘端，依托视觉引导技术，当无人机前端识别到绝缘子、横担等重点目标后，及时进行自适应变焦，自动调节变焦倍数、放大拍摄目标图像，解决现场巡检逆光、过曝、虚焦、目标不居中、小目标分辨率低等问题，有效提升无人机成像质量，如图 1-42 ～图 1-45 所示。

图 1-42　AI 辅助拍照

图 1-43　前端智能识别

图 1-44　AI 自动纠偏 1

图 1-45　AI 自动纠偏 2

　　电动长续航的关键是飞行效率与能量密度，无人机的航时无非取决于携带的能量与单位时间里的功耗。目前常规电动多旋翼无人机平均续航时间在 **30min** 左右，很难突破 1h，在电网通道巡检、复杂多回路巡检、辅助作业过程中严重制约作业效率。应用氢能长航时技术，将无人机续航时长提高至 1.5 ～ 2.5h，实现单架次完成 3 基以上双回路杆塔精细化自主巡检作业，巡检效率较常规无人机至少提高 4 倍。氢燃料电池如图 1-46 所示，锂电池与氢燃料电池对比见表 1-2。

图 1-46　氢燃料电池

表 1-2　锂电池与氢燃料电池对比

指标	多旋翼用锂电池	氢燃料电池
3 倍以上的能量密度	航时 0.5 ～ 1h	航时 2 ～ 4h
20 倍以上的寿命	200 ～ 300 次充放电，70 ～ 100h 寿命	1500h
度电航时成本	约 147 元 /h	约 60 元 /h

通过 5G 通信技术、电力北斗定位导航技术、自主航线规划技术和大疆无人机 SDK（软件开发工具包）等技术的研究，统一规范了一套可靠的基于 5G 并且有其他波段冗余的远程遥测和控制协议，研发了无人机远程控制平台，通过内网 5G VPN 网联，实现无人机的实时姿态控制、航线规划、一键起飞、异地起降、自主巡检等功能。控制延时从 3000ms 降低至 30ms 以内，如图 1-47、图 1-48 所示。

图 1-47　远程实时控制

图 1-48　远程导线自主巡检

　　无人机搭载先进的镜头装置来实现电网设备运行的在线检测。无人机搭载改造的装置实现无人机辅助电网检修、辅助电网检测，也是未来电网无人机应用的一个大趋势。

　　无人机机载紫外设备检测装置是在无人机挂载紫外检测装置，能够检测电压强度异常引起的紫外辐射，从而判断电晕放电性缺陷。紫外检测装置的检测波长范围在 240 ～ 280nm，可以获取紫外视频图像来检测电力线路中的电晕现象，进而对引起放电的设备进行故障诊断。采用同轴光源设计，叠加精度 ≤ 1mrad，实现图像融合及针点定位功能。采用高灵敏度紫外探测器，紫外、可见光双通道融合成像，可全天候进行带电检测，如图 1-49、图 1-50 所示。

图 1-49　采用同轴光源设计的效果

图 1-50　采用高灵敏度紫外探测器的效果

　　传统基建验收使用全站仪（测长度、测角度、测坐标）、经纬仪（测角度）、GPS-RTK（测长度、测坐标）等测绘仪器，存在劳动强度大、作业人员数量众多、验收周期长、过度依赖人员经验等问题。激光雷达验收可快速完成导线弧垂测量、架空地线弧垂测量、跳线弧垂测量、杆塔转角测量、杆塔高度测量、杆塔呼高测量、杆塔倾斜测量、导线相间距测量、架空地线到导线的最小距离测量等竣工验收测量项目，如图1-51、图1-52所示。

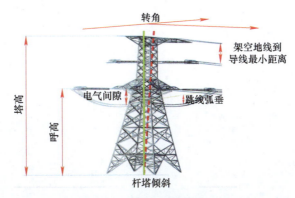

图1-51　电网设备验收内容

图1-52　导线、地线弧垂测量与导线距通道内净空测量

　　无人机机载验电装置是由采集端、显示终端组成，采集端通过无人机搭载，近距离采集线路运行状态参数，从而判断线路是否存在电压。该装置支持验电航线自主规划、航迹调用，可"一键式"全自主验电，如图1-53所示。

图1-53　无人机机载验电装置

无人机机载接地线挂拆装置是一种可由无人机搭载的纯机械化检修作业辅助工具。应用该装置在地面操控无人机可灵活高效地完成接地线挂拆，有效消除登高、感应触电风险，作业时长由人工班组作业 2h 缩短至单兵作业 20min，如图 1-54 所示。

图 1-54　无人机机载接地线挂拆装置

无人机机载挂载落装置，通过无人机搭载登塔保护固定支架和安保绳飞至铁塔顶端，利用重力自锁定机械机构，在实时视频图传辅助下，实现固定支架在塔顶的快速安装与拆除，可有效保障首位登塔人员的安全，如图 1-55 所示。

图 1-55　无人机机载挂载落装置

无人机 X 射线检测设备，采用无人机搭载数字射线检测系统替代人工登高作业，可有效提高作业效率，降低辐射风险，从根本上避免作业人员高处坠亡风险，保障电力设备和人员安全。

无人机声纹检测依托无人机灵活的机动性能，将声纹局放检测装置与无人机进行结合，实现无人机局放识别、定位功能的无人机负载产品，解决无人机巡视中缺乏声音信息维度、放电监测不及时等问题。

1.2　气象基础知识

1.2.1　大气的成分

飞行所处的大气是环绕地球并贴近其表面的一层空气包层，它是地球的重要组成部分，就像海洋或者陆地一样。然而，空气不同于陆地和水，它是多种气体的混合物，既有质量，也有重量，以及不确定的形状。

大气的组成包括 78% 的氮气、21% 的氧气以及 1% 的其他气体，如氩气、氦气、二氧化碳、臭氧等，如图 1-56 所示。由于部分元素比其他气体重，较重的气体如氧气有个天然的优势，会占据地球的表面，而较轻的气体会升到较高的区域。这就解释了为什么大多数氧气包含在 35000ft（1ft=0.3048m）高度以下。

因为空气有质量也有重量，所以它是一个物体。作为一个物体，科学定律也会对空气起作用。气体驻留于地球表面之上，它有重量，在海平面上产生的平均压力为 1013.25hPa。由于其浓度是有限的，在更高的高度上，那里的空气就更加稀薄。由于这个原因，18000ft 高度的大气重量仅仅是海平面上的一半。

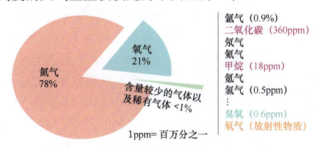

图 1-56　大气组成

在讨论大气中气象现象及天气过程时，可以将大气看作一个混合物，它由三个部分组成：干洁空气、水汽和大气杂质。

干洁空气是构成大气的最主要部分，一般意义上所说的空气，就是指这一部分。干洁气体主要由氮气和氧气构成，其体积分别占整个干洁空气的 78% 和 21%；余下的 1% 由其他几种气体构成，这些气体称为痕量气体，如二氧化碳、臭氧、氩气等，干洁气体的这一比例在 50km 高度以下基本保持不变。

在构成干洁气体的多种成分中，对天气影响较大的是二氧化碳和臭氧。除臭氧之外，大气中各种成分的气体几乎不直接吸收太阳辐射，大量的太阳辐射可穿过大气层到达地面，使地面增温。二氧化碳基本上不直接吸收太阳短波辐射，而地面受热后放出的长波辐射却能被二氧化碳吸收，这样热量就不能大量向外层空间散发，对地球起到了保温作用。二氧化碳主要来自有机物的腐烂和人类生活污染的不断增加，大气中的二氧化碳越来越多，对大气温度的影响已经引起了人类的关注。气温变化对天气、气候变化产生一系列重大影响，对飞行气象条件也会产生相应的影响。

臭氧能强烈吸收太阳紫外线，它是氧分子在太阳辐射作用下分离为氧原子，氧原子再和别的氧分子结合而形成的。在海拔 15 ～ 50km 的高度上，是一个臭氧含量相对集中的层次，称为臭氧层。臭氧层通过吸收太阳紫外线辐射而增温，改变了大气温度的垂直分布。同时，这也使地球生物免于受到过多的紫外线的照射。

　　由于汽车、飞机及其他工业生产等大量废气的排放，臭氧层已遭到一定程度的破坏，科学家已观测到南极上空的臭氧空洞，即臭氧层遭到破坏后出现臭氧减少或消失。这对地球上的天气、气候、生物等都可能产生长久的影响。臭氧层如图 1-57 所示。

图 1-57　臭氧层

　　地表和潮湿物体表面的水分蒸发进入大气就形成了大气中的水汽。大气中的水汽含量平均约占整个大气体积的 0% ～ 5%，并随着高度的增加而逐渐减少。在离地 1.5 ～ 2km 的高度上，水汽含量约为地面的一半，5km 高度上仅为地面的 1/10。水汽的地理分布也不均匀，水汽含量（按体积比）平均为：从极区的 0.2% 到热带的 2.6%，干燥的内陆沙漠近于零，而在温暖的洋面或热带丛林地区可达到 3% ～ 4%。水汽是成云致雨的物质基础，因此大多数复杂天气都出现在中低空，高空天气往往很晴朗。水汽随大气运动而运动，并可在一定条件下发生状态变化，即气态、液态和固态之间相互转换。这一变化过程伴随着热量的释放和吸收。热量传递是大气中的一个重要物理过程。

　　大气杂质又称为气溶胶粒子，是指悬浮于大气中的固体微粒或者水汽凝结物。固体微粒包括烟粒、盐粒、尘粒等。烟粒主要来源于物质燃烧，盐粒主要是溅入空气中的海水蒸发后留下的盐核，而尘粒则是被风吹起的土壤微粒和火山喷发后在空气中留下的尘埃。水汽凝结物包括大气中的水滴和冰粒。在一定天气条件下，大气杂质常常聚集在一起，形成各种天气现象，如云、雾、雨、风沙等，它们使大气透明度变差，并能吸收、散射地面和太阳辐射，影响大气的温度。此外，固体杂质还可以充当水汽的凝结核，在云、雾、降水的形成过程中起着重要作用。

1.2.2 ▶ 大气的结构

　　大气表现为一定的层状结构，根据垂直方向上大气温度分布的特点，可以将大气由下至上分为对流层、平流层、中间层、电离层和外层等 5 个层次，如图 1-58 所示。

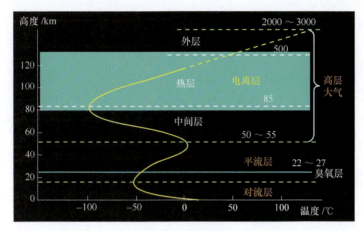

图 1-58 大气结构

1. 对流层

对流层因空气有强烈的对流运动而得名，它的底界为地面，上界高度随着纬度、季节、天气等因素而变化。平均而言，低纬度地区（南北纬 30°之间）上界高度为 17 ~ 18km，中纬度地区（纬度 30° ~ 60°）为 10 ~ 12km，高纬度地区（纬度在 60°以上）为 8 ~ 9km。同一地区对流层上界高度是夏季大于冬季。此外，天气变化对对流层的厚度也有一定影响。

对于整个大气层来说，对流层是很薄的一层，但是由于大气是下密上疏的，所以对对流层集中了约 75% 的大气质量和 90% 以上的水汽，云、雾、降水等天气都出现在这一层。对流层有以下三个主要特征。

1）气温随着高度升高而降低。对流层大气热量的直接来源主要是空气吸收地面发出的长波辐射，靠近地面的空气受热后热量再向高处传递，因此在对流层气温普遍随高度升高而降低。高山常年积雪就是这个道理。根据实际测量，对流层平均气温垂直递减率为 0.65℃/100m。利用这一数值，已知某地面温度，就可以大致推算出某个高度的气温。

在对流层中，虽然气温的普遍分布随高度升高而降低，但有时候也会出现气温随高度的升高而升高或者在一段高度内气温保持恒定的情况，我们称为逆温层或者同温层。

2）气温、湿度的水平分布很不均匀。对流层与地面相接，其温、湿特性主要受地表性质的影响，故在水平方向上分布很不均匀。如南北空气之间明显的温差，海陆之间空气的湿度差异等。

3）空气具有强烈的垂直混合。由于对流层低层的暖气流总是具有上升的趋势，上层冷空气总是具有下沉的趋势，加之温度水平分布不均匀，因此对流层中空气多垂直运动，具有强烈的垂直混合。

在对流层中，按气流和天气现象分布的特点，可分为下、中、上三个层次；下层（离地 1500km 以下）的控制受地形扰动和地表摩擦作用最大，气流混乱。中层（摩擦层到 6000km 高度）空气运动受地表影响较小，气流相对平稳，可代表对流层气流的基本趋势，云和降水多在这一层；上层（从 6000km 高度到对流层顶层），受地表影响更小，水汽含量很少，气温通常在 0℃以下，各种云多由冰晶或过冷水滴组成。在离地 1500m

高度的对流层下层称为摩擦层；在 1500m 高度以上，大气几乎不受地表摩擦作用影响，称为自由大气。

2．平流层

对流层之上就是平流层。平流层范围从对流层顶层到大约 55km 的高度上。平流层中空气热量的主要来源是臭氧吸收太阳紫外线辐射，因此平流层中气温随高度增高而增高，整层空气几乎没有垂直运动，气流平稳。

1.2.3 气象的基本要素

表示大气状态的物理量和物理现象通常称为气象要素。气温、气压、湿度等物理量是气象要素，风、云、降水、能见度等天气现象也是气象要素。它们都能一定程度上反映当时的大气状况。其中，气温、气压和空气湿度称为三大气象要素。

1．气温

气温是表示空气冷热程度的物理量。它实质上是空气分子平均动能大小的宏观表现。一般情况下可以将空气看作理想气体，这样空气分子的平均动能就是空气内能，因此气温的升高或者降低，也就是空气内能的增加或减少。气温通常用三种温标来度量，即摄氏度（℃）、华氏度（℉）、开（尔文）（K）。摄氏度是将标准情况下纯水的冰点定为 0℃，沸点定为 100℃，其间分为 100 等分，每一等分为 1℃。华氏度是将纯水的冰点定为 32℉，沸点定为 212℉，其间分为 180 等分，每一等分为 1℉，可见 1℃与 1℉是不相等的。将摄氏度换算为华氏度的关系式为：

$$℉ = \frac{9}{5}℃ + 32 \tag{1-1}$$

在实际大气中，气温的变化基本方式有气温的非绝热变化和绝热变化两种。

1）非绝热变化是指空气块通过与外界的热量交换而产生的温度变化。空气块与外界交换的方式有辐射、乱流和传导等。

辐射是指物体以电磁波的形式向外放射能量的方式。所有温度不低于绝对零度的物体，都要向周围放出辐射能，同时也吸收周围的辐射能。物体温度越高，辐射能力越强，辐射的波长越短。如物体吸收的辐射能大于其放出的辐射能，温度就要升高，反之则温度降低。

大气热量的主要来源是吸收太阳辐射（短波）。当太阳辐射通过大气层时，有 24%被大气直接吸收，31% 被大气反射和散射到宇宙空间，余下的 45% 到达地表。地面吸收其大部分后，又以反射和辐射（长波）的形式回到大气中，大部分被大气吸收。同时大气也在不断地放出长波辐射，有一部分又被地表吸收。这种辐射能的交换情况极为复杂，但对大气层而言，对流层热量主要直接来自地面长波辐射，平流层热量主要来自臭氧对太阳紫外线的吸收。因此，这两层大气的气温分布有很大差异。总的来说，大气层白天由于太阳辐射而增温，夜间由于向外放出辐射而降温。

乱流是空气无规则的小范围涡旋运动。乱流使空气微团产生混合，气块间热量也随之得到交换。摩擦层下层由于地表的摩擦阻碍而产生扰动，以及地表增热不均而引起空气乱流，是乱流活动最强烈的层次。乱流是这一层中热量交换的重要方式之一。

传导是依靠分子的热运动，将热量从高温物体传递给低温物体的现象。由于空气分子间隙大，通过传导交换的热量很少，仅在贴地面层中较为明显。

2）绝热变化是指空气块与外界没有热量交换，仅仅由于自身内能增减而引起的温度变化。例如，当空气块被压缩时，外界对它做的功转化为内能，空气块温度会升高；反之，空气块在膨胀时温度会降低。

在实际大气中，当气块做升降运动时，可近似看作绝热过程。气块上升时，因外界气压降低而膨胀，对外做功耗去一部分内能，温度较低；气块下降时则相反，温度升高。

水相变化是指水的状态变化，水通过相变释放热量或吸收热量，引起气温变化。

气块在升降过程中温度绝热变化的快慢用绝热直减率来表示。绝热直减率表示在绝热过程中，气块上升单位高度时其温度的降低值（或下降单位高度时其温度的升高值）。气块在升降过程中温度的绝热变化过程有两种情况，即伴随水相变化的绝热过程和不伴随水相变化的绝热过程。

引起空气温度变化的绝热因素与非绝热因素常常是同时存在的，但因条件不同而有主次之分。当气块做水平运动或静止不动时，非绝热变化是主要的；当气块做垂直运动时，绝热变化是主要的。

以上讨论主要是针对某一块空气而言，而对某一地点的气温（又称局部气温）来说，其变化除了与那里气块温度绝热和非绝热变化有关外，还与不同温度气块的移动有关。

2. 气压

由地球周围大气的重力而产生的压强，简称气压。在静止大气中，任一高度上的气压值，等于其单位面积上垂直空气柱的重力。气压的单位为帕斯卡，简称帕（Pa）。气象部门以百帕（hPa）为单位。

在大气处于静止状态时，某一高度上的气压值等于其单位水平面积上所承受的上部大气柱的重力。随着高度的增加，其上部大气柱越来越短，且气柱中空气密度越来越小，气柱重力也就越来越小。

常用的几种气压有本站气压、修正海平面气压、场面气压和标准海平面气压，如图1-59所示。

1）本站气压是指气象台表直接测得的气压。由于各测站所处地理位置及海拔不同，本站气压常有较大差异。

2）修正海平面气压是由本站气压推算到同一地点海平面高度上的气压值。运用修正海平面气压便于分析和研究水平分布情况。海拔大于1500m的测站不推算修正海平面气压，因为推算出来的海平面气压误差可能过大，失去意义。

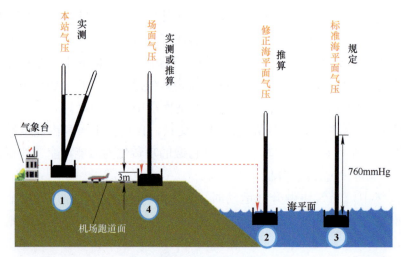

图 1-59　常见的几种气压

3）场面气压是指场面着陆区（跑道入口端）最高点的气压。场面气压是由本站气压推算出来的。飞机起降时，为了准确掌握其相对于跑道的高度，需要知道场面气压。场面气压也可由机场标高点处的气压代替。

4）标准海平面气压是大气处于标准状态下的海平面气压，其值为1012.25hPa。海平面气压是经常变化的，而标准海平面气压是一个常数。

气压式高度表是主要的航行仪表。它是一个高度灵敏的空盒气压表，但刻度盘上标出的是高度，另外有一个辅助刻度盘可显示气压，高度和气压都可通过旋钮调定。高度表刻度盘是在标准大气条件下按气压随高度的变化规律而确定的，即气压式高度表测量的是气压，根据标准大气中气压与高度的关系，就可以表示高度的高低。

3. 空气湿度

空气湿度是用来度量空气中水汽含量多少或者空气干燥潮湿程度的物理量。

相对湿度是常用湿度的表示方法。相对湿度定义为空气中的实际水汽压 e 与同温度下的饱和水汽压 E 的百分比。即

$$f =（e/E）\times 100\% \tag{1-2}$$

相对湿度的大小直接反映了空气距离水汽饱和状态的程度。相对湿度越大，说明空气中水汽越接近饱和。相对湿度的大小取决于两个因素：一个因素是空气中的水汽含量，水汽含量越多，水汽压越大，相对湿度越大；另一个因素是温度，在水汽含量不变的情况下，温度升高，饱和水汽压增大，相对湿度就减小。

当空气中水汽含量不变且气压一定时，气温降低到使空气达到水汽饱和的湿度，称为露点。

气压一定时，露点的高低只与空气中水汽含量的多少有关系，水汽含量越多，露点温度越高，露点温度的高低反映了空气中水汽含量的多少。

当空气处于未饱和状态时，其露点温度低于气温，只有空气达到饱和时，露点温度才和气温相等。所以可以用气温露点差来判断空气饱和程度，气温露点差越小，空气越潮湿。

露点温度的高低还与气压大小有关。在水汽含量不变的情况下，气压降低时，露点温度也会随之降低。实际大气中作为上升运动的空气块，一方面由于体积膨胀而绝热降温；另一方面由于气压的减少，其露点温度也有所降低，但气温降低速度远远大于露点温度的降低速度，因而空气块只要能上升到足够的高度就可以达到饱和（气温和露点趋于一致）。一般而言，未饱和的空气每上升 100m，温度下降约 1℃，而露点温度下降约 0.2℃，因此气温露点差的减少速度约为 0.8℃/100m。

1.2.4 大气对流运动

1. 对流产生的原因

大气中的空气时刻都在运动，有规律的运动可分为风（水平运动）和对流（升降运动），无规律运动的就是乱流。由于空气的运动，使得各地区和各高度之间的热量、水汽、杂质等得以输送和交换，从而使大气始终保持一种平衡状态。

大气对流运动是由于地球表面受热不均引起的。空气受热膨胀上升，受冷则下沉，进而产生了强烈而比较有规则的升降运动。温度越高，大气对流运动越明显，所以赤道对流效果最明显。

假定地球不自转，那么地球表面性质一样，对流层低纬度温度高，高纬度温度低，使得空气在赤道梯度上升，极地地区下沉。在南北温差作用下，高空为赤道吹向极地；在气压梯度力作用下，底层从极地吹向赤道。构成的直接热力环流图如图 1-60 所示。

但是，地球自转产生的地球自转偏向对风向产生了影响。以北半球为例，地球自转偏向力使得空气向右偏转，偏转的程度根据纬度的不同而变化，在极地最大，在赤道降低为零。

地球的自转速度导致每个半球整体的气流分成三个明显的气流单元，如图 1-61 所示。在北半球地区的暖空气从地表向上升起，向北流动，同时因地球的自转而向东转向。当它前进到从赤道到北极距离 1/3 时，它不再向北流动，而是向东运动。这时候空气会在北纬 30° 的带状区域变冷下降，导致它向地表下降的区域称为一个高压区域，接着沿着地表向南流回赤道，地球自转偏向力使得气流向右偏移。所以就产生了东北方向的信风。类似的力产生了 30°～60° 范围内以及 60° 到极地地区的围绕地球的循环单元。

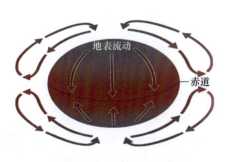

图 1-60　直接热力环流图

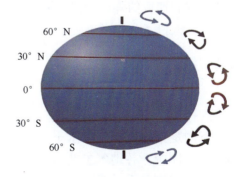

图 1-61　三圈经向环流

2．对流冲击力

使得原来静止的空气产生垂直运动的作用力称为对流冲击力。实际大气中对流冲击力的形成有热力和动力两种，分别为热力对流和动力对流。

热力对流冲击是由地面热力性质差异引起的。白天，在太阳辐射作用下，山岩地、沙地、草地、林区、农村升温快，其上空气受热后温度高于周围空气，因而体积膨胀、密度减小，使浮力大于重力而产生上升运动。天气越晴朗，太阳辐射越强，这种作用越明显，夜晚情况就相反。山岩地、沙地等地面降温快，其上空气冷却收缩，产生下沉运动，天气越晴朗，这种作用越明显。

3．风的模式

因为空气总是寻找低压区域，所以气流会从高压区域向低压区域流动。在北半球，从高压向低压区域流动的空气向右偏转，产生一个绕高压区域的顺时针循环，称为反气旋循环；而向低压区域流动的空气就会产生一个逆时针循环，称为气旋循环，如图1-62所示。高压区域一般是干燥稳定的下降空气区域，形成晴朗的天气。相反地，空气进入低压区域会取代上升的空气，这时候空气会趋于不稳定，通常带来云量和降水量。

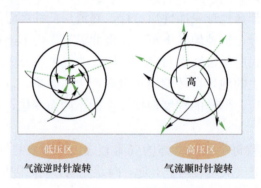

图1-62　风的模式

4．障碍物对风的影响

地面上障碍物影响风的流向。地面的地形和大的建筑物会分散风的流向，产生快速改变方向和速度的阵风。这些障碍物包括人造建筑物等，大的自然障碍物如山脉、峡谷等，当无人机飞进和飞离这些障碍物时，无人机操控员需要高度警惕。

1.2.5　气团与锋及锋面天气

1．气团

气团是指温度和湿度水平分布比较均匀并具有一定垂直稳定度的较大空气团。在同一个气团中，各地气象要素的重点分布几乎相同，天气现象也大致一样。气团的水平范围可达到几千千米，垂直高度可达到几千米到十几千米。常常从地面伸展到对流层顶。

气团的分类主要有三种：第一种是按照气团的热力性质不同，划分为冷气团和暖气团；第二种是按气团的湿度特征的差异，分为干气团和湿气团；第三种是按气团发源地，常分为北冰洋气团、极地气团、热带气团和赤道气团。

大气处在不断运动中，当气团在广阔的源地取得与源地大致相同的物理属性后，离开源地移动至源地性质不同的下垫面时，两者间发生了热量与水分的交换，则气团的物理属性逐渐发生变化，这个过程称为气团的变性。

不同的气团变性的快慢不一样。一般来说，冷气团移到暖的地区变性快，而暖的气团移到冷的地区变性慢。这是因为当冷气团离开源地后，气团低层要变暖、增温，逐渐趋于不稳定，对流易发展，能很快地把低层的热量和水汽向上输送，所以，气团变性快；相反，当暖气团离开源地后，由于气团低层不断变冷，气团逐渐趋于稳定，对流不易发展，所以气团变性较慢。

2. 锋面天气及其分类

锋面是冷暖气团之间狭窄、倾斜的过渡地带。如图1-63所示，这个过渡带自地面向高空冷气团一侧倾斜。

当性质不同的两个气团在移动过程中相遇时，它们之间就会出现锋面，一般把锋面和锋统称为锋。所谓锋，也可理解为两种不同性质的气团的交锋。由于锋两侧的气体性质有很大差异，所以锋附近空气运动活跃，在锋中有强烈的升降运动，气流极不稳定，常造成剧烈的天气变化，所以锋是重要的天气系统之一。锋面的长度与气团的水平距离大致相当，由几百公里到几千公里，宽度比气团小很多，只有几十公里，最宽的也不过几百公里，垂直高度与气团相当，几公里到几十公里。锋面也有冷暖、移动、静止之分。

（1）暖锋　暖锋是指锋面在移动过程中，暖空气推动锋面向冷气团一侧移动的锋，如图1-64所示。暖锋过境后，暖气团占据原来冷气团的位置。暖锋多在我国东北地区和长江中下游活动。暖锋过境时，温暖湿润，气温上升，气压下降，天气多转云雨天气。暖锋与冷锋相对，但比冷锋移动速度慢，可能会导致出现连续性降水和雾。

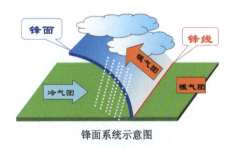

图1-63　锋面系统示意图

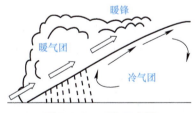

图1-64　暖锋示意图

（2）冷锋　冷气团主动向暖气团移动形成的锋称为冷锋。冷锋是我国一种常见的锋，如图1-65所示。由于冷锋和高空槽的配置、移动快慢等不同，冷锋附近云和降水的分布有明显差别，有的主要出现在锋后，有的主要出现在锋前。

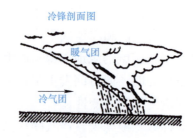

图 1-65　冷锋示意图

1) 快速运动的冷锋：快速移动的冷锋受实际锋面后远处的强烈压力系统推动，地面和冷锋之间的摩擦力阻碍冷锋的运动，因此产生了一个陡峭的锋面。这种结果就产生了一个非常狭窄的天气带，集中在锋面的前沿。如果被冷锋压倒的暖空气是相对稳定的，那么在锋面前方的一段距离内可能出现乌云密布的天空和下雨。如果暖空气不稳定，可能形成分散的雷暴和阵雨。沿锋面或锋面之前可能形成连续的雷暴雨带或者一条飑线。由于狂暴的雷暴是强烈且快速移动的，飑线对于无人机的飞行来说是非常严重的危险因素。在快速移动的冷锋之后，天空通常很快放晴，冷锋留下了狂暴的阵风和更冷的温度。

2) 飞向逼近的冷锋：和暖风一样，不是所有的冷锋都相同。向逼近的冷锋飞行，无人机会遇到不同的状况。云层从高空分散逐渐向低空分散变化，大气压力不断下降，能见度降低。天气变化呈多样性。在冷锋附近还可能出现雷暴和阵雨。但冷锋过后天气逐渐变好。所以无人机应远离锋面，保证安全飞行。

3) 冷锋和暖锋的对比：冷锋和暖锋在特性上非常不同，相同的是每一锋面都有危险。它们在速度、结构、天气现象和预报方面都是变化多端的。冷锋相对于暖锋移动得更快，冷锋以 32 ～ 56km/h 的速度移动，暖锋则以 16 ～ 40km/h 的速度移动。暖锋产生低云幕高度、差的能见度和下雨，而冷锋产生突发的暴风雨、阵风、紊流，有时候还有冰雹或者龙卷风。冷锋与暖锋对比图如图 1-66 所示。冷锋快速来临很少有迹象，甚至是没有警告的，它们可以几个小时内引起天气变化。过后，天气很快放晴，无限能见度的干燥空气取代了原先的暖锋。冷锋过境的次数以冬季最为频繁。冷锋一般向南到东南方向移动。冷锋影响前，一般吹东南风或南到西南风，气压降低，湿度增大，气温较高。冷锋影响时，风向转偏北，气压逐渐升高，湿度变小，气温降低，一般会出现降水。冷锋过后，冷空气逐渐占据该地区，气温下降，气压上升，天气大多转晴。

（3）静止锋　当来自北方的冷气团和来自南方的暖气团两者势均力敌、强度相当时，交锋面很少运动，这种锋面称为静止锋。常常将冷气团稍微强时向南移动一些，而暖气团强时向北移动一些，使得锋面南北摆动的状况，称为准静止锋。春季、初夏（梅雨）和秋季的连阴天气和梅雨天气就是受静止锋影响而造成的。图 1-67 所示为云贵准静止锋。

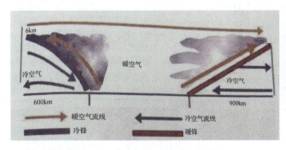

图 1-66　冷锋与暖锋的对比

图 1-67　云贵准静止锋

1.2.6　特殊气象条件下的飞行考量

随着无人机技术的快速发展，无人机已经在我们日常生活中非常常见。随之而来的各种领域应用的场景也越来越多，无人机的飞行安全一直是我们重点关注的指标之一。为规范空中交通法律法规，国家出台了《无人驾驶航空器飞行管理暂行条例》，该条例从 2024 年 1 月 1 日起开始实施。下面以大疆 Matrice 350 RTK（简称 M350 RTK）为例，介绍无人机飞行安全的环境要求。

2023 年 5 月大疆公司正式发布最新行业无人机平台 M350 RTK，这是继三年前 M300 RTK 同款机型发布以来第一次全面升级。它拥有全新图传系统和操控体验、更高效的电池系统，同时搭配丰富负载，是目前大疆行业性能最强、负载最大的旗舰飞行平台，能为行业用户解决复杂空中作业需求。

M350 RTK 延续上一代产品的设计理念，飞行性能为：最长 55min 续航，最高海拔 7000m 飞行高度，拥有最大 12m/s 的抗风能力。M350 RTK 展开状态下支持 IP55 防护等级（折叠状态为 IP54），可在 -20 ～ 50℃ 的环境温度中工作。飞行器及传感器系统还采用冗余设计，具备六向双目视觉和红外传感功能，可全方位避障。若搭配毫米波雷达，能有效探测 30m 以内微小障碍物，进一步提升安全水平。另外，M350 RTK 新增机臂到位检测功能，以防用户机臂套筒操作不到位，飞行更安心。

M350 RTK 机身飞行相机拥有出色的夜视能力，夜间作业可清晰呈现周遭环境及障碍物；配合智能打点定位功能，作业更有保障，如图 1-68 所示。

图 1-68　M350 RTK 机身飞行相机

M350 RTK 标配 DJI RC Plus 遥控器，支持双控模式，续航 6h，最远图传距离可达 20km。与 4G 网络共同协作，能够帮助飞行平台更好地应对城市楼宇、山区等复杂环境下的信号遮挡状况。遥控器自带 7in 高亮大屏，阳光下图像清晰呈现，同时设置丰富按键与拨轮，支持多种自定义快捷模式，配合 DJI Pilot 2 飞行软件，任务类型与飞行状态一目了然，使用户操作起来得心应手。

M350 RTK 的电池是本次升级亮点。M350 RTK 配备全新 TB65 双电池系统，支持电池热替换，无论严寒酷暑，电池仍可循环作业，轻松实现多架次不断电飞行。同时电池循环充放可达 400 次，进一步降低了单架次电池的使用成本。全新 BS65 智能电池箱采用全新万向轮设计，方便运输和转场，可一站式解决电池充电、储存及运输问题。它具备多种充电模式，可选择存储或待命模式来决定充电百分比，以此最大程度延长电池寿命。此外，电池箱连接至遥控器，DJI Pilot 2 飞行软件将直观显示电池状态及健康表现。

M350 RTK 飞行环境要求如下：

1）恶劣天气下请勿飞行，如大风（风速大于 12m/s)。雨中飞行务必遵守 IP5 防护等级说明要求。

2）确保无人机在空旷、无遮挡、平整的地面起飞，需远离周边建筑物、树木、人群、水面等，并尽可能保证无人机在视距范围内飞行，以保证飞行安全。

3）若环境光照条件比较差，DJI Pilot 2 App 的导航信息模块将显示为视觉或红外感知系统失效，此时飞行物视觉系统及红外感知系统可能无法正常飞行，将无法自主躲避障碍物。应通过飞行界面观察周围环境，并保持对无人机的控制，以保证飞行安全。

4）夜间飞行请勿关闭补光灯，并开启夜航灯，以保证飞行安全。

5）请勿在移动的物体表面起飞，例如行进中的汽车、船只。

6）起降时应避开沙尘路面，否则影响电动机的使用寿命。

7）高海拔地区由于环境因素会导致无人机的电池及动力系统性能下降，飞行性能将会受到影响，建议在高海拔地区更换 2112 型号高原静音桨飞行。

8）在南北极圈内无人机无法使用 N 挡（定位模式）飞行，应谨慎使用。

高温或低温天气会影响无人机的某些功能部件，从而降低飞行效率，影响飞行稳定性。在炎热的天气里，不要飞行太长时间，让无人机在飞行之间有足够的休息和冷却。因为当无人机的电动机产生升力时，会产生大量热量，电动机很容易过热，在某些极端情况下甚至会熔化一些零件和电缆。在严寒天气，有必要避免长时间飞行，并密切注意飞行中的电池状况。因为低温会降低电池的效率，耐久性也会降低。

雾天不仅影响能见度，还影响空气湿度。在雾中飞行时，无人机也会变得潮湿，这可能会影响内部高精度部件的运行，导致无人机损坏，镜头中形成的水蒸气也会影响航空摄影效果。

在强风情况下，无人机将消耗更多的能量来维持姿态和飞行，缩短其续航时间，并大大降低其飞行稳定性。因此，在操作无人机时，要注意现场实际的风速不要超过无人机的最大飞行速度。雷暴天气，影响无人机的惯导单元，使得无人机无法精准定位，影响无人机的飞行稳定性。

在大风、雾、雪、冰雹、雷暴等极端天气下，对无人机的飞行是极大的考验，一般不建议飞行，应等待天气好转再起飞。如确实需要飞行作业，比如应急抢修、灾后无人机快速巡视等，飞行前须做各项检查工作，须有应急迫降策略。在飞行中出现异常情况，要沉着应对，使无人机安全返航，保证人员设备安全。

> 目标和要求：掌握可见光和红外设备的工作原理、掌握无人机平台与辅助设备、辅助检测与支持设备的操作与维护。
>
> 重点和难点：能阐述可见光设备与红外设备的区别，学会无人机平台的使用方法，学会辅助检测设备的使用。

2.1　可见光与红外设备

2.1.1　可见光设备

1. 可见光成像

太阳光包含可见光和不可见光。可见光辐射一般指太阳辐射光谱中 0.78～0.4μm 波谱段的辐射，由红、橙、黄、绿、蓝、靛、紫七色光组成。人能够感知到的频率在 340～790THz、波长在 380～780nm 之间的电磁波。红光以外、频率介于微波与可见光之间的电磁波称为红外线。紫光以外的、电磁波谱中频率为 750THz～30PHz 的光称为紫外线。红外线和紫外线均为不可见光，如图 2-1 所示。

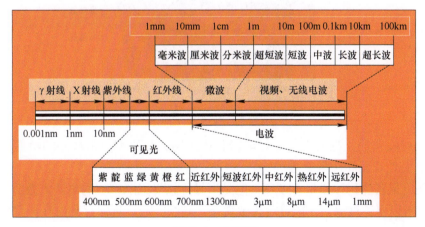

图 2-1　光谱图

可见光成像是指利用人眼可以感知的光谱范围进行图像获取和处理的技术。光谱范围通常指 400～700nm 之间的波长范围，也就是紫外线和红外线之间的光谱范围。

可见光成像是一种最常见的成像方式，广泛应用于智能手机、数码相机、监控摄像头等领域。

2. 可见光设备的工作原理和测试方法

相机成像的原理即小孔成像。在一个完全无光的黑盒子里开一个小孔，光线只能通过这个小孔进入暗室，如图 2-2 所示。这时外部的实物会在盒子里形成一个倒影，在小孔正对面有一个记录光线信息的感光元件 [以前胶片相机的感光元件是银盐，也就是胶片，现在数码相机是 CMOS（Complementary Metal-Oxide Semiconductor，互补金属氧化物半导体）或者 CCD]，感光元件把光线信息保存下来，就成了现在常见的照片。

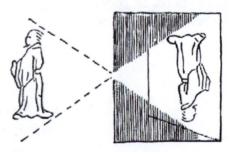

图 2-2 小孔成像

下面以最常见且较复杂的单反相机来举例。单反相机主要包括机身和镜头两部分。光线通过镜头折射到相机里，通过反光板和五棱镜折射到取景器上，当按下快门时，反光板向上运动露出 CMOS，光线到达 CMOS。CMOS 记录下光线信息后，交给影像处理器将模拟信号转换为数字信号，然后保存到 SD 卡中就拍下了一张照片。

1）机身由外壳、按键、取景器和屏幕、处理器以及传感器等组成，如图 2-3 所示。

图 2-3 机身的组成

机身中对成像最关键的组件是处理器和传感器。数码相机最核心的组件是处理器，其中包含中央处理器和图像处理器。

目前采用最多的传感器是 CMOS，但是半导体接受光照产生的电流太微弱不足以进行模数转换，所以要通过放大才能进行模数转换，转换完成后再储存到内存卡里形成照片。

2）镜头是一种由一枚或多枚镜片构成的设备。镜头的任务就是将光线聚焦于成像芯片上。镜头内部有不同数量和功能的镜片，一般包含前组镜片、镜片组、光圈、后组镜片，如图 2-4 所示。镜片中有些是固定在镜筒上的，有些则是可移动的。镜头的可移动镜片（组）主要功能是实现对焦、变焦或光学防抖。

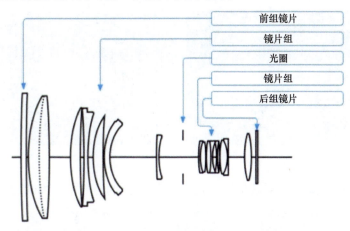

图 2-4 镜头内部组成

镜头外部有很多不同的开关和标识。不同厂家的镜头外观看起来会有很大不同。图 2-5 中标出了主要的镜头标识。镜头上主要的开关是 MF/AF 切换键，用于在手动对焦和自动对焦之间切换。

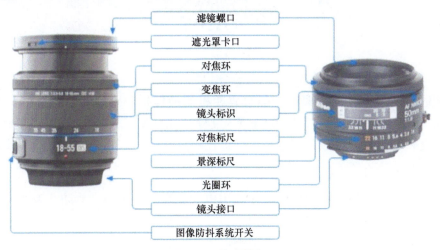

图 2-5 镜头外部

对可见光相机进行初步检查和测试的步骤如下。

（1）外观检查 如图 2-6 所示。

1）相机外观无伤损、磕碰和划痕，无修理过的痕迹，各个转轮、按键都能动，且显示屏有反应。

2）密封无损坏，后盖闭合正常，接缝处的密封材料没有损坏，闭合严密。

3）镜头接口必须平整无伤损，侧面看镜头接口平面绝对平整，不能有马鞍形和波浪形的变形。

4）光圈环转动不能受到阻碍；反光镜抬起、复位正常。

5）从取景器内看去，在眼睛屈光度合适时全视野清晰不能有暗角，各对焦区红框该亮时都能亮、各种显示都有而不闪烁。

6）电池舱内清洁无锈蚀，正负极接触良好。

图2-6　外观检查

（2）实际拍照测试　该测试使用有清晰度和颜色的测试卡，如图2-7所示。

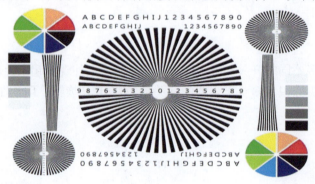

图2-7　测试卡

照相时要记录照相的距离，一般数码相机的最佳拍照距离是1.5～3m，所以照相人员应该在0.5～5m之间，每隔0.5m照一次，并记录。然后观察成像效果是否与测试卡的清晰度和颜色相一致，并留意是否在最佳距离（1.5～3m）内成像的效果最好。

3．可见光设备各组件的基础维护方法

当在较长时间内不使用相机时，应取出电池并套上端子盖。为防止发霉，应将相机存放在干燥、通风良好的地方。

若使用的是电源适配器，应拔下适配器插头以免发生火灾。

在较长时间内不使用相机时，应取出电池以防止漏液，并将相机存放在装有干燥剂的塑料袋内。请注意：干燥剂会逐渐丧失吸湿能力，所以应该定期更换。

每月应至少取出相机一次。

开启相机并释放快门数次，然后再将相机重新存放。

切不可将相机与石脑油或樟脑丸一起存放，亦不可存放在以下环境中：

1）通风差或湿度超过60%的地方。

2）产生强电磁场的设备（如电视机或收音机）附近。

3）温度高于50℃或低于−10℃的场所。

清洁可见光设备时，须注意不同的部分清洁方式、工具并不相同。

1）相机机身：先用吹气球去除灰尘和浮屑，再用一块干的软布轻轻擦拭。在沙滩或海边使用相机后，先用一块沾有少许蒸馏水的软布擦去沙子或盐分，然后将其完全晾干。

2）镜头、反光板和取景器：因为玻璃组件较易损坏，应使用吹气球去除灰尘和浮屑；如果使用喷雾剂，必须保持罐体垂直以防止液体流出；若要去除指纹及其他污渍，可以用一块滴有少许镜头清洁剂的软布来小心擦拭，切勿用力过度，否则可能会损坏显示屏或导致故障。

3）显示屏：使用吹气球去除灰尘和浮屑。

在取下或者更换镜头或机身盖时进入相机的杂质（或者在少数情况下，来自照相机本身的润滑油或细小颗粒）可能会附着在影像传感器上，并出现在某些特定条件下拍摄的照片中。当镜头被取下时，为了保护相机，务必重新盖上相机随附的机身盖，盖上前先仔细清除可能附着在相机卡口、镜头卡口及机身盖上的所有灰尘和其他杂质。应避免在有灰尘的环境下安装机身盖或更换镜头。

检查影像传感器上是否附着灰尘和清除的方法如下：

（1）检查影像传感器上是否附着灰尘

1）对着白墙或白纸或无云的天空拍摄一张照片。

2）将模式旋钮设定为 A（光圈优先）。

3）将光圈（F 值）设为约"F11"，对着白墙或白纸或无云的天空拍摄多张照片。

4）检查相机 LCD 屏幕上显示的画面。如果附着灰尘，所有照片的同一区域将出现暗斑（图 2-8）。

图 2-8　相机附着灰尘

（2）清洁影像传感器　先清洁环境，进行清洁时，建议在无风或无灰尘的室内环境中进行清洁步骤。

商用相机气吹应从相机机身和内部吹掉灰尘；商用相机刷子应从相机机身和镜头扫除灰尘，如图 2-9 所示。清洁镜头时，建议大小两种刷子均使用，具体步骤如下：

图 2-9　清洁相机镜头

1）清洁镜头外围。清洁前，清除镜头外围的灰尘。

①使用刷子轻轻地清除相机整个机身的灰尘。

②使用气吹吹掉相机精密部件上的灰尘。

③取下镜头前盖，使用气吹吹掉镜头表面的灰尘。

④装上镜头前盖，防止灰尘附着在镜头上。

2）使用清洁模式清洁。

①使用相机配备的清洁模式功能进行清洁。

②打开相机电源，在菜单画面中选择"SET"。

③在"SET"列表中选择"Cleaning Mode"，如图2-10

图2-10 相机清洁模式

所示，然后选择 [YES]，即可自动开始清洁。

④按照检查影像传感器上是否附着灰尘的步骤，再次检查是否出现灰尘。如果未能清除灰尘，按照第3）步所示尝试使用气吹进行清洁。

3）使用气吹进行清洁。

①取下镜头，然后清洁影像传感器。

②关闭相机电源，取下镜头，用气吹清洁影像传感器表面和周围区域。

③进行清洁时，将相机正面略微向下倾斜，这样便于清除灰尘。

设备保养时的注意事项：

1）避免跌落：若受到强烈碰撞或振动，相机可能会发生故障。

2）保持干燥：相机非防水产品，如果将其浸入水中或置于高湿度的环境中，可能会发生故障。内部装置生锈将导致无法挽回的损坏。

3）避免温度骤变：温度的突变，比如在寒冷天进出有暖气的大楼可能会造成相机内部结露。为避免结露，在进入温度突变的环境之前，应将相机装入相机套或塑料包内。

4）远离强磁场：切勿在产生强电磁辐射或强磁场的装置附近使用或存放相机。无线传输器等设备产生的静电或磁场可能会干扰显示屏，损坏存储卡中的数据或影响相机的内部电路。

5）请勿长时间将镜头对准太阳或其他强光源，强光可能会损坏影像传感器或致使照片上出现白色模糊。

6）请勿将激光或其他极其明亮的光源对准镜头，否则可能会损坏相机的影像传感器。

7）运输产品时，应在包装箱内装入足够多的缓冲材料，以减少（避免）由于冲击导致产品损坏。

8）在取出电池或切断电源之前应关闭相机。当相机处于开启状态，或者正在记录或删除图像时，请勿拔出相机电源插头或取出电池。这些情况下若强行切断相机电源，将可能导致数据丢失，还可能损坏相机内存或内部电路。为防止突然断电，当相机使用电源适配器时，请勿移动相机的位置。

9）应保持镜头接点的清洁。

10）显示屏制造精度相当高，其有效像素数至少约 99.99%，偏差或缺陷不超过 0.01%。因此，即使这些屏幕可能含有始终发亮（白色、红色、蓝色或绿色）或不发亮（黑色）的像素，也并非故障，记录的图像不会受到影响。

11）在明亮的光线下，可能难以看清显示屏中的图像。

12）请勿挤压显示屏，否则可能导致损坏或产生故障。若显示屏破裂，应注意不要被玻璃碎片划伤，并要防止显示屏里的液晶接触皮肤或者进入眼睛及口中。

电池与充电器的操作不当可能导致电池漏液或爆裂。在使用电池和充电时要注意以下事项：

1）只能使用已被验证可用于本设备的电池。

2）切勿将电池投入火中或加热升温。

3）保持电池端子的清洁。

4）更换电池前，应先关闭相机。

5）不使用电池时，应从相机或充电器中取出电池并套上端子盖。即使在关闭时，这些设备也会消耗很少的电量且可能将电池电量耗尽。如果电池长时间不使用，应先将其插入相机以将电量用尽，然后再从相机中取出进行存放。电池应存放在周围温度为15～25℃之间的阴凉处（不要将其存放在过热或过冷的地方），每6个月至少将电池重新充电一次并将电量用尽。

相机电池使用指南：

1）电池电量耗尽时，反复开启或关闭相机将会降低电池持久力。耗尽电量的电池在使用前必须重新充电。

2）在使用过程中，电池内部的温度可能会升高。在内部高温状态下为电池充电会削弱电池性能，并且电池可能无法充电，或者无法完全充电。因此，应待电池冷却后再进行充电。

3）应在周围温度为5～35℃的室内环境中为电池充电。不要在周围温度低于0℃或高于40℃时使用电池，否则将可能损坏电池或削弱电池性能。当电池温度为0～15℃及45～60℃时，电池容量可能减少且充电时间可能增加。若电池温度低于0℃或高于60℃，电池将不会充电。

4）充电期间请勿移动充电器或触碰电池，否则在极少数情况下，当电池仅完成部分充电时，充电器也显示已完成充电。此时，应取出并再插入电池重新开始充电。

5）若电池是在低温下充电，或者使用电池时的温度低于充电时的温度，电池容量可能会暂时下降。如果电池充电时的温度低于5℃，相机电池信息显示中的电池持久力指示可能会暂时降低。

6）充满电后继续充电会削弱电池性能。

7）在室温环境下使用一块充满电的电池时，若其电量保持时间明显缩短，表明电池需要更换。

8）切勿使充电器端子短路，否则可能导致过热且损坏充电器。

9）应在使用前为电池充电。若要在重要的场合进行拍摄，应事先准备一块充满电的备用电池（因为工作地点可能很难在短时间内购买到用来更换的电池）。在寒冷的天气里，电池容量会减少。因此，在寒冷天到户外拍摄之前，务必将电池充满电。并将备用电池放在暖和的地方，以便需要时更换使用。电池回暖后，其电量可能会有所恢复。

2.1.2 红外设备

1. 红外设备的工作原理

在自然界中，一切物体都可以辐射红外线，因此红外设备可以以面的形式对目标整体实时成像，使操作者通过屏幕显示的图像色彩和热点追踪显示功能就能初步判断发热情况和故障部位，然后加以后续分析，从而高效率、高准确率地确认问题所在。

红外光又称为红外线，是介于可见光和微波之间的电磁波（光），波长范围为0.76～100μm。一般将红外线分为三部分：近红外线（波长范围为0.76～2.5μm）、中红外线（波长范围为2.5～25μm）和远红外线（波长范围为25～1000μm）。

自然界的可见光图像主要由反射和反射角度产生，红外热成像设备对红外光响应所形成的热图像主要是由反射率产生。

物体的温度越高，红外辐射能量越强，其红外辐射能量的大小和波长与物体的温度密切相关。研究表明，物体发出的红外辐射峰值波长与绝对温度成反比，即物体温度越高，红外辐射峰值波长越短。

根据维恩位移定律，峰值波长与物体绝对温度的乘积为常数，其中常数为0.002897m·K。当测量物体表面辐射的波长时，根据维恩位移定律可以计算出物体的表面温度，这是红外热成像设备测温技术的理论基础。

物体产生红外线辐射，穿透红外热成像设备的光学系统，并通过光学系统将红外线聚焦到红外探测器上，红外探测器能将强弱不等的辐射转化为参数不等的电信号，探测器读出电路信息，通过后端信号放大和视频处理，输出到红外热成像设备的显示器上生成红外热图，如图2-11、图2-12所示。

图 2-11　红外探测示意图

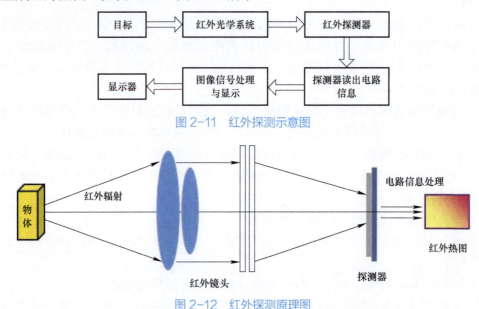

图 2-12　红外探测原理图

红外热成像设备的探测器分为制冷型探测器和非制冷型探测器。

1）制冷型探测器灵敏度高、响应速度快、图像清晰，但是需要进行低温制冷，导致体积较大且价格昂贵。一般应用于军事领域。

2）非制冷型探测器灵敏度略低，但基本符合民用要求，且无须低温制冷，价格只有制冷型设备的十分之一到几分之一。目前，主流非制冷型探测器一般采用氧化钒或者多晶硅。

以镜头为顶点，以被测目标的物像可通过镜头的最大范围的两条边缘构成的夹角，称为视场角，它可以理解为红外热成像设备可观测到的空间范围内在水平和垂直方向的最大张角。视场角与焦距的关系：一般情况下，视场角越大，焦距就越短，如图2-13所示。

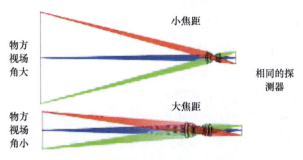

图 2-13　视场角大与视场角小的区别

探测器分辨率是衡量探测器优劣的重要参数，表示探测器焦平面上有多少个单位探测元。目前主流的分辨率有160×120、384×288、640×512、1024×768等。其他条件不变的情况下，分辨率越高，则成像越清晰。

空间分辨率（IFOV）是指图像中可辨认的临界物体空间几何长度的最小极限，即对细微结构的分辨率。IFOV一般由像元尺寸（d）与焦距（f）的比值得出，即$IFOV=d/f$。比如，红外热成像设备焦平面的像元尺寸为17μm，配100mm焦距镜头，则其$FOV=17μm/100mm=0.17mrad$。单位距离相同时，IFOV越小，单个像元所能检测的面积越小，单位测量面积上由更多的像素组成，图像呈现的细节越多，成像越清晰。

空间分辨力是红外热成像设备分辨物体空间几何形状细节的能力。它与所使用的红外热成像设备的探测器像元面积大小、光学系统焦距和像质、信号处理电路带宽等有关。一般也可用探测器像元张角或瞬时视场来表示。

NETD（噪声等效温差），也称为热灵敏度，是设备从背景中精确分辨出目标辐射的最小温度差异的能力。例如：NETD ≤ 30mK（@25℃，F#=1.0），表示假设被测物的表面温度为25℃，红外热成像设备能探测到的最小温度变化为0.03℃。所以，在一定程度上，NETD值越小，图像质量越好，如图2-14所示。其重要性相当于可见光的信噪比。

NETD 30mK　　　　　　　　　　NETD 50mK

图 2-14　NETD 数值变化

MRTD（最小可分辨温差）的客观测量方法是建立在主观测量方法的基础上。主观MRTD测量是根据MRTD的定义实现的，将具有不同空间频率、高宽比为7:1的四杆图案放置于均匀的背景中。目标与背景的温差从零逐渐增大，在确定的空间频率下，观察者刚好能分辨出四种图案时，目标与背景之间的温差称为该空间分辨率的最小可分辨温差MRTD。它既反映红外热成像设备的温度灵敏度，又反映了其空间分辨率，还包括了观察者的主观影响。

2. 红外热成像设备各组件的基础维护

（1）红外热成像设备的存放　红外热成像设备经过长时间的使用，会产生一定磨损以及污垢，在平时存放时，应该注意以下几点：

1）由专人负责保管，有完善的使用管理规定。

2）当使用完后，应尽快将红外热成像设备盖上镜头盖，放入携带箱内保存。

3）存放应有防湿、干燥措施，使用环境条件、运输中的冲击和振动等应符合产品技术条件的要求。

4）不应擅自拆卸，有故障时需到仪器厂家或厂家指定的维修点进行维修。

5）定期进行保养，包括通电检查、电池充放电、存储卡存储处理、镜头的检查等，以保证仪器及附件处于完好状态。

6）长期不用时，取出电池，并保持电池电量充足。

7）仪器应定期进行检验。检验不合格且不能修复的仪器应禁止使用。

8）包装好的仪器应储存在环境温度为 −20 ～ 60℃、湿度不大于 85% 的库房中，长期储存每隔 6 个月开机检查一次。

（2）红外热成像设备的清洁

1）为了避免损坏红外热成像设备，首先使用压缩空气清除设备内侧和外侧附着的大颗粒灰尘，然后用一块干净细软的布轻轻擦拭干净。

2）清洁红外热成像设备镜头，使用略微沾湿标明用于清洁镜头的非腐蚀性溶液或温和的稀释肥皂溶液（绝对不要使用溶剂）的软棉布轻轻擦拭镜头，禁止将棉布完全浸入液体中。镜头是信息传递窗口，镜头的保养非常重要。

3）使用干净略湿的棉布轻轻擦拭红外热成像设备的机身，如有需要可用水加少量温和肥皂配成的溶液将布浸湿，但千万不能蘸取强酸或是强碱性洗涤剂进行清洗。

4）取下镜头、更换镜头时，必须防止红外热成像设备外壳的光圈与内部部件有任何接触。必须确保不会有灰尘进入红外热成像设备内部。明确禁止以任何方式处理红外热成像设备内部。

（3）保养红外热成像设备的注意事项

1）红外热成像设备使用一定的年限后，需要做校准，在正常使用的情况下，一般每 2 年左右做一次校准。

2）红外热成像设备软件的升级，可以通过红外热成像设备供应商进行软件免费升级，或者到生产厂商官方网站下载。

3）为了避免损坏红外热成像设备，要确保工作环境不超出设备的工作承受界限。

4）关于电池的注意事项：

①电池含有危险化学物质，可能造成灼伤或爆炸。如果接触到化学物质，应用水清洗或就医。

②请勿拆开电池。

③为确保设备的安全运行和维护，如果发生电池泄漏，使用前应先修复设备。

④应确保电池极性正确，以防电池泄漏。

⑤只能使用生产厂商认可的电源适配器对电池充电。

⑥不能拆开或挤压电池和电池组，也不能将电池或电池组置于可能引起端子短路的容器内。

⑦电池和电池组不能置于热源或火源附近，也不能置于阳光下照射。

5）为了达到最佳性能，所用的红外热成像设备应视需要仔细保养、小心清洁。无论什么时候，在接触镜头或显示屏时均应特别小心。镜头元件由锗水晶制成，非常容易打碎、擦伤和破裂，液晶显示屏（LCD）也易受到过大压力的影响。

2.2　无人机平台与辅助设备

2.2.1　无人机固定机场

1. 无人机固定机场概述

（1）无人机固定机场的定义　无人机固定机场是保障无人机自动起降的平台，是一种可以实现无人机自动化作业的载体，具有开箱即用、自主可控、稳定可靠、数据本地化、软硬件一体化、高环境适应性、多天气适应性等特点，是实现无人机全自动作业的地面基础设施，也是无人机实现自动作业的关键。

（2）无人机固定机场的作用　无人机固定机场作为无人机技术的重要组成部分，具有以下几个主要作用。

1）安全停放：无人机固定机场为无人机提供了一个安全可靠的停放空间，不仅能够让无人机安全起降，还能保护无人机免受恶劣天气、人为破坏或其他风险的损害。

2）换电充能：无人机固定机场可以给无人机自动充电，或者帮助无人机自动更换电池，从而加长其飞行作业时间，并且节省充电时间，提高工作效率。

3）数据采集：无人机固定机场可以作为数据采集系统的一部分，收集无人机所采集到的数据，并进行处理和存储，提供给相关领域的专业人士进行分析和利用。

4）日常维护与检修：无人机固定机场提供了一个方便、智能的平台，使得无人机可以进行日常的维护和检修工作，保持无人机的良好状态，并及时发现和修复故障。

5）通信和网络中继：可以搭载通信设备，实现通信信号中继。在偏远地区或灾害发生时，无人机固定机场可以为受困人员提供通信支持，保障信息的传递。

（3）无人机固定机场的应用领域　无人机固定机场的当前应用领域广泛且多样化，主要体现在以下几个方面。

1）灾害监测与救援：在自然灾害发生时，无人机固定机场可以协助无人机快速掌握受灾区域的情况，提供实时数据支持。这些数据可以用于搜索救援受困人员、实施灾区测绘、投送救援物资等。

2）农业与林业管理：无人机固定机场在农业和林业领域中都有广泛应用，可以进行植物生长状态监测、土壤湿度检测、病虫害识别等，为农民和林业工作者提供精确的农作物和森林信息，以便制定科学的农林管理策略。

3）建筑与城市规划：无人机固定机场可以用于建筑工地监测、建筑物外观检查、城市规划等领域。复亚智能无人机固定机场可以提供高清图像和测绘数据，为工程师和设计师提供重要的参考信息。

4）电力巡检：无人机固定机场可以用于输电线路和变电站的巡检，可以用红外热成像设备的温度异常、损坏等，帮助运维人员及时发现潜在故障，保障电网安全运行。

无人机固定机场技术的问世，对无人机行业的发展起到了显著的催化作用，并为更广泛领域内的创新与变革开辟了新的途径。作为无人机自动化运行不可或缺的地面支持系统，机场不仅显著降低了人力投入与飞行作业的安全风险，而且通过优化作业流程，极大提升了工作效率，进一步拓宽了无人机的应用范畴。伴随技术迭代与革新的持续加速，机场系统的重要性与日俱增，日益成为连接未来智能化生活的桥梁，为社会经济活动注入更多便利因素与增长潜力。

（4）无人机固定机场的分类　在各厂商的无人机固定机场中，除了针对不同体积的无人机设计不同适用规格的自动机场外，从不同维度分为以下两种类别。

1）换电式与充电式。换电式无人机固定机场的原理即当无人机完成飞行任务返回至机场后，由机械臂为无人机更换电池，以保证无人机在短暂停留后能继续运作。换电式原理看似简单，但在实际应用中对机械结构、机械轴运动路径、电池位置判断的精度都有很高要求。充电式无人机固定机场则多是采用接触式充电和无线充电，前者通过配有一对智能触点，与无人机上的接口直接接触充电，而后者则需装载感应线圈，充电速度缓慢。充电式由于需等待电池充满后才可继续执行飞行任务，相比于换电式耗时更长，并且当前快充技术还不够成熟，存在无人机锂电池使用寿命与稳定性问题，但是整体机械结构较换电式简单，可靠性高。

2）多旋翼、复合翼与垂直固定翼。虽然当前国内外各个厂商的无人机固定机场还是以多旋翼无人机为主，但是也有部分厂商针对不同构型的无人机做了适配，推出了适用于复合翼的无人机固定机场。另外，也有厂商为适配主流垂起固定翼无人机，开发了固定翼智能无人值守机场。

（5）无人机固定机场的组成与功能　无人机固定机场主要由自动升降平台、温控系统、除湿系统、监控系统和智能计算系统等组成。

自动升降平台指在无人机起飞前，平台抬升无人机，无人机降落后平台下降存储无人机的整体机构。无人机降落后，该平台会自动将无人机归位并紧固，归位装置自动折叠无人机叶片。平台上印有二维码阵列，用于无人机视觉引导精准降落，降落精度小于 20cm。

　　监控系统采用机场内置摄像头实现实时监控内部运行状态，录像机实时记录机场外摄像头、内摄像头、无人机第一视角、升降平台摄像头、机械臂摄像头画面，便于多方位视频记录和故障排查，实现 24h 实时监控。

　　通信站内安装有温控系统、UPS 不间断电源设备系统（选配）等部件。无人机遥控器固定于通信站内，由自动开关机装置进行开关机操作。通信站可集成无线通信设备，在无宽带 / 光纤条件下实现远程通信。通信站配置有工业空调，将内部温度控制在 5 ～ 40℃，可配备 UPS 不间断电源，在异常供电情况下，如市电中断、浪涌、欠电压、过电压等情况下，提供 30min 以上电力续航能力和防雷保护，保障系统安全运行。

　　气象站由气象杆、风速风向仪、温湿度传感器、机场监控摄像头和声光报警器组成。气象站实时监测作业附近的气候情况，及时预警应对恶劣天气。气象杆标准高度为 3m，根据机场部署环境，可配置更高高度的杆体；气象杆上固定有无人机通信天线和避雷针；气象杆可固定 DJI D-RTK2 基站，且提供 DJI D-RTK2 基站 24h 供电；气象站可配置高精度压电雨量计或一体式微型气象站。一体式微型气象站集成风速、风向、雨量、温度、湿度、气压六种气象要素为一体，安装方便、免维护。

　　固定机场具备较完全的自检等功能，可实现固定机场通电自检、通信自检等业务自动化。设备电力与通信正常，固定机场管控后台可以正常开展与机场链接通信的情况下，通过检查气象站、监控等信息数据测试机场状态，可快速完成机场运行测试工作。无人机固定机场如图 2-15、图 2-16 所示。

图 2-15　无人机固定机场 1　　　　　　　图 2-16　无人机固定机场 2

　　（6）固定机场作业人员的要求

　　1）作业人员应熟悉航空、气象、地理等必要知识，熟悉电力安全工作规程、配电架空线路运维等专业知识，掌握无人机巡检作业相关管理规定。

　　2）作业人员应掌握无人机基本操作技能，并经民用航空管理部门考核合格取得飞行作业资质。

　　3）作业人员应接受过无人机机场相关培训，了解基础的操作流程，具备一定的应急处置能力。

　　4）作业人员应身体健康、精神状态良好，无妨碍作业的生理和心理障碍。

　　5）无人机机场巡检作业应遵守国家有关法律法规和国家、行业及公司相关标准、规程、制度和规定。

6）飞行作业过程中严格按照《无人机驾驶航空器飞行管理暂行条例》规范使用空域，未经空中交通管理机构批准，不得在管制空域内实施无人机飞行活动。

2. 无人机固定机场的操作和注意事项

无人机固定机场巡检系统是由固定机场、无人机本体等硬件设备组成，提供巡检计划制定、异常审核管理、作业安全监控、数据交互处理、辅助检修决策等主体业务功能的后台管理系统。

在具体的无人机自动巡检场景下，无人机固定机场在根据具体的无人机作业场景选择合适的机场外，无人机固定机场产品参数在实际部署和应用中的影响也是采购选型考虑的重要因素。目前，部分行业已经制定了机场类型、重量、尺寸的参考指标和检测规范。无人机固定机场尺寸主要是由无人机类型和充电/换电能力所决定的。在这个基础上，机场尺寸主要取决于无人机（包括桨叶大包围）的尺寸。在尺寸的选择上，也可考虑为后期功能的扩展留出空间。如智能无人机机场在设计时会考虑留有足够的空间部署边缘计算服务器、放置机场维护工具或者便于维护设备存放。一般而言，换电版的机场由于具备机械臂装置，在尺寸上会略大于充电版的机场。

（1）机场自主巡检航线库　无人机巡检前应建立自主巡检航线库，并通过无人机复飞校验。机场飞行自主巡检作业应设置合理的安全策略，包括以下几个方面。

1）自主巡检航线应与配电线路以及外部其他设施、设备保持足够的安全距离。

2）在检查杆塔本体及金具时，无人机应悬停拍摄检查，且与线路设备净空距离不小于3m，飞行过程中宜开启无人机自主避障功能，巡检飞行速度不宜大于10m/s；起飞、降落时，现场所有人员应始终与无人机保持足够的安全距离，不得位于起飞、降落航线正下方，同时应避免无关人员干扰，必要时可设置安全警示区或者设置围栏。

3）对于低矮杆塔、交叉跨越以及巡检作业空间环境复杂的特殊区段，应单独设置可靠的安全策略。

4）设置配电无人机返航机制，返航高度设置要求高于周边所有一切物体，无人机出现信号丢失后，电池电量满足安全返航要求。

5）在自主巡检过程中，无人机进入非适航区将悬停且不再作业，现场飞手应立即接管无人机进入手动模式或者触发对应的返航策略，并及时和工作负责人汇报。

（2）固定机场的作业条件

1）无人机机场巡检作业应在良好天气下进行，如遇大风、大雨、大雪、雷电、大雾、冰雹等恶劣天气情况时，不应开展无人机机场作业，已开展的应及时终止。在夜间或者低能见度气象条件下飞行的，应开启灯光系统并确保其处于良好的工作状态。

2）工作地点、起降点及起降航线上应避免无关人员干扰，航线飞行作业范围内无临时遮挡物。无人机机场航线应定期检查更新，如机场长时间未使用应对机场周围进行现场勘查，并开展航线校验。无人机与线路设备净空距离宜大于3m。

3）无人机在飞行过程中宜开启无人机自主避障功能，巡检最大平飞速度不超过100km/h。

（3）固定机场应急处置措施　固定机场的无人机遇到异常情况时，应及时采取应急处置措施。

1）飞行前，应开展机场设备与无人机机场巡检系统的联调测试，检查机场各项指标状态，确保风速、雨量、视频监控等传感器正常运行。然后通过无人机三维激光点云、参数化建模、人工示教等方式对需巡检配网设备开展航线规划。

2）在接受任务后，机场自动启动硬件、软件、气象、通信网络自检。自检完成后作业人员查看自检报告，如遇自检异常，及时开展设备维护及维修相关工作。

3）作业人员确认自检各项参数正常后，通过无人机机场摄像头画面查看机场舱门是否正常关闭，开合范围内有无异物阻挡，机场及备降点上方有无障碍物，机场周围有无其他作业及人员。检查无误后，作业人员下发巡检任务，通过无人机巡检系统实时监控飞机状态及机场运行参数情况，确保在有效链路范围内开展巡检作业。

4）在无人机自主巡检作业过程中，可人工接管远程操控无人机飞行和拍照。若存在风险需及时终止任务，使飞机返航或在应急降落点降落。

（4）固定机场内无人机电池使用注意事项

1）机场设计有充电保护，禁止飞行后立刻对该组电池进行充电，完成飞行后 15min 系统才能允许进行该组电池充电，充电顺序将选取所有电池中两个电压最高的电池优先充电。

2）定期检查智能飞行电池电量。当电池循环使用超过 200 次，应更换新电池。电池超过 10 天不使用，请将电池放电至 40% ～ 60% 电量存放，可延迟电池的使用寿命。

3）切勿将电池彻底放完电后长时间存储，以避免电池进入过放状态，造成电芯损坏，将无法恢复使用。若需要长期存放则需将电池从无人机内取出。

4）切勿将电池存储在室温超过 45℃或者低于 −20℃的环境下。

5）每隔 3 个月左右重新放电一次以保持电池活性。

2.2.2 ▸ 无人机移动机场

无人机移动机场作为无人机固定机场的补充，很好地解决了无人机输变配专业自主巡检协同作业中部分区域固定机场难以巡视的问题。

无人机移动机场也称为移动式无人机智能巡检成套装备。无人机移动机场是 2019 年国家电网江苏省电力有限公司自研制的产品，也是国内首创的移动式无人机智能巡检成套设备，它实现了多机多任务协同巡检。目前省内各地市都配备了无人机移动机场。

无人机移动机场集任务管理、自主规划航线、一键智能巡检、多机多任务协同作业、实时监控、厘米级精准降落、巡检缺陷智能识别等功能于一体，整体达到国际先进水平，可对输配电线路进行集群化、自动化、精细化巡检。

无人机移动机场就是将汽车和无人机结合起来，车上空域配置多架无人机，这样汽车到线路附近后，打开移动机场的起降平台，多架无人机就能够分别起飞，依据提前设定的航迹进行自主巡检作业，起降平台的停机坪上有一个非常大的二维码，无人机的镜头通过识别二维码上的信息，自动调整无人机点位，实现自动起飞和精准降落。同时由于机场一般配置四架无人机，多架无人机同时起飞作业就可以实现多任务协同巡检，如图 2-17 所示。

图 2-17　无人机移动机场

无人机移动机场配置了高精度的定位装置。高精度定位装置是一款高精度全频段 GNSS 测量型天线,支持北斗二代、GPS、GLONASS 和 GALILEO 四大导航系统全部卫星信号接收,并兼容 L-Band,满足目前的高精度、高动态、多系统兼容测量终端设备应用需求。

1. 无人机移动机场的组成

无人机移动机场由车载系统和无人机系统两部分组成。其中,车载系统由车载管理系统、储能与充放控制模块、无人机智能机库、车载服务器、车载无人机电池管理模块等组成。无人机移动机场在车内布置了用于数据处理的雾端服务器和与车载系统进行数据交互的通信系统,部署的雾端现场计算平台与云端无人机管控平台相互对接,并由云端无人机管控平台控制,成套装备所包含的雾端现场计算平台和边缘端设备平台负责相应的数据处理及巡检任务。云端智能管控平台如图 2-18 所示。

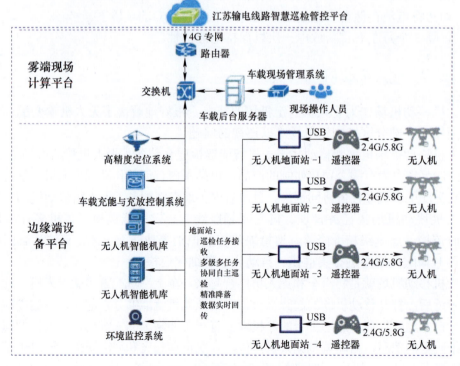

图 2-18　云端智能管控平台示意图

　　无人机移动机场可搭载 4 台巡检无人机。车载储能系统储存 60kW·h 电量，可提供 100～150 架次的巡检任务量所需的电量，同时车载储能系统支持对无人机电池的交流慢充和直流快充两种充电方式。此外，为应对复杂多变的巡检环境，输电线路移动式无人机智能巡检成套装备还配备了微气象和视频监控系统，能够在第一时间将雨量、风速和温度等信息上传至车载管理系统和无人机管控平台，为飞行任务执行提供决策依据。

　　无人机移动机场采用南汽依维柯生产的 NJ5065XXYE 型车辆作为原型车，根据工信部的公告显示其最大外形尺寸为 7000mm×2172mm×3350mm，轴距为 3950mm，最大总质量为 5900kg。车内布局共分 2 个区，即乘坐区（车前部）和操作区（车中部至尾部）。乘坐区与操作区之间独立。车内乘坐区主要用于车辆行驶时人员乘坐。

　　操作区主要用于进行无人机智能巡检作业时一系列动作，操作区主要分为前隔断（含操作台）、起降平台、无人机存放柜、无人机电池管理系统四个部分。

　　操作区内各设备或设施以及设备与车体之间设备与车体之间均采用稳定、可靠的多重减振措施，保证设备的安全。

　　操作台的台面进行防腐蚀处理，工作台下为设备机柜，整车的控制及相关电气部分设备安装在操作台下的机柜内。

　　前隔断内主要部件为安卓平板计算机、RC（无人机遥控器）、主控屏（含键鼠）、监视器、HDMI 四分屏、操作台等。前隔断下方为操作台，操作台下存放各种电器设备，操作台上面是监控和操作区域。前隔断上方为应急操作区，有遥控和安卓平板计算机。安卓平板计算机的离地高度为 1650mm，确保操作人员正常站立时，安卓平板计算机处于其目视的水平高度。RC 离地高度为 1330mm，其高度位于操作人员正常站立操作时较为舒适的高度。

　　操作台为操作人员的主要工作区域，如图 2-19 所示，操作人员在操作台执行作业任务，实时监控无人机作业情况。操作台内部搭载底置空调、转换模块、车载服务器、路由器、交换机、电源模块等电气系统设备。

　　显示屏布置主要依据操作人员的习惯，将中控屏、图传显示四分屏、监控屏并排放在操作台上方。FPV（第一视角）屏幕放置在 RC 上方，与遥控器一一对应，当有应急情况发生时，操作人员能够以第一视角接管无人机。4 个遥控器的 HDMI 口输出图传信号，再通过 HDMI 4 进 1 出模块，输出到一个显示屏上。安卓平板计算机放在遥控器上方，与遥控器一一对应，如图 2-20 所示。

图 2-19　操作台示意图

图 2-20　无人机移动机场内部显示屏

　　成套设备由多个硬件设备模块组成（除监控系统），各模块通过无线、有线连接至交换机，使得车体内各个硬件设备模块可进行数据互通。交换机与 4G 路由器连接，可通过 4G 专用网络（国家电网专用第五区网络），将整台车体设备网络连接至无人机管控平台，实现无人机管控平台对车体的任务下发与状态监控。

　　在无人机系统选择上，考虑到电网巡检作业环境的复杂性、输电线路电压高、电磁环境复杂、杆塔结构复杂、导线密集、架设区域气候环境恶劣、杆塔间距较远、部分杆塔附近难以到达，选用大疆经纬 M210 RTK V2。大疆经纬 M210 RTK V2 系列内置高性能 RTK 模块，支持网络 RTK，兼容高精度 GNSS 移动站，拥有高清传图、随时校准、隐蔽模式、时间同步设计、数据保护功能，结合前视、下视、上视传感器，可自动感知并躲避障碍物，实现精准悬停，在复杂场景下也可安心飞行。对应的配套电池和遥控器等都选择大疆原厂配件，保证作业安全。

　　在无人机的电池管理系统中，为了提高无人机的使用效率与安全，本装备的无人机电池管理系统由满电存放区域、充电区域以及待充电区域三部分组成，可充电 18 块电池，待充电区域可存放 15 块电池，满电下可存放电池 45 块。

2. 无人机移动机场的操作

　　无人机智慧巡检平台可向巡检人员提供操作界面，用于任务分配与状态监控。

　　（1）起飞前准备

　　1）打开操控平台桌面的总开关按钮，开启车载电源系统。

　　2）旋转操控平台桌面的天窗按钮，箭头指向腿的位置打开车顶舱门。

　　3）当开启车载电源系统后，起降平台默认直接上电。

　　4）开启车载服务器、地面站系统、车载网络系统等模块，将无人机放入起降平台上。

　　（2）开始作业

　　1）登录输电线路无人机智慧巡检平台。在输电线路无人机智慧巡检平台上选定放在起降平台的无人机，分配任务并控制无人机起飞巡检。

　　2）操作人员通过地面站平板计算机或分屏显示器观看无人机的实时图传。

　　（3）结束作业

　　1）无人机降落在起降平台后，机构对中、平台下降。

　　2）巡检人员将无人机放在无人机机库中，观察输电线路无人机智慧巡检平台中数据传输进度，等待无人机内的巡检数据上传完毕。

　　3）关闭无人机，更换电池，等待下一次巡检任务。

　　4）离开车体前，关闭地面站平板计算机、台式计算机和显示器、车载服务器、车载网络系统等模块。

　　5）关闭车载电源。

3. 无人机移动机场的注意事项

　　无人机移动机场的注意事项主要分为无人机机库的注意事项、储能与存放的注意事项、环境感知系统的注意事项和车辆的注意事项。

（1）无人机机库的注意事项

1）禁止在机库内开启无人机。

2）无人机存储在机库时，把无人机脚架固定，防止抖动损坏无人机。

3）取放无人机时，防止无人机桨叶抵到舱壁，导致桨叶变形或折断。

4）在无人机起飞和降落时，保证起降平台甲板空置，不能有杂物。

5）指示灯闪烁蓝色时，先按急停按钮，再解除急停，最后按下复位键按钮将起降平台复位。

6）指示灯为绿灯时，平台处于上升运行中或下降运行中，指示灯与当前设备状态一致，不能进行其他操作。

7）指示灯为红灯时，处于急停中或设备故障中。顺时针旋转急停按钮可解除急停，再按一次复位，设备可正常使用。

8）无人机机库长期不使用，需根据操作手册对设备机械机构的关键位置进行润滑处理，以免水汽盐雾锈蚀。

9）无人机机库长期不使用时，每半个月应将设备上电运行一次，每次约 20min，避免因长期放置导致元器件生锈腐坏。

10）无人机全自动起降平台在运行过程中，严禁将手伸入、触摸结构，避免机械设备造成人身伤害。

11）不要在车顶舱门关闭状态下，手动运行无人机全自动起降平台，以免损坏无人机或其他机械结构。

12）当无人机全自动起降平台指示灯的红灯常亮时，表示设备异常，切勿私自拆卸设备。

13）不能将大于 20kg 的物体放置于无人机全自动起降平台上，以免损坏平台。

14）不要将 PLC 控制系统放置在潮湿、雨淋、振动、腐蚀及强烈电磁干扰的环境中。

15）当操作说明与安全信息发生冲突时，应遵从安全信息，应注意是否误解了操作说明的内容。如果不能断定问题所在，应联系厂家解决。

16）应保持无人机机库的通风和散热，不能将控制器放置在阳光下直射或靠近暖炉等热源地方。

17）不能在混有易燃气体的环境中安装及使用本无人机机库。在无人机机库的周围不要放任何易燃、易爆危险品。

18）应每个月检查一次无人机机库的机械结构及连接电缆的情况，如有螺钉松动、线路老化、腐蚀及损坏，应及时维护。

（2）储能与存放的注意事项

1）在车辆行驶过程中应避免动力电池组受到撞击和进水。

2）储能系统不使用时，电池需充足电后储存，并每月补充电一次，以免长期亏电导致动力电池极板硫酸盐化。

3）不要将锂电池的电量都放光，以免影响锂电池的使用寿命。

4）当控制界面提示系统异常时，应按照提示要求检测设备，不能私自拆卸设备。

5）当操作说明与安全信息发生冲突时，应遵从安全信息，应注意是否误解了操作说明的内容。如果不能断定问题所在，应联系厂家解决。

6）电源线不能超载工作，避免过载起火及漏电的情况发生。

7）不能将控制器放置在潮湿、雨淋、振动、腐蚀及强烈电磁干扰的环境中。

8）应保持控制器的通风和散热，不能将控制器放置在阳光下直射或靠近暖炉等热源地方。

9）不能在含有易燃气体的环境中安装及使用本控制器。在控制器的周围不要放任何易燃、易爆危险品。

10）应每个月检查一次控制器及连接电缆的情况，如有老化、腐蚀及损坏，应及时清理和更换。

11）如发生故障，不能自行拆卸设备，应及时联系生产厂家解决。

（3）环境感知系统的注意事项

1）应避免将监控镜头对准强光（如灯光、太阳光或激光束等），否则会损坏图像传感器。

2）应避免热量积蓄，保持产品周边通风流畅。

3）应远离电磁干扰地点。

4）应避免仪器被刮划，保持外部保护膜的完整性，增加仪器使用寿命。

5）如果仪器上沉积有灰尘，可以用沾有软性清洁剂的布轻轻擦洗（不能使用有溶解性的试剂），应避免划破仪器的表面。如果仪器表面堆积有雪或冰，应等其慢慢自然融化，千万不能使用工具强行除去。

（4）车辆的注意事项

1）在车辆行驶过程中，道路若存在较大的坑洞或大面积积水，车辆应尽可能绕道行驶；若无法避免，则应减速慢行，谨慎驾驶。

2）清洗整车时，尤其是打开汽车引擎盖时，当心不要使水通过空滤器进入发动机内，避免造成极其严重的损坏。

3）在加注燃油时，应注意燃油的品质，避免使用不清洁、有水分或杂质含量超标的燃油。

4）使用防冻液，应到本产品的特约维修站进行更换，更换时应将整个冷却系统（包括暖风水箱）中的原冷却液排净。

5）使用润滑油、制动液、方向机油等时，应到本产品的特约维修站进行更换，不能使用不合格的润滑油、制动液和方向机油。

6）定期检查车辆轮胎外观、气压，避免轮胎缺气、漏气以及轮胎严重老化导致车辆存在安全隐患。

7）应按照产品维修手册中的时间节点或公里数（以先到为准）进行车辆的维护和保养。

4. 无人机移动机场一般故障的排查方法

无人机移动机场的一般故障主要分为车载部分、无人机系统、起降平台等故障。

它们的故障排查方法介绍如下：

（1）车载部分一般故障排查方法

1）智能巡检车的轮胎缺气、漏气。

①检查轮胎是否扎有铁钉等异物、气门嘴损坏、轮毂变形。

②将车驾驶至维修点进行补修。

③若车辆无法继续安全行驶，应联系维修站或者厂家进行上门服务。

2）车辆行驶中制动无力或失灵。

①打开应急灯，提醒周围车辆。

②多踩几次制动踏板，使制动力恢复的概率变大。

③拉驻车制动降低速度。

3）车辆仪表盘油表指示灯常亮。

①以在 60 ～ 80km/h 之间的经济时速行驶。

②减少踩制动踏板的次数，要匀速行驶。

③关闭车上电子设备，如车载导航、车载空调和车载音乐等。

④如果在高速上行驶，不能开空调和车窗。

⑤规划好路线，并多注意路况，利用好手机导航，使车子顺利地到达加油站。

（2）无人机系统一般故障排查方法

1）无人机出现 GPS 长时间无法定位。

①等待一会儿，因为 GPS 冷启动需要时间。

②如果等待几分钟后情况依旧没有好转，可能是因为 GPS 天线信号被屏蔽，GPS 被附近的电磁场干扰，则需要把屏蔽物移除，远离干扰源，将无人机放置空旷的地域，看是否好转。

③造成这种情况的原因也可能是 GPS 长时间不通电，当地与上次 GPS 定位的点距离太远，或者是在飞机定位前打开了微波电源开关。尝试关闭微波电源开关，关闭系统电源，间隔 5s 以上重新启动系统电源等待定位。

④如果通过以上方法还不定位，可能是 GPS 自身性能出现问题，此时应联系供应商处理。

2）无人机在自动飞行时偏离航线太远。

①检查无人机是否调平，调整无人机到无人干预下能直飞和保持高度飞行。

②检查风向及风力，因为大风（五级及五级以上的风）也会造成此类故障，应选择在风小的时候（五级以下的风）起飞无人机。

③检查无人机的飞行模式是否在 P 挡位置，可以手动拨杆至 P 挡（在其他非 P 挡模式时，也会有偏离航线的问题）。

3）无人机控制电源打开后，地面站与遥控器未连接。

①检查遥控器是否打开。

②检查地面站和遥控器的 USB 线是否连接。

③检查网线是否连接。

④以上操作后问题依旧，则需要重启平板计算机，重新将遥控器与地面站连接。

4）指南针异常无法起飞。

①按照地面站提示的步骤，校准地磁传感器。

②远离电磁干扰强的区域，并将无人机放置在空旷区域起飞。

③若继续提示异常，可重新启动无人机，若多次重启无效，可能是区域磁场干扰过大，则需要更换飞行地点。

5）推动遥控器摇杆，无人机不起飞。

①检查无人机是否打开电源系统。

②检查无人机与遥控器是否适配，且连接状态是否正常。

③检查遥控器上的操控模式是否设置正确。

④检查 RTK 是否进入固定阀，如果不是可以在地面站上单击设置 RTK 来源。

⑤检查电池是否安装到位。

⑥检查是否解锁无人机，遥控器控制杆处于内八即可解锁。

6）无人机直接原地降落。

①系统检测到在巡检过程中，无人机距离杆塔过近且地面站提示危险，无人机长时间的悬停，则不能继续完成飞行任务，需要根据现场情况人工接管使其安全降落。

②当无人机电池电量在 10% 以下时会导致无人机原地降落，此时进行人工接管，控制无人机以最短的时间安全降落。

7）无人机 RTK 信号差：将无人机放置在升降平台上，然后将升降平台升至最高，搜星等待，如果时间过长（大于 5min），需要对无人机进行重启。如果重启依旧没用，需要重选驻车地点，将车移至空旷处。

DJI RTK 基站坐标校正：在飞行前需要使用中海达 RTK，连接千兆网络，对 DJIRTK 基站坐标进行校正，校正使用 IP 为 60.205.8.49，端口号为 8002，源节点为 RTCM32_GGB，不能使用其他 IP 和端口号。

（3）起降平台一般故障排查方法

1）对中传感器未感应到机构运行到位。

①检查对中的中间 2 个传感器（执行合拢动作时）外侧的 2 个光电传感器（执行打开动作时）是否工作正常。

②检查传感器灯是否完好无损，传感器上指示灯能正常亮灭（凹槽无遮挡物时亮，有遮挡物时灭）。

③检查遮光片是否正常移动到凹槽内。

④检查传感器的固定螺钉是否有松动引起传感器位置变动。

⑤检查遮光片的固定螺钉是否有松动。

2）指示灯红灯亮：当平台上升 / 下降时不动作，或者动作了一下就停止，同时指示灯红灯亮，且急停、复位后无法解除。检查电控箱内服务器、驱动器的显示面板是否显示为 0。若显示 err××.× 则表示电动机故障。具体故障代号请联系设备维护人员。

3）左右升降电动机高度差较大：检查平台是否有明显倾斜，若倾斜则为异常，可能会引起电动机故障。此时应将设备断电，拔掉电动机驱动器驱动线缆后重新上电，平台会自动下降并调平，等待平台自动恢复至下限位后，断电重新接好电线后恢复。

4）指示灯绿灯亮：平台上升到位后，对中机构打开后停止，指示灯仍然为绿灯，检查对中打开传感器螺钉是否松动，并将对中打开传感器向平台中心方向移动 1 ~ 2mm。

5）升降平台异常处理：升降平台在工作过程中可能会因为人为操作失误发生故障，此时需要按下急停按钮，待升降平台停止动作后，按箭头指示方向旋转急停按钮，接着按下复位按钮，待平台回归初始位置，再进行作业。

2.2.3 喊话装置

无人机技术的应用，可以通过搭载各种不同的载荷来完成具体的任务，喊话装置就是其中一种应用广泛的载荷。在应急搜救、消防、警察谈判、大型赛事活动等任务场景中，无人机喊话器都非常有帮助。搭载上扬声器的无人机变身成为"播音员"，从天空中进行大范围广播，能够清晰地实时传声、播放录制音频。尤其在重大疫情发生时，无人机喊话器的功能优势显现，无人机在上空循环播放疫情防控注意事项，声音能传达到几百米外，避免了接触。

无人机喊话器一般安装在多旋翼或者固定翼无人机上，基于数字无线传输技术，可以播放录制声源，进行实时广播，如图 2-21 所示。

大疆经纬 M210 RTK 无人机喊话器内置喇叭、无干扰、体积小、重量轻、内置电源更安全、音质清晰洪亮、穿透力强、传输距离远，搭载在无人机上可快速进入人群聚集区域，既能实时查看现场情况，又能对现场进行喊话、传达指挥、进行人员疏导等。

图 2-21　无人机喊话器

大疆经纬 M210 RTK 无人机喊话器的安装过程如图 2-22、图 2-23 所示。具体步骤如下：

1）将安装喊话器所需要的材料都摆放在工作台上，同时将无人机也放在边上，准备安装。

2）将有 M210 字样的碳板拿出来，找到 M3×6 的螺钉，用螺钉旋具将其固定到喊话器主体。然后以同样的步骤安装第二块碳板，安装后检查有没有松动。

3）将两个三角形固定架安装到碳板上，取 M3×6 的螺钉，安装在碳板凹槽内侧。然后以同样的方式安装另外一根三角板。

4）将无人机倒置，卸下无人机底部的四个螺钉，上侧两个，下侧两个。注意拆卸的方向，切记不要将无人机的内置螺钉底座拧过头。

5）安装无人机机身固定架。将两个碳板安装在刚刚拆掉螺钉的部位。注意固定架的前后，防止装反。机头部位安装短螺钉，机尾安装长螺钉。用同样的方法安装另外一侧的固定架。记住机尾肯定是长螺钉。

6）用手拧螺钉，将挂架安装，4 个螺钉都需要安装上。

图 2-22 安装喊话器 1

图 2-23 安装喊话器 2

注意，由于喊话器在无人机的机尾位置，将电池部位挡住了，所以每次安装和拆卸电池需要将固定喊话器的 4 个螺钉卸掉。

大疆经纬 M210 RTK 无人机喊话器的使用步骤如下：

1）组装无人机，安装电池，打开喊话器天空端喇叭的开关。

2）打开地面端对讲机的开关。

3）将无人机起飞，上升到合适高度，控制人员对对讲机喊话，声音将通过天空端传递出去。

本款喊话器的日常保养主要是对喊话器的天空端喇叭和地面端对讲机的电池进行定期的充放电，以及定期地使用喊话器。

2.2.4 抛投装置

无人机技术的应用，可以通过搭载各种不同的载荷来完成具体的任务，抛投装置是其中一种应用广泛的载荷。一体化集成的无人机，无论是大载重无人机还是小载重的无人机一般都没有设计抛投装置。抛投装置需要另外通过云台支架安装到无人机上。

（1）无人机抛投的原理 无人机抛投的原理是利用无人机的飞行能力和控制系统，将物品从无人机上投放到指定的位置。

无人机抛投的工作原理主要分为三个步骤，首先是无人机的起飞和飞行，其次是物品的装载和投放，最后是无人机的降落和返航。

1）在起飞和飞行阶段，无人机需要通过遥控器或自主控制系统进行操作，确保无人机能够稳定地飞行到指定的位置。同时，无人机需要携带足够的燃料和电池，以保证飞行时间和距离的要求。

2）在物品的装载和投放阶段，无人机需要携带抛投装置，将物品固定在无人机下方。在投放时，无人机需要通过控制系统将物品释放，确保物品能够准确地落到指定的位置。

3）在降落和返航阶段，无人机需要通过控制系统将无人机安全地降落到指定的位置。同时，无人机需要进行必要的维护和检查，以确保下一次任务的顺利进行。

（2）无人机抛投器的定义 无人机抛投器是一种新型的无人航空器拓展挂载设备。

（3）无人机抛投器的功能 无人机抛投器的功能主要是远距离运送物品、高空负载重物运输。到目前为止，无人机抛投器较成熟的方案有抛投应急救援、物资投放、设备装置传递、协助施工等。随着技术的提升，抛投器的设计越来越智能化，从一开始的单级抛投，已经发展到多段抛投，甚至是可视化抛投。由于无人机应用的广泛，对无人机载荷的需求也增多，无人机载荷产品开发者也在不断优化产品性能，以便于更好地满足行业应用的需要。

（4）无人机抛投器的分类　无人机抛投器可以分为单级抛投器、四段抛投器、五段抛投器。

1）单级抛投器能够远程控制，一般采用碳纤维与铝合金材质，能够轻松挂载重物，实现单次抛投。

2）四段抛投器随着抛投器的逐渐优化，它的重量越来越轻，重量轻、强度大成为抛投装置的一大亮点。四段抛投器不同于单级抛投器的是，它的挂载仓位多，部分还可以实现不限制顺序、自动识别挂载位置等高效功能。

3）五段抛投器是在四段抛投器的基础上又多加了一段，增加了任务投放的多样性，拥有五个挂载数量，能够多段投放，应用场景更为广泛。

（5）抛投装置使用流程及常见问题

1）抛投装置使用流程：下面以大疆 TH4 四段抛投器为例介绍，需要通过 U 盘 /TF 卡复制安装包，安装至无人机遥控器；取出抛投器，然后取下抛投器接口保护盖，向上轻推后逆时针旋转安装至云台接口，使两个红色标识对齐已知锁定云台，如图 2-24 所示。

图 2-24　抛投装置安装示意

安装完成后，手动旋转、拉扯一下确认安装到位、牢固。而后开启遥控器电源、飞行器电源；抛投器通电且显示正常后，长按按键 3s 完成设备复位操作，指示屏常亮且显示数字 0，即可挂载设备。

此时按下操作按钮，指示屏会依次显示数字 1、2、3、4，对应数字挂钩可以挂载物品，同时用手托住挂钩完成物品挂载，然后按下操作按键，即可完成物品挂载，而该数字挂钩处于挂载状态；随后屏幕跳转为其他数字，可以松手进行下一个同类型操作。每次任务最多可以挂载 4 个挂载物，如图 2-25 所示。

图 2-25　抛投设备显示示意

抛投器亦可以在通电前挂载物品，直接带挂载物安装抛投器至无人机挂载接口。

　　单击抛投器 App，开启"允许出现在其他应用上的权限"；随后在 pilot 应用弹窗检测到该设备，在"是否开启并使用 DJI pilot"中选择确认；确保挂载识别成功。注意首次进入抛投器应用 App 一般需要连接互联网。

　　在 DJI pilot 中打开抛投器悬浮图标，打开按键映射，单击右上角菜单栏，选择遥控器设置，进入遥控器自定义按键，将遥控器 C1 键、C2 键自定义栏目中选择"主画面切至 3 号云台"，具体以实际挂载位置为准；如果不需要绑定遥控器自定义按键，可不进行此步骤。抛投器设备界面如图 2-26 所示。

图 2-26　抛投器设备界面

　　完成上述设置后，即可使用无人机遥控器 C1 键进行解锁、无人机遥控器 C2 键进行抛投。如果没有抛投需求，应及时锁定，防止误触抛投，如图 2-27 所示。

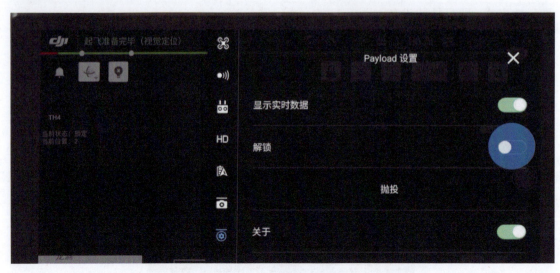

图 2-27　抛投设备锁定

2）抛投装置常见问题。一般指示屏闪烁且显示三条横线表示上一次使用时出现异常，需要长按按键进行初始化；指示屏闪烁且显示 E 表示系统错误或机械传动卡死；指示屏常亮且显示数字 0，表示 4 个挂钩均无法活动，如图 2-28 所示。

图 2-28　抛投设备异常指示

（6）无人机在救援中实现精准抛投的注意事项

1）滑索抛投：无人机拖着一根线缆在目标地区上空盘旋，这一结构的动力学特性会使线缆另一端自然向盘旋圆心接近。当线缆末端触碰地面时，末端上的锚钉确保其固定在陆地上；或者线缆末端接触水面后，利用末端高阻尼材料使其在水中基本静止。当线缆的拉力重量比足够高、线缆末端重量足够大时，整个系统将保持动态稳定，使得机载的物品可沿线缆滑降至地面或水面。

如果要将此方法运用在救援上，可以尝试将救生圈放于线缆末端，起飞前将线缆蜷缩在无人机上，当飞抵目标水面上空开始盘旋后放开线缆，使末端逐渐接近水面。这一方法的缺点是在以无人机盘旋轨迹为圆底、线缆末端为顶点的倒圆锥形空间内，不能有任何障碍物，否则可能会缠住线缆，使抛投失败，直至拉扯无人机导致坠机。

2）水平空投：水平空投是指无人机在巡航高度保持与水面平行，在飞抵目标正上方之前，通过计算提前释放抛投物，使其沿着抛投轨迹自由下坠，最终落到预定目标位置。如果无人机选用这一方式抛投救生圈，在实际执行时需要精确计算出无人机在巡航高度上的释放位置。被释放后救生圈的下落运动，可抽象为一个具有水平初速度的平抛运动，它在竖直方向上受重力和空气阻力，而水平方向上仅受空气阻力，因此可通过设计理论模型来计算下落时长和水平位移，并不断优化，从而推算出最佳释放位置。

3）俯冲空投：俯冲空投即无人机先从较大高度接近目标上空，随后边瞄准边以超过 60° 的角度向其俯冲，在释放抛投物后，无人机随即拉起机身飞离，而抛投物则以接近直线的轨迹下落至目标。

这种方式几乎将原本水平空投中的水平初速度减小为 0，因此大大提高了精确度。这种方式遇到的最大挑战是无人机从俯冲状态转为平飞状态时要承受极大的过载，虽然无人机系统免除了飞行器在过载中的问题，但无人机机身仍要承受这些过载。目前无人机一般将最大俯仰角限制在 35°左右，离实际俯冲空投还有较大的差距。此外，无人机在这种方式下需要通过机载摄像机和图传瞄准遇险人员，而用于瞄准的时间受限于俯冲高度，如果在一次俯冲中未能及时瞄准，只能放弃本次俯冲空投，拉升复飞后尝试下一轮俯冲空投。

4）跳跃空投：跳跃空投专用于在水面上实施抛投，它和降落伞低空抛投相似，只是去除了降落伞的缓冲。实施这种空投时，无人机需要提前下降至接近水面的高度，释放抛投物，由于具备一定的水平初速度，抛投物接触水面后会经历多次跳跃后停止。这种方式面临的挑战与降落伞低空抛投相似，即在无预先计划的条件下，很难保证无人机从巡航高度快速接近水面、抛投后及时爬升而不坠毁。

5）悬停空投：悬停空投是指无人机在飞抵目标正上方后先悬停，随后缓慢下降高度，同时保证没有较大的水平位移。在到达合适的高度后释放滞投物，使其自由下坠并最终落到预定目标位置。这一方法比较容易控制抛投的精准度，与水平空投类似，抛投物被释放后的运动，可抽象为一个受到空气阻力的下落运动，它在竖直方向上受重力和空气阻力，而水平方向上仅受空气阻力，因此可通过建立理论模型来计算下落时长和水平位移的关系，并进一步计算出在不同风速下符合精准度要求的最大释放高度。

2.2.5 无人机及其附属设备出入库台账维护

无人机设备台账内容一般包括无人机设备购置台账、无人机设备使用台账、无人机设备维保台账、无人机设备报废台账以及无人机配件使用台账等内容。其中，无人机设备购置台账见表2-1，无人机设备报废台账见表2-2，无人机设备维修保养台账见表2-3，无人机配件使用台账见表2-4。

表 2-1　××无人机设备购置台账

××无人机设备购置台账											
序号	资产编号	设备编号	数量	设备名称	型号	规格	制造厂商	购入日期	负责人	设备状态	备注
1											
2											
3											
4											

表 2-2　××无人机设备报废台账

××无人机设备报废台账								
序号	资产编号	设备编号	设备名称	型号	报废原因	报废日期	负责人	备注
1								
2								
3								
4								

表 2-3　××无人机设备维修保养台账

序号	资产编号	设备编号	设备名称	型号	维修保养项目	维修保养日期	下次保养日期	设备目前情况	负责人	备注
					××无人机设备维修保养台账					
1										
2										
3										
4										

表 2-4　××无人机配件使用台账

序号	资产编号	设备编号	设备名称	型号	领用机型	库存数量	负责人	备注
				××无人机配件使用台账				
1								
2								
3								
4								

无人机设备台账的作用：对无人机各部件的使用情况和设备状态可以追溯；督促操作人员正确使用设备；按时保质维护保养设备，保证其正常运行；防止设备故障和事故的发生，延长设备使用寿命；充分发挥设备性能，创造更高的经济效益。

通过对无人机设备台账的维护，无人机巡检操作人员应严格按照无人机设备管理相关规定，熟悉设备使用、维保等信息模块，并能熟练使用设备台账。设备台账接口通过调用业务中台台账信息、回传飞行状态和飞行轨迹信息，从业务流转下发方向上一方面将业务中台的线路台账以请求方式调取到无人机巡检数据库查看，另一方面将业务中台的线路台账调取到无人机应用界面供巡检计划、任务工单编制和流转；从业务流转上行方向上，将无人机作业状态回传到管理信息大区。

1. 设备台账

1）未登录班组成员先通过输入登录账号、登录密码进行登录无人机巡检系统。登录后进行操作，跳转到巡检作业情况统计页面。

2）根据"单位"进行模糊查询。

3）系统通过调取业务中台的台账信息、数据中台的统计分析信息展示查询信息，查询成功，展示查询到的巡检作业数据；查询失败，给予反馈提示。

2. 无人机台账

1）检修班组在管理信息大区编制巡检计划。

2）巡检通过无人机台账接口从业务中台调取无人机台账信息。

3）巡检计划生成的任务工单通过无人机台账接口调取业务中台台账信息。

4）管理信息大区无人机数据库基础台账信息通过调用业务中台台账信息进行查询。

2.2.6　无人机智能电池管理系统

随着无人机在电网中的应用场景越来越多，无人机的数量也呈规模化增长。不同型号的无人机其电池是不相同的，同时自规模化作业开展以来，大批量的电池充放电变成一个非常棘手的事情，因此无人机智能电池管理系统就应运而生。

目前电力行业使用的无人机智能电池管理系统是基于RFID（射频识别）的无人机智能机库管理系统。这套系统主要解决无人机闲置率过高、使用和保养不合理等问题，可通过该套系统来提升对无人机资产信息的完整性和设备使用状态的智能化管理，提升无人机设备的精益化管理水平。该套系统可集成和整合现有无人机巡检管控平台的相关业务，形成无人机资产管理的全过程管控，使无人机资产得到合理充分的利用，让其价值发挥到最大化。

基于RFID的无人机智能机库管理系统主要由智能机库柜体和管理系统组成。系统整体架构主要由应用层、平台层和服务层组成。应用层包含设备领取、设备保养、设备信息查询、电池充电状态、设备归还、设备报废、设备新增、电池取用状态等。平台层主要包含无人机巡检业务模块和智能机库系统。服务层主要包含文件服务、基础服务、机库服务、业务签审服务、业务流程服务等。无人机智能机库柜体实物、系统整体架构、系统技术架构如图2-29～图2-31所示。

图2-29　无人机智能机库柜体实物

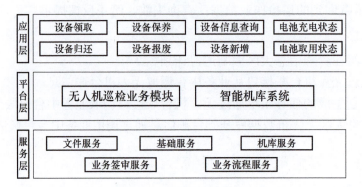

图2-30　系统整体架构

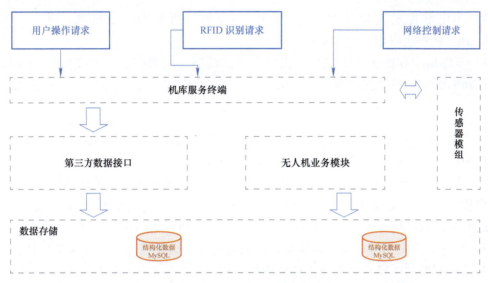

图 2-31 系统技术架构

无人机智能机库管理软件系统的硬件结构主要由主控电池柜、标准电池柜和设备柜组成。主控电池柜可连接及控制多个设备柜及标准电池柜，排列组合时将其尺寸相加即可。主控电池柜三视图及尺寸如图 2-32 所示。

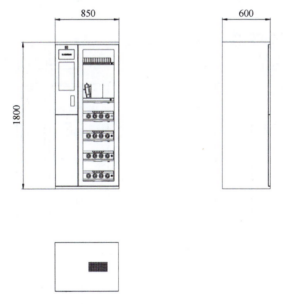

图 2-32 主控电池柜三视图及尺寸

1. 主控电池柜对电源功率的要求

1）电池柜采用 220V 交流电供电，电池柜满负荷工作最大功率达 7000W，功率可根据用户所能提供的最大功率进行设定；电池柜外壳为金属材质，电源需可靠接地。

2）当电池柜最大功率设定在 3500W 以上时，建议采用 3 芯 6mm²RVV 线，从入户总电源空气开关处接线。库房入户线应使用 6mm² 及以上电线。

3）当电池柜最大功率设定在 3500W 以下时，可配 16A 三插线，从大功率 AC 220V、16A 插座上取电（例如空调插座）。

4）若库房中存在多个电池柜，需合理增加线粗，应考虑独立专线供电，或对电池柜进行功率限制，以确保安全。

2. 主控电池柜对库房环境的要求

1）库房内需具备空调机，以保持库房温湿度。具体空调机匹数，应根据库房面积合理选用；库房内需具备消防系统、报警或喷淋装置

2）若需后台管理系统，库房内需具备网络设备，例如以太网（100Mbit/s 百兆以太网或更优的）或无线局域网（2.4GHz 无线 WiFi），及配套的交换机或路由器，以便数据通过网络传输，回传后台管理服务器。可选配 1 台 PC，用于访问后台管理系统界面。

3）库房中建议预留桌子，以供作业人员取用无人机时临时放置无人机或杂物。

标准电池柜对环境的要求与主控电池柜一致。

标准电池柜三视图及尺寸如图 2-33 所示。

3. 设备柜对电源功率的要求

设备柜采用 220V 交流电供电，最大功率为 100W，在设备柜背后墙壁离地面高约 33cm 处，建议配备 1 个专用的交流 220V、10A 三插供电插座，以简化接线及减少插线板的使用。

设备柜三视图及尺寸如图 2-34 所示。

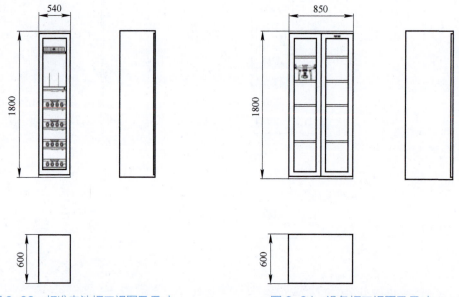

图 2-33　标准电池柜三视图及尺寸　　　　图 2-34　设备柜三视图及尺寸

无人机智能机库管理系统可以对电池的电量进行在线监测和健康状态评估。

管理员通过无人机智能机库管理系统能实时查看无人机电池的充电状态和充电次数，以及电池循环次数。无人机电池柜中的电池槽工作模式有工作模式和养护模式（仅支持 P4 电池槽）两种。

1）工作模式：电池放进电池槽中即会被充满电，随后充电器关闭，达到自放电天数后电池开始自行放电至 60% 左右。

2）养护模式：电池放进电池槽不会立刻充满电，充电器会将电池电量水平维持在 40% ～ 60% 幅度。如果需要将电池充满电，需要将本层电池槽重新设置为"工作模式"。

另外，无人机电池柜中的电池槽支持多元化的定制，可实现市面上常见无人机电池的充放电，如大疆精灵 P4 电池、大疆 TB65 电池、大疆御 3 电池等。系统在电池充满后自动断电、自动放电（一个固定周期内），还支持管理员根据本单位电池使用进度，自定义设置电池充放电周期来有效延长电池寿命。电池指示灯对应的充电状态说明见表 2-5。

表 2-5　电池指示灯对应充电状态（适用于电池柜所支持的电池槽）说明

电池指示灯状态	说明
绿灯闪烁	充电中
绿灯常亮	充电完成
蓝灯常亮	养护模式中
红灯闪烁	电池状态异常（电芯温度高）
红灯常亮	充电器故障（充电槽温度高）

2.3　辅助检测与支持设备

2.3.1　风速风向仪

风速和风向是确定天气状况的两个关键参数。风速风向仪是用于测量这两个参数的一种仪器，它是气象学中最为基本的仪器之一，广泛应用于气象、航空、海洋、环保、军事等领域。

1. 风速风向仪的组成及功能

风速风向仪通常由风速传感器、手柄、风速表或者显示屏、风向标或者风向传感器、电池等组成。

风向传感器通常采用相位差原理或静态压力传感器原理，利用传感器所产生的电信号测量出风向的指示值。而风速传感器则可分为动态式压差传感器和旋翼式风速传感器两种。前者适用于在管状空间内进行流速测量，而后者则采用了类似小型风车的转动原理，通过旋转转子测量风速。其显示屏可以显示风速和风向的实时数值，而电池则为风速风向仪供电。

2. 风速风向仪的常见类型

1）风车风速风向仪。风车风速风向仪的工作方式类似于杯式风速风向仪。它看起来类似于风车，但它的轴平行于风向而不是垂直于风向。它有一个风向标，有助于将轴保持在正确的方向上。风向标有一个尾巴和一个螺旋桨来测量风的速度和方向。

2）激光多普勒风速风向仪。这种类型的风速风向仪使用多普勒效应来测量风速。该设备使用分成两束的光，当一束进入风速风向仪时，空气粒子反射的光用于计算速度。

3）热线风速风向仪。也称为热风速风向仪，可以测量风速和风压。工作方法是将电线加热到设定温度，然后测量电线冷却的速度，这样就知道了风的移动速度和方向。

4）超声波风速风向仪。这是最复杂的风速风向仪类型之一。它使用声波来计算风速。该风速风向仪对轻微的风速变化高度敏感，并且耐候性强。

5）压力风速风向仪。该风速风向仪测量风压。其中，板式压力风速风向仪利用风对弹簧的压缩来测量其实际力。工作原理是测量风吹入管中和吹过管子时的气压差。该风速风向仪是多功能压力管风速风向仪，不仅可以测量气压，还可以测量风速、气流和温度。

3. 风速风向仪使用时的注意事项

1）禁止在可燃性气体环境中使用风速风向仪。

2）禁止将风速风向仪探头置于可燃性气体中。

3）不要拆卸或改装风速风向仪，否则可能导致电击或火灾。

4）应依据使用说明书的要求正确使用风速风向仪。使用不当，可能导致触电、火灾和传感器的损坏。

5）在使用中，如遇风速风向仪散发出异常气味、声音或冒烟，或有液体流入风速风向仪内部，应立即关机取出电池。

6）不要将探头和风速风向仪本体暴露在雨中。

7）不要触摸探头内部传感器部位。

8）风速风向仪长期不使用时，应取出内部的电池。

9）不要将风速风向仪放置在高温、高湿、多尘和阳光直射的地方。

10）不要用挥发性液体来擦拭风速风向仪。

11）不要摔落或重压风速风向仪。

12）不要在风速风向仪带电的情况下触摸探头的传感器部位。

4. 风速风向仪的维护保养

1）使用完风速风向仪后，及时关闭仪器的电源，避免浪费电池电量。

2）定期清洁仪器，确保传感器和显示屏的清晰度。

3）若发现仪器有异常情况或损坏，应及时联系专业维修人员进行维修或更换。

2.3.2 便携式发电机

1. 便携式发电机的组成及工作原理

便携式发电机是一种独立的发电设备，以汽油、柴油、天然气等为燃料，以内燃机为原动机将热能转化为机械能传给发电机，再由发电机转化为电能。由于其体积小、重量轻、移动方便，便携式发电机一般用于应急或发电。

（1）基本结构与主要组件　便携式发电机的基本结构包括电压表、燃油加注口和燃油显示表、启动 / 停机开关、启动电磁阀、泄油螺栓、机油塞尺、输出开关、输出插座、接地端子。便携式发电机最主要的两个组成部分为内燃机和发电机。便携式发电机用内燃机作为动力，带动发电机发电。内燃机的结构包括曲轴—连杆机构，配气机构、供油系统、排气系统、点火系统、润滑系统、起动系统。

1）曲轴—连杆机构包括气缸、曲轴箱、气缸盖、活塞、连杆曲轴和飞轮。气缸内燃烧的气体压力拖动曲轴—连杆结构，将活塞的直线运动转换成曲轴的旋转运动，输出动力，带动发电机发电。

2）配气机构包括进、排气门，涡轮增压，凸轮轴及传动零件。按照发动机的工作次序，轮流地打开或关闭各个气缸的进气门和排气门，使新鲜空气按时进入气缸，并将废气排出。

3）供油系统包括燃油箱、燃油滤清器、油泵、喷油器、调速器及油管。储存的燃料在工作时，会按照一定的时间间隔，供给气缸适量的洁净燃料或混合气体燃料。

4）润滑系统包括机油泵、机油滤清器、机油散热器。润滑系统向内燃机各运动机件的摩擦表面不断提供适量的润滑油，并带走热量。

5）起动系统包括蓄电池、启动马达。起动系统是以外力转动内燃机的曲轴，使内燃机由静止状态转入工作状态的装置。

目前使用的小型便携式发电机主要是交流同步发电机。其结构包括转子和定子。定子被称为电枢，在电动机中产生感应电动势，包括定子铁心、三相定子绕组、机座。转子则由转轴、转子支架、轮环、磁极和励磁绕组等组成。

（2）便携式发电机的工作原理　以四冲程内燃机为例，便携式发电机的工作原理包括进气冲程、压缩冲程、燃烧冲程、排气冲程。

1）进气冲程：进气门开启，活塞从上止点往下运动，在气压差的作用下，新鲜空气进入气缸，当活塞到达下止点时，进气过程结束。

2）压缩冲程：活塞从下止点往上止点运动，进气、排气门关闭，活塞压缩气缸中的空气，气体压力增大，温度升高。

3）燃烧冲程：当压缩过程接近上止点时，喷油嘴将柴油雾化喷入气缸，雾状燃油迅速与高温高压的气体混合后燃烧，此时进气门、排气门仍关闭，气缸中的气体压力和温度急速升高，推动活塞由上止点往下止点运动，并通过曲轴向外输出动力。

4）排气冲程：排气门开启，飞轮由于惯性带动活塞从下止点往上止点运动，将膨胀后的气体排出。活塞重复往复运动，不断循环，不断带动发电机转子转动，发出电力。

便携式发电机在无人机的应用，大幅提升了无人机的续航时间，最长续航时间可达5h。并且便携式发电机的应用环境范围广泛，在 −20 ～ 40℃的环境下均可正常使用，为机载设备带来更为充足的电能。

在作业时为解决外场充电的需求，往往要为充电设备配发发电机组，一般选用质量比较轻的汽油发电机。便携式汽油发电机一般由动力部分和发电机部分组成，根据动力部分的不同一般分为两冲程发电机（图 2-35）和四冲程发电机（图 2-36），同样输出功率指标的两冲程发电机重量较轻，成本较低，工作噪声大，油耗高，使用混合油润滑方式，发动机废气排放污染比较严重；四冲程发电机运行时比较平稳，噪声小，废气的排放对环境的污染比两冲程小很多，油耗也很低，但是成本比两冲程的要高。

图 2-35　雅马哈两冲程发电机

图 2-36　开普四冲程发电机

2. 便携式发电机的操作要求

（1）开机前的检查

1）机油液位是否符合规定。

2）风冷机组的进风、排风风道是否通畅。

3）检查燃油箱的燃油量。

4）起动电池的电压、液位是否正常。

5）起动电池应经常处于稳压浮充状态，每月检查一次充电电压及电解液液位。

6）机组及其附近是否放置工具、零件及其他物品，开机前应进行清理。

7）环境温度低于 5℃，应给机组加热。

（2）起动、运行检查

1）机油压力、温度是否符合规定要求。

2）各种仪表、信号灯指示是否正常。

3）气缸工作及排烟是否正常。

4）燃油发动机运转时是否有剧烈振动和异常声响。

5）电压、频率达到规定要求并稳定运行后方可供电。

6）供电后系统是否有低频振荡现象。

（3）关机、故障停机检查及记录

1）正常关机：当市电恢复供电或试机完成后，应先切断负荷、空载运行 3 ～ 5min，再关闭油门停机。

2）故障停机：当出现油压低、转速高、电压异常等故障时，应能自动或手动停机。

3）紧急停机：当出现转速过高或其他有可能发生人身事故或设备危险情况时，应立即切断油路和气路紧急停机。

4）故障或紧急停机后应做好检查和记录，在机组未排除故障和恢复正常时，不得重新开机。

3. 便携式发电机的应急发电操作

（1）燃油发电机起动　发电机在起动前，务必将输出交流开关设在 OFF 位置（开关向下），否则将损坏发电机（不能直接带负载起动）。

（2）燃油发电机输出

1）发电机在常温起动后，需要运行 1 ～ 2min 预热运转；寒冷时，需加长预热运转时间至 3 ～ 5min。如起动后马上带负载，可能会造成发电机突然停机。

2）如接负载应在发电机起动之前就将负载正确地接至发电机输出端子上。等预热后，再将输出开关合上。

（3）燃油发电机停机

1）先将负载关闭，再将发电机输出开关断开。

2）空载运行 2 ～ 3min 后，关闭启动开关至 STOP 位置。

3）将燃油开关关至 STOP 位置。

4. 便携式发电机的一般维护保养要求

1）机组应保持清洁，无漏油、漏水、漏气、漏电现象。机组上的部件应完好无损，接线牢靠，仪表齐全、指示准确，无螺钉松动。

2）根据气候及季节情况的变化，应选用适当标号的燃油和机油。严禁使用劣质燃油和机油，确保发电机组的使用寿命。

3）保持机油、燃油及其容器的清洁，定时清洗和更换（机油、燃油和空气）滤清器。燃油发电机外部运转件要定期补加润滑油。

4）每次使用后，注意补充润滑油和燃油，及时检查冷却水箱的液位情况。

5）起动电池应经常处于稳压浮充状态，每月检查一次充电电压及电解液液位。

6）便携式发电机机组不用时，应每月做一次试机和试车。

7）每月应给起动电池充一次电，并检查润滑油和燃油箱的油量。

8）作为备用发电的小型发电机，在其运转供电时，要有专人在场；在燃油不足时，停机后方可添加燃油。

2.3.3 ▸ 电池

1. 无人机电池的结构与参数

（1）电熔连接方式　无人机电池是无人机能正常进行通信、飞行等的必备条件，目前无人机事故多数是由电池问题引起的。

电池的输出电压会受到多种因素的影响，例如环境温度、使用时间、负载等，如果电池的输出电压过低或过高，可能会导致无人机无法正常起飞或降落，甚至会损坏无人机的电动机或其他部件，严重时，会导致无人机失控甚至坠毁。因此，无人机起飞前检查电池电压是非常重要的。

无人机上常使用的是锂聚合物电池，它比镉、氢电池更轻，可以为无人机提供更长的续航时间，同时也具有较高的安全性，所以被广泛采用。

一般的电熔连接方式包括串联与并联。为了获得更大的电池容量与更好的无人机续航，除选用能量密度高的锂聚合物电池之外，无人机电池中的锂聚合物电池还通过串联组合的方式构成更大容量的电池。

（2）电池参数

1）C是电池的放电倍率，指电池在规定的时间内放出其额定容量时所需要的电流。电池的放电能力，即最大持续电流 = 额定容量 ×C。

2）电池容量的单位为 mA·h，表示电池以某个电流来放电能维持 1h，例如 1000mA·h 的电池理论上能保持 1A 的电流放电 1h。电池的放电并非线性的，但电池在小电流时的放电时间总是大于大电流时的放电时间，我们可以大致估算出电池在其他电流情况下的放电时间。

3）S 表示几节串联。例如 3S/2200mA·h 电池就是 3 节 2200mA·h 的电池串联。单节电池的电压为 3.7 ~ 4.3V，通过电池的参数 S，可以得知电池的电压。例如，3S 电池的电压为 3×3.7V，即 11.1V。

4）P 表示并联，例如 4S2P 就是 4 节电池每 2 节并联成 1 节后再 4 节串联。串联电池可以获得更高电压，并联电池可以获得更多容量，即毫安时或者安时。例如 3.7V、2000mA·h 的锂聚合物电池，做成 2S3P 的电池组，它的参数就是 7.4V、4000mA·h。

2. 锂聚合物电池的存储

锂聚合物电池内部是个较为复杂的电化学体系，长时间搁置会使内部的平衡状态逐渐发生变化，累积到一定程度时，电池往往会发生以下特性的变化。

（1）物理特性　长时间存储的锂聚合物电池在物理特性（外观、尺寸、重量等）上会发生一定的变化，尤其是外观特性在存储环境的温度和湿度不佳的场合下变化更为明显。在湿度较大的情况下，锂聚合物电池长时间放置后，其增重要明显高于在湿度较低情况下放置的电池。经过对锂聚合物电池不同条件下长期存储情况的观察发现，电池钢壳部分在湿度较高的情况下易产生锈迹，从而产生重量轻微增加的现象。电池钢壳外部生锈不会对电池的内部状态产生影响，但会直接影响对产品的出货判定，生锈部分的脱落有可能对与其配套的电子元器件产生负面影响，因此需避免发生。对需长时间保管的锂聚合物电池，特别是具有金属外壳的电池，应注意尽可能地放在空气湿度较低的地方，以避免外观不良的发生。

（2）电化学特性　锂聚合物电池除了锂离子嵌入和脱嵌时发生的主反应外，还存在一些副反应，如电解液分解、活性物质溶解、锂沉积等。长时间搁置后，锂聚合物电池内部的平衡状态逐渐发生变化，累积到一定程度时，电池会发生较为明显的变化，会直接在电池的电化学特性上得到体现。

1）容量：长期搁置的锂聚合物电池容量变化主要体现在两点：一是电池保有容量的降低，主要由自放电引起；二是不可逆容量的增加，主要取决于电池内部化学体系间的不可逆消耗反应。自放电现象在所有锂聚合物电池中都是不可避免的。由于自放电而导致的容量损失分为可逆和不可逆两类，可逆容量损失指的是对锂聚合物电池充电时可以恢复的那部分容量，不可逆容量损失即指不能恢复的容量。经过实验测算，12 个月后容量残余率最小值为 41.9%（对应 10% 荷电态），最大值为 81.5%（对应 100% 荷电态），而其相对应的 48.1% 和 18.5% 的损失率是由电池的自放电引起的。在常温条件下，锂聚合物电池以不同荷电态存储 12 个月后容量恢复率最小值为 91.7%（对应 100% 荷电态），最大值为 99.9%（对应 0% 荷电态），相对应的 8.3% 和 0.1% 的损失率（0% 荷电态下可以认为无损失）是由电池的不可逆自放电部分引起的。由于电池内部化学反应受环境温度影响最大，较高的温度可以使反应速度呈几何倍率增加。因此，可尽量在较低温度下和低荷电态下存储锂聚合物电池，避免产生较多的不可逆容量损失。

2）内阻：电池内阻是指正负两端之间的电阻，是集流体、电极活性物质、隔膜、电解液、导电柄、端子的电阻之和。对于锂聚合物电池来说，内阻越小，电池放电时所占用的电压越小，越能输出更多的能量。但对于长期存储的电池来说，电阻往往会随着存储时间的增加而升高。超过一定的电阻会引起电池内部超过基准从而报废或降级，因而需关注电池长期存储过程中的电阻变化。

环境温度对电池内阻变化影响较大。25℃时，锂聚合物电池保存 32 天，内阻变化为 0.57mΩ；50℃时，锂聚合物电池保存 1 个月，内阻则增加 2.64mΩ；当环境温度达到 75℃时，电池内阻变化出现急速变化，搁置同样的天数，内阻增加值为 8.18mΩ，增加幅度为 25℃时的 14 倍。有关研究表明，随着时间累积，在正、负极表面上的 SEI（固体电解质界面）膜厚度不断增大的情况下，会有更多的锂离子损失；两极的阻抗不断增加，使电池内阻增大。正常使用的锂聚合物电池使用温度范围在 −20 ～ 60℃，但从存储角度上讲，由于高温保存会导致电池内阻的快速增加，从而使电池的整体性能下降，因此长期存储时尽可能使电池处于比较低的温度下。

3）放电特性：长期存储后电池的放电特性呈下降趋势，尤其是长期存储的电池其低温性能明显下降。经过实验测试，室温存储 3 年的锂聚合物电池低温放电能力有明显下降的趋势，放电能力较新电池低 200 ～ 300mV；同时，在 2.5V 截止电压下的放电容量也低，约 100mA·h。研究表明，在 55℃温度下对不同荷电态的锂聚合物电池进行存储，并对存储前后的电池进行性能测试和交流阻抗分析发现，经不同荷电态高温存储后，锂聚合物电池的 1C 和 10C 容量均发生衰减，同时直流内阻增大。随着储存荷电态的升高，电池的容量和功率性能衰减加剧。交流阻抗分析表明，锂聚合物电池存储后的功率性能衰减主要原因是正极的阻抗增大。低荷电态有利于锂聚合物电池放电性能的保持。研究表明，长期存储后的锂聚合物电池高倍率放电时电芯最高温度有所升高。长期搁置后电池内阻升高，导致高倍率放电时电池内部发热增加，从而引起电池表面最高温度的增加。

长期存储后锂聚合物电池的综合特性呈明显的下降趋势。为降低长期存储对电池各方面性能的负面影响，应在以下几方面进行管控。

1）控制存储环境的温、湿度，将电池存储在低温和干燥的环境中，有利于其外观及内部性能的长期保持。

2）定期激活电池，在存储一定周期后以小电流对电池进行一到两次的充放电活化，有利于降低电池的不可逆容量损失。

3）控制电池长期存储的荷电状态。将电池荷电容量控制在半态（40% ～ 60% 额定容量），有利于电池的长期存储。

3. 锂聚合物电池的电量恢复

电池老化是不可逆的过程，国内外均有相关研究，目前可通过电化学方法来恢复锂聚合物电池的部分容量，即对电池进行一到两次小电流充放电循环，部分不可利用的锂离子可以参与到充放电过程中，电池的实际可用容量可得到提升。经过修复处理，更多的锂离子在正极嵌入，并参与到电池的充放电过程中，电池的容量得以提升和恢复。部分电池管理系统会在电池显示的电量与实际电量不符时对电池电量进行重新标定。如果电池已经严重老化，最有效的方法通常是更换新电池。

2.3.4 电池充电器

随着无人机在电网巡检中的大量应用，无人机在巡检作业过程中，飞手一天的巡检需要大量的无人机电池供应。由于巡检地点大多在野外，情况复杂，地域广阔，缺少电力供应，用电困难，没有条件对无人机电池充电，所以只能靠携带大量的电池来维持全天的巡检工作。大量的电池携带不便，且无人机电池的费用较高，使用户外电源进行充电可以解决上述问题。

目前由于各型号无人机的电池电压、接口等不同，只能使用配套的充电管家、充电箱等，主流电网巡检无人机充电设备信息见表 2-6。

表 2-6　主流电网巡检无人机充电设备信息

序号	无人机型号	无人机电池型号	充电设备	充电设备图
1	M30	TB30:5880mA·h/131.6W·h 26.1V	BS30 电池箱，输入：AC 100～240V；输出：525W，最多两个接口输出；接口输出：26.1V、8.9A	
2	M300	TB60:5935mA·h/274W·h 52.8V	BS30 电池箱，输入：AC 100～240V，最大 1070W；输出：992W，最多两个接口输出；接口输出：52.8V、8.9A	
3	精灵 4RTK	PH4:5870mA·h/89.2W·h 15.2V	充电管家，输入：AC 100～240V，最大 160W；输出：55W，最多一个接口输出；接口输出：8.7V、6A	
4	御 3	M3:5000mA·h/77W·h 17.6V	充电管家，输入：AC 100～240V，最大 65W；输出：65W，最多一个接口输出；接口输出：8.7V、7A	
5	御 2 行业进阶版	M2:3850mA·h/59.29W·h 17.6V	充电管家，输入：AC 100～240V，最大 60W；输出：60W，最多一个接口输出；接口输出：17.6V、3.53A	
6	EVO II Pro	7100mA·h/82W·h 11.55V	充电管家，输入：AC 100～240V，最大 66W；输出：66W；接口输出：13.2V、5A	

无人机电池充电器可以根据其功能、功率、适用电池类型和支持的充电特性进行分类，如分为：

（1）并行式平衡充电器　并行式平衡充电器使被充电的电池内部每节串联的电池都配备一个电镀的充电回路。每节电池都受到单独保护，并且每节电池都按规范在充满后自动停止充电，因此，它是平衡式充电的最高形式，如图 2-37 所示。

（2）串行式平衡充电器　串行式平衡充电器充电回路接线是在电池的输出正负极上，在电池的各单体电池上附加一个并联均衡电路，常采用两种不同的工作原理对单体电池电压进行平衡，其中一种是放电平衡，在电池组的各单体电池上附加一个并联均衡回路，以达到分流的作用。例如 PL8 智能充电器（图 2-38），输出功率为 1344W，可充 LI-LON-PO-FE、Nice/NiMH 等多种型号电池，主要用于动力电池的充电，以及外场快速充电。

图 2-37　并行式平衡充电器

图 2-38　PL8 智能充电器

2.3.5　磁罗盘

1. 磁罗盘的原理

磁罗盘作为一种传感器，可以用来测量地球磁场的方向，通常被用于导航和定位。在无人机中，磁罗盘可以用来指导其飞行方向，保证其能够稳定到达目标点。磁罗盘的原理是通过感知地球磁场的方向来测量飞行器的方向。当无人机在飞行时，通过无人机内置的磁感应器识别地球的磁场，从而判断出它的方向。

2. 磁罗盘的校准

大疆系列无人机磁罗盘的校准可根据 App 校准提示，先水平旋转 360°、后垂直旋转 360° 的方式进行操作，即可完成磁罗盘（即指南针）的校准工作，如图 2-39 所示。

图 2-39　无人机巡检系统磁罗盘校准方法

2.3.6 ▸ 惯性测量单元

1. 惯性测量单元简介

惯性测量单元（Inertial Measurement Unit，IMU）是输出确定导航参数如姿态（航向、俯仰、横滚）、速度和位置的设备。一般来说，一个 IMU 包含了三个单轴的加速度计和三个单轴的陀螺，加速度计检测物体在载体坐标系统独立三轴的加速度信号，而陀螺检测载体相对于导航坐标系的角速度信号，测量物体在三维空间中的角速度和加速度。

2. IMU 校准流程

当无人机用的时间比较长或者受到碰撞时，可能会出现 IMU 校准提示。IMU 校准是无人机安全飞行的重要前提条件。在无人机系统自检后系统提示异常的情况下，一定要先进行校准，再进行下一步。

大疆系列无人机 IMU 校准流程如下：

1）IMU 校准前将无人机机臂展开，放置在水平桌面上（图 2-40），为确保安全，先拆卸桨叶。

图 2-40 无人机水平放置

2）打开无人机遥控器，将其与 App 连接，如图 2-41 所示。

图 2-41 遥控器与 App 连接

3）当无人机和 App 正常连接后，单击"飞控参数设置"，如图 2-42 所示。
4）单击"高级设置"，如图 2-43 所示。

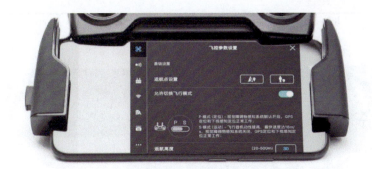

图 2-42 "飞控参数设置"界面

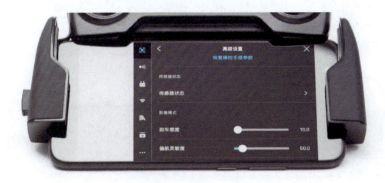

图 2-43 "高级设置"界面

5）单击"传感器状态"，如图 2-44 所示。

图 2-44 "传感器状态"界面

6）单击"校准传感器"，单击"开始"，如图 2-45 所示。

图 2-45 "校准传感器"界面

7）依次按照提示，完成无人机六个方向的校准，如图 2-46 所示。

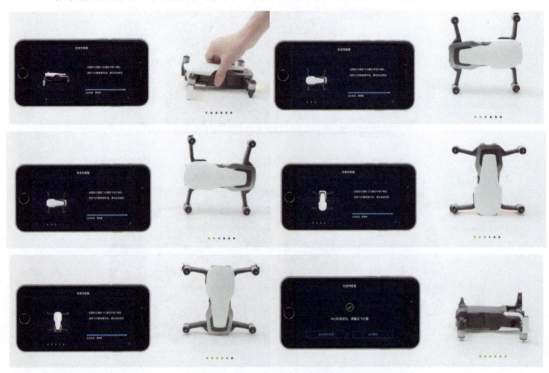

图 2-46　无人机六个方向的校准示意图

全部完成后，App 会提示 IMU 校准成功，校准时长为 5 ～ 10min。如果校准失败，再按照上述步骤重试。

2.3.7　无人机定位设备技术及 RTK 功能开启

1. 无人机卫星定位系统

无人机可以依靠外部设备如北斗导航系统、全球定位系统、格洛纳斯系统以及伽利略系统等获取无人机的位姿，它们具有定位精度高的优点。目前，电力巡检出于信息数据安全考虑，已全面采用北斗导航系统对无人机进行定位。

2. RTK 技术

实时动态差分法（Real-time kinematic，RTK）又称为载波相位差分技术，它是一种新的常用的 GPS 测量方法。以前的静态、快速静态、动态测量都需要事后进行解算才能获得厘米级的精度，而 RTK 能够在野外实时得到厘米级定位精度的测量方法，它能实时提供观测点的三维坐标，并达到厘米级的高精度。RTK 的工作原理是，由基准站通过数据链实时将其载波观测量及站坐标信息一同传送给用户站。用户站接收 GPS 卫星的载波相位与来自基准站的载波相位，并组成相位差分观测值进行实时处理，能实时给出厘米级的定位结果。实现载波相位差分 GPS 的方法有修正法和差分法。修正法是基准站将载波相位修正量发送给用户站，以改正其载波相位，然后求解坐标。差分法是将基准站采集的载波相位发送给用户台进行求差解算坐标。前者为准 RTK 技术，后者为真正的 RTK 技术。通过 RTK 技术，无人机飞行精度大幅度提升，使得自主飞行巡检可以切实应用到电力巡检中。

3. RTK 功能开启

以常用的大疆系列无人机为例，介绍无人机 RTK 功能的开启方法，其他机型可根据厂家使用手册进行功能开启。

（1）网络 RTK 服务使用　使用网络 RTK 服务时，确保遥控器已连接 Wi-Fi 或者安装 DJI Cellular 模块及 Nano-SIM 卡，且可以访问互联网。网络 RTK 服务可以替代 RTK 基站连接至指定的网络 RTK 服务器，进行差分数据的收发。使用过程中应始终保持遥控器的开启及互联网连接。

1）确保遥控器已连接无人机，并可接入互联网。

2）进入 App 飞行界面，单击"RTK 设置"，选择"RTK 服务类型"为"网络RTK"，然后从 RTK 服务中心购买套餐，按提示进行购买并激活。DJI 已向用户赠送指定的网络 RTK 套餐，在有效期内无须购买，按照上述步骤获取并激活此赠送套餐即可。若套餐过期，请自行购买。用户亦可选择连接"自定义网络 RTK"（使用时确保移动设备网络连接正常）。

3）等待与网络 RTK 服务器建立连接。在 RTK 设置界面，无人机 RTK 的定位状态为 FIX，表示无人机已获取并使用网络 RTK 的差分数据。

（2）自定义网络 RTK 使用　使用自定义网络 RTK 服务时，确保遥控器已连接Wi-Fi 或者安装 DJI Cellular 模块及 Nano-SIM 卡，且可以访问互联网。自定义网络 RTK服务可以替代 RTK 基站连接到自定义账号指定的 Ntrip 服务器，进行差分数据的收发。使用过程应始终保持遥控器开启以及互联网连接。

1）确保遥控器已连接无人机，并可以接入互联网。

2）进入 App 飞行界面，单击"RTK 设置"，选择"RTK 服务类型"为"自定义网络RTK"，按照提示填入 Ntrip 账号的 Host、端口、账户 / 密码、挂载点，然后单击"设置"。

3）等待与 Ntrip 账号服务器建立连接。在 RTK 设置界面，无人机 RTK 的定位状态为 FIX，表示无人机已获取并使用自定义网络 RTK 的差分数据。

注意：遥控器需连接手机热点保持遥控器始终连接互联网状态。

第3章 飞行操作与技巧

> 目标和要求：熟练掌握基本的拍照技巧、飞行操作，熟练掌握无人机操作并可完成配电设备的定点飞行操作。
>
> 重点：掌握基本的拍摄技巧，掌握无人机基本操作并完成"8"字飞行操作及配电设备定点模拟飞行，熟练配电设备的定点飞行操作。

3.1 航拍技能

3.1.1 航拍摄影参数设置

进行无人机飞行航拍时，经常会遇到因为一个参数错误使好看的场景被拍成了废片的情况。因此，根据拍摄时的实际环境及拍摄效果，合理调整对应参数尤为重要。下面介绍航拍的关键参数及其设置。

1. 无人机曝光模式

在无人机中，通常有 AUTO（自动曝光）、S（快门优先）、A（光圈优先）和 M（手动曝光）4 个挡位。

AUTO 又称为傻瓜模式，主要由无人机系统根据拍摄环境自动调节拍摄参数。在 AUTO 挡下，可以设置照片的 ISO 数值，即感光度参数。

1）ISO 是按照整数倍率排列的，有 100、200、400、800、1600、3200、6400 以及 12800 等，相邻的两挡感光度对光线敏感度相差 1 倍。

在图 3-1 中，上图是低感光度拍摄的，可以看到画面纯净度十分不错，暗部没有丝毫噪点，但画面整体明显处于偏暗状态，曝光不足；下图是高感光度拍摄的，画面的亮度得到了明显提升，房屋细节也能看出来。

图 3-1　低感光度和高感光度

2）快门速度就是"曝光时间"，指相机快门打开到关闭的时间。快门是控制照片进光量的一个主要部分，控制着光线进入传感器的时间。快门速度一般有 1/100s、1/30s、5s、8s 等，将拍摄模式调节到 S 挡后，通过滑动调整快门参数，就可以任意设置快门速度。

3）高速快门是使用较高的快门速度记录快速移动的物体，例如汽车、飞机、飞鸟、宠物、烟花、海浪等。

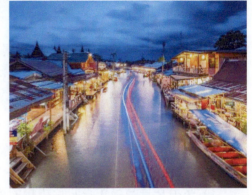

4）慢速快门的定义与高速快门相反，是指以一个较低的快门速度进行曝光，这个速度通常要慢于 1/30s，而目前无人机的慢门时间最长为 8s。图 3-2 所示即慢速快门拍摄的画面，长时间的曝光将水流的运动轨迹以光影线条的形式展现。

图 3-2　慢速快门

5）光圈用来控制光线透过镜头进入机身内部感光面的光量。光圈有一个非常具象的比喻，那就是瞳孔。不管是人还是动物，在黑暗的环境中瞳孔总是最大的，在灿烂的阳光下瞳孔则是最小的。因为瞳孔的直径决定进光量的多少，相机中的光圈同理。光圈越大，进光量就越大；反之，越小。

在无人机中，通过设置不同光圈值对画面曝光有不同的效果。当设置的光圈值小，整体画面偏暗；当设置的光圈值较大，增加了曝光，画面变亮。

在 M 挡下，拍摄者可以任意设置照片的拍摄参数，对于感光度、光圈、快门都可以根据实际情况进行手动设置。M 挡也是专业摄影师最喜爱的模式。

2. 照片尺寸和格式的设置

使用无人机拍摄照片之前，应设置好照片的尺寸与格式。不同的照片尺寸与格式对使用的途径有影响，无人机中不同的拍摄模式可以得到不同的照片效果。

在无人机相机设置中，照片有两种比例可供选择，一种是 16:9 的尺寸，另外一种是 3:2 的尺寸，可根据实际需要选择相应的照片尺寸。

在相机设置中，可以设置三种照片格式，第一种是 RAW 格式，第二种是 IPEG 格式，第三种是 JPEG+RAW 的双格式。

使用无人机拍摄照片，有 7 种照片的拍摄模式，具体包括单拍、HDR、纯净夜景、连拍、AEB 连拍、定时拍摄以及全景拍摄，不同模式可以满足日常的不同拍摄需求。

3. 全景模式的使用

全景模式可以拍摄出四种不同的全景照片，包括球形全景、180°全景、广角全景以及竖拍全景。

1）球形全景是指相机自动拍摄 34 张照片后，进行自动拼接。后期在查看照片效果时，单击球形照片的任意位置，相机将自动缩放到该区域的局部细节，如图 3-3 所示。

2）180°全景是指 21 张照片拼接的效果，以地平线为中心线，天空和地面各占照片的二分之一。拍摄效果如图 3-4 所示。

图 3-3　球形全景　　　　　　　　　　　　图 3-4　180°全景

3）广角全景是指 9 张照片拼接的效果，拼接出来的照片尺寸呈正方形，画面同样是以地平线为中心进行拍摄。

4）竖拍全景是指 3 张照片拼接的效果，也是以地平线为中心线进行拍摄。竖拍全景可以给欣赏者一种向上下延伸的感觉，可以将画面中上下部分的各种元素紧密地联系在一起，从而更好地表达画面主题。

当拍摄的对象具有竖向的狭长性或线条性或需要展现天空的纵深及里面有合适的点睛对象时，通常使用竖拍全景模式。

3.1.2　航拍摄影取景方法

1. 航拍摄影常用的三个角度

航拍取景也可称为"构图"，其含义是指：在无人机摄影过程中，在有限的或被限定了平面的空间里，借助摄影者的技术、技巧和造型手段，合理安排所见画面上每个元素的位置，把各个元素结合并有序组织起来，形成一个具有特定结构的画面。

在摄影中，选择不同的拍摄角度拍摄同一个物体，得到的照片区别也非常大。不同的拍摄角度会带来不同的感受，并且选择不同的视点可以将普通的被摄对象以更新鲜、更别致的方式展示出来。

构图取景常用的三个角度，即平视、仰视和俯视。

（1）平视　展现画面的真实细节　平视是指在用无人机拍摄的时候，平行取景，取景镜头与拍摄物体高度一致，这样可以展现画面的真实细节，如图 3-5 所示。

（2）仰视　强调高度和视觉透视感　在日常航拍摄影中，抬高相机镜头拍的都可以理解成仰拍，仰拍的角度不同，拍摄出来的效果也不同，只有耐心和多拍，才能拍出不一样的照片效果。仰拍会使画面中的主体散发出高耸、庄严、伟大

图 3-5　平视拍摄

的感觉，同时展现出视觉透视感。

（3）俯视　体现纵深感和层次感　俯视简而言之就是要选择一个比主体更高的拍摄位置，主体所在平面与摄影者所在平面形成一个相对大的夹角，拍出来的照片视野广，可以很好地体现画面的透视感、纵深感和层次感，如图 3-6 所示。

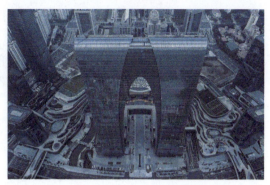

图 3-6　俯视拍摄

2. 突出主体构图航拍技巧

无人机航拍构图和传统摄影艺术是一样的，照片所需要的要素都相同，包括主体、陪体、环境等。主体就是照片拍摄的对象，可以是建筑或者风景，是主要强调的对象；主体是反映内容与主题的主要载体，也是画面构图的重心或中心。主体是主题的延伸，陪体是相伴主体的，背景是位于主体之后，交代环境的，三者是相互呼应和关联的。下面介绍有关主体构图的航拍技巧。

（1）直接突出主体的航拍手法　如图 3-7 所示的照片，当时无人机飞得非常高，能够将整个小岛的形状都拍摄出来，这个小岛就是画面的主体。此照片采用了主体构图的技巧，以直接突出主体小岛的方式进行拍摄，岛屿占了画面的中心位置，一眼就能看出照片所强调的主体，每个人都能一眼辨认出照片的主体。

图 3-7　直接突出主体的拍摄

直接明了地突出主体，这种航拍手法非常简单，适合航拍摄影初学者，画面没有其他元素的干扰，主体突出。

航拍初学者非常容易犯的一个细节毛病，就是希望镜头能拍下很多的内容，其实有经验的航拍摄影师刚好相反，希望镜头拍摄的对象越少越好，因为对象越少，主体就会越突出。

（2）间接突出主体的航拍手法　间接表现出主体是透过环境来渲染和衬托主体，主体不一定占据画面很大的面积，但要突出，占据画面中关键的位置即可。

如图 3-8 所示的主体是大佛，陪体是周围绿色的山林，环境优美，令人向往，在照片中起到了烘托主体的作用，让主体更加有美感，也更加渲染拍摄的气氛。

摄影如做人，有时可能会直接表扬某个

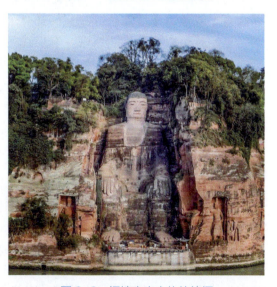

图 3-8　间接突出主体的拍摄

人的优点，直接进行说明；而有时可能会用他周围的一些事情，来衬托他的优点，即间接衬托式。

陪体就是画面中对主体起到突出与烘托作用的对象，好比电影中的配角。所谓的"红花配绿叶"也就是这个道理，陪体对主体作用非常大，可以丰富画面展示主体，衬托主体。陪体让主体更加有美感。

3.1.3 航拍摄影构图技巧

1. 航拍摄影的基础元素

构图是摄影的基本功。构图的基本内核是点、线、面。一张好的照片，一定是某点、某线或某面的完美组合。只要选择好的元素进行组合，就能够拍出大片。下面，我们就对航拍摄影的基础元素进行讲解。

（1）点构图 可以很快地找到主体 点是所有画面的基础。在摄影中，它可以是画面中真实的一个点，也可以是一个面，画面中很小的对象就可以称为点。在照片中，点所在位置直接影响画面的视觉效果，并带来不同的心理感受。如果无人机飞得很高，俯拍地面景色时，就会出现很多重复的点对象，这些称为多点构图。在拍摄多个主体时可以用多点构图方式，用这种方法构图可以完整地记录所有的主体。

如图 3-9 所示为以多点构图方式航拍的水库照片，一棵棵小树在照片中变成一个个小点，以多点的方式呈现，欣赏者能够很快地找到主体。

图 3-9 以多点构图方式

（2）线构图 划分画面的结构 使用无人机航拍照片时需要注意，线构图法中有很多不同种类的线，如斜线、对角线、透视线，以及有形线条、无形线条等。它们都有个共同特点，就是以线为构图原则。有形线条包括各种物体的轮廓线、物体之间的分界线等。它是直观、可视化的，可以让人们更好地把握不同物体的形象。

如图 3-10 所示为航拍的立交桥夜景照片，画面中利用明暗对比，将线条通过灯光的形式来展示，使得桥梁更加突出；道路两侧的黄色灯光也形成了多条曲线线条，装点着整个城市的夜景。

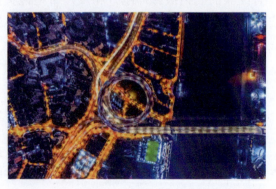

图 3-10 立交桥夜景

线既可以是画面中真实表现出来的实线，也可以是用实线连接起来的虚拟的线，还可以是用足够多的点以一定方向集合在一起产生的线。线的表现形式也是多种多样的，比如说直线、曲线等。

2．常用的五种构图取景方法

一张好的航拍照片离不开好的构图，在对角、曝光都正确的情况下，画面的构图往往会让一张照片脱颖而出。好的构图能让航拍作品吸引观众的眼球，与之产生思想上的共鸣。下面是常用的五种构图方法。

（1）斜线构图　画面中斜线的纵向延伸可加强画面深远的透视效果，斜线构图的不稳定性使得画面富有新意，给人以独特的室外视觉感受。利用斜线构图可以使画面产生三维的空间效果，增强画面立体感，使画面充满动感与活力，且富有韵律感和节奏感。斜线构图常在拍摄轨道、山脉、植物、沿海等风景中使用。

如图 3-11 所示是以斜线构图的照片，具有很强的视线导向性和运动感。

（2）曲线构图　曲线构图是指摄影师抓住拍摄对象的特殊形态特点，在拍摄时采用特殊的拍摄角度和手法，将物体以类似曲线般的造型呈现在画面中。曲线构图常用于拍摄风光、道路以及江河湖海的题材。一般 C 形曲线和 S 形曲线运用得比较多。

在 C 形曲线构图中，拍摄对象类似 C 形体现一种女性的柔美感、流畅感，常用来航拍弯曲的建筑、马路等。

图 3-11　斜线构图

S 形曲线是 C 形曲线的强化版，表现富有曲线美的景物，如自然界的河流、小溪、山路等，有一种悠远感或物体的蔓延感。如图 3-12 所示，俯瞰景色呈 S 形曲线状，整个画面显得非常优美。

（3）圆形构图　采用圆形构图拍摄，可以更直接地表达主体，也更容易拍摄出引人关注的图像。圆形构图有着强大的向心力，把圆心放在视觉的中央，圆心就是视觉中心。圆形构图看上去非常和谐，令人觉得舒服，这也是该构图法最大的优势，如图 3-13 所示。

图 3-12　曲线构图

图 3-13　圆形构图

（4）三分线构图　三分线构图就是将画面横向或纵向分为三部分，这是一种非常经典的构图方法，是很多摄影师偏爱的一种构图方法。

如图 3-14 所示的航拍照片是横向三分构图法，天空和天边的云彩占了画面的三分之一，而天空下方的遗址占了三分之二，这样不仅突出了天空的纯净色彩，而且体现了遗址的辽阔感，给人非常美和梦幻的视觉冲击。

纵向三分线构图是指将主体或陪体放在画面中左侧或右侧三分之一的位置，从而突出主体，如图 3-15 所示。

图 3-14　三分线构图 1

图 3-15　三分线构图 2

（5）水平线构图　水平线构图是用一条水平线进行构图，给人一种辽阔、平静的感觉。这种方法需要前期多看、多琢磨，寻找一个好的拍摄地点进行拍摄，对摄影师的画面感有比较高的要求，适合拍摄风光大片，如图 3-16 所示。

图 3-16　水平线构图

3.2　定点飞行与特技操作

3.2.1　多旋翼无人机水平 "8" 字飞行

1. 水平 "8" 字飞行的定义及意义

水平 "8" 字飞行是指无人机按照图形 "8" 进行水平旋转的飞行动作。这种飞行方式需要飞手协调控制无人机的飞行角度和速度，以达到精准的飞行效果。在水平 "8" 字飞行过程中，飞手需要注意无人机与周围环境的安全距离和高度，以避免不必要的飞行事故。

随着无人机的普及和应用，无人机驾照考试成了电网运维人员必须取得的证件之一，而无人机驾照视距内驾驶员、超视距驾驶员以及教员均需要考查"8"字飞行。水平"8"字飞行是无人机飞行的重要技巧之一，也是操作人员必备的基本技能之一，可以展示无人机的灵活性和飞行能力。

2. 无人机水平"8"字飞行的注意事项及飞行技巧

（1）飞行前准备

1）无人机种类的选择：多旋翼无人机是目前配网设备巡检应用最广泛的无人机之一，因为它可以实现精确的飞行控制和稳定的悬停，因此选用多旋翼无人机进行水平"8"字的练习。不同的无人机型号具有不同的参数和特点，因此选择适合的无人机对于水平"8"字飞行操作非常重要。一般来说，大型的多旋翼无人机具有更稳定的飞行性能，可以更容易地完成复杂的飞行任务，而小型无人机则更适合进行灵活的飞行操作。

无人机绕"8"字飞行，需要飞手具备一定的飞行技能和实践经验。在操作前建议进行充分的练习，确保具备合适的飞行技能和应对突发情况的经验，同时应严格遵守操作规则和安全要求，确保飞行作业的顺利进行。

2）操作环境和设备的选取：水平"8"字飞行需要具备良好的操作环境和设备，以确保飞行的安全和准确性。首先，选取宽阔的场地，避免无人机与周围环境的碰撞。其次，检查无人机的硬件设备，确保飞行姿态传感器、遥控器和摄像头等设备正常运行。最后，设置飞行参数、更新最新的飞行软件，并确保有充足的电量和存储空间。

（2）无人机绕"8"字的流程　水平"8"字航线是由场地中央的 7 个锥桶在水平方向上组成的左面和右面的 2 个圆，2 个圆的直径为 12m，在飞行过程中，无人机绕过这7 个锥桶所组成的圆形航线，从而完成水平"8"字航线的飞行。在飞行过程中，无人机机头方向始终是朝着无人机前进的方向，无人机的航向在飞行过程中是在不断变化的，如图 3-17 所示。

图 3-17　"8"字飞行场地示意

（3）"8"字飞行技巧

1）注重飞行姿态：在无人机飞行的过程中，应注重飞行姿态，尽量使无人机保持一个稳定的飞行状态，避免摆角过大或过小导致飞行不稳。

2）合理控制速度：无人机飞行速度应该适中，过快或过慢都会影响飞行的稳定性。在绕"8"字的过程中，应根据实际需要进行速度调整。

3）学会调整摆角：在无人机飞行的过程中，摆角调整会对飞行稳定性产生较大影响，因此需要学会调整摆角，尽量使无人机保持水平飞行状态。

4）熟练掌握手柄操作：在无人机考试绕"8"字的过程中，手柄操控将起到至关重要的作用，需要操作人员熟练掌握手柄操作技巧，准确控制无人机的飞行方向。

3. 无人机"8"字飞行培训期间注意事项

（1）培训安全措施

1）培训指导：确保培训期间有经验丰富的教练或导师指导学员。

2）适当的飞行高度：限制学员的飞行高度，以降低意外碰撞的风险。

3）保持距离：无人机与学员之间保持安全距离，以避免碰撞。

4）监控飞行时间：设置飞行时间限制，以防止疲劳导致错误操作。

（2）应急程序

1）失控情况：如果无人机失控，立即执行以下步骤：

① 教练立即采取遥控器控制，如果可能的话，将无人机返回到安全区域。

② 向学员发出失控警报，学员放松遥控器，让无人机保持稳定。

③ 教练采取措施将无人机降落在安全地点。

2）碰撞或坠机：如果无人机与其他物体碰撞或坠机，立即执行以下步骤：

① 中止飞行操作。

② 检查是否有人员受伤。

③ 教练和学员一起前往坠机地点，标记坠机位置。

④ 通知相关当局，并提供详细信息。

3）电池问题：如果电池出现问题，如过热或起火，立即执行以下步骤：

① 保持距离以避免火源或火势蔓延。

② 使用灭火器或适当的灭火装置扑灭火源。

③ 通知当地消防部门并采取适当的应急措施。

（3）沟通报告　在紧急情况下，立即通知教练和培训组织的负责人。后续提供详细的事故报告，包括事发地点、时间、培训计划、损害程度以及其他任何相关信息。

（4）培训和演练　定期进行无人机飞行应急演练，以确保学员和教练熟悉紧急程序。

4. 无人机"8"字飞行考试要求

"8"字飞行是无人机 CAAC 证书所需完成的项目之一。考试要求起飞时，油门操纵均匀，姿态正常，无危险动作与姿态，操作柔和，无人机部件完好。依据无人机性能确定标准航线单个圆直径（6～15m），无人机水平位移误差不超过 ±2m，垂直位移误差不超过 ±1m，无人机位移无卡顿，航向与标准航线切线夹角不超过 30°。

目前考试已全面采用电子桩，电子桩是一种用于无人机培训和竞技飞行的训练工具，采用电子化的方式来模拟和控制飞行路径。这些电子桩通常由一个或多个锥形装置组成，其中包含各种传感器和通信设备，用于与无人机通信并收集数据。电子桩可以更清晰地反映无人机飞行过程的各项数据，更加明确取证过程中是否按照要求进行飞行。电子桩考试系统如图 3-18 所示。

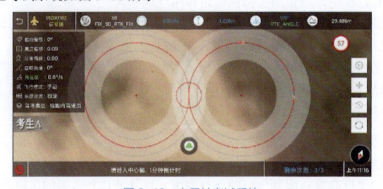

图 3-18　电子桩考试系统

3.2.2　模拟器 "8" 字练习

　　无人机飞行模拟器是帮助初学者培养正确的打舵方向和打舵时机的一种计算机模拟软件。通过在模拟器上的练习，能够大大节约入门的时间和成本，培养出强烈的条件反射，同时没有实际飞行可能产生的危险情况，因此在正式进行实地飞行前，宜进行模拟器飞行练习。

1. 模拟器介绍

　　国家电网江苏省电力有限公司技能培训中心配备 SESP-U1 无人机应用仿真培训系统，依托精细化建模及飞行控制仿真技术，提供基础飞行、电力、安防、测绘、质保、编队表演等项目训练，为用户提供全套无人机仿真培训解决方案。该系统采用 UE4+AirSim 进行开发，还原无人机的飞行特性，模拟环境因素对无人机的影响，集成真实无人机的遥控方式，实现与真实无人机相同的操作感受。系统机型种类丰富，满足不同行业应用的仿真培训需求。

2. 模拟器 "8" 字飞行练习准备

　　在具体练习 "8" 字飞行前，应先掌握单通道四个位置的悬停及带油门通道的八位悬停。

　　（1）遥控器操作　遥控器操作包含油门、方向、升降和副翼 4 个操作方向，具体对应无人机运动如下：

　　1）油门控制无人机的上下移动，无人机绕立轴移动。

　　2）方向控制无人机的偏航旋转，无人机绕自身立轴旋转。

　　3）升降控制无人机的前后平移，无人机绕自身横轴旋转。

　　4）副翼控制无人机的左右平移，机头不偏转，无人机绕自身纵轴旋转。

　　对应的遥控器操作手型主要有日本手和美国手，如图 3-19 所示。日本手的特点是控制无人机姿态的两个舵面（升降和副翼）是分别由左手和右手控制，油门控制在右手，方向控制在左手。日本手遥控器适合需要大舵量精准控制的飞行情况，比如很多航模比赛队员都喜欢用日本手遥控器。美国手的特点是控制无人机姿态的两个舵面是统一由右手控制的，油门和方向控制在左手。正常无人机飞行建议使用美国手，因为美国手右手能直接控制无人机的前后左右飞行，比较符合中国人右手的使用习惯，而且正常作业时操作也比较简单。

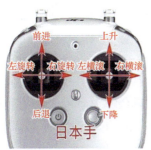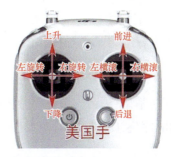

图 3-19　日本手与美国手遥控器设置

（2）四面悬停　四面悬停就是实现无人机在前后左右四个方向的悬停技术，即对尾悬停、对左悬停、对右悬停和对头悬停。

悬停标准是要求机头分别向前、左、右以及对头，把飞机控制在一定的范围和高度内。

练习悬停一般以对尾悬停开始，首先需要用到左手的油门舵来控制无人机起飞，起飞后慢慢控制无人机的高度。注意左手的摇杆量一定不能过大，否则会导致无人机飞得过高。左手稳定地推油门，使无人机稳定高度以后，将无人机的尾部一直对着自己，让无人机保持在一定范围以内，此时右手的前进后退左右横滚摇杆方向和无人机移动方向相同，同时注意摇杆舵量不可过大，否则无人机会进行较大位移的移动。每次操作的角度越小，无人机就越稳定。当无人机向左漂移时，使用右手副翼向右打舵量，当无人机朝着某个方向偏移时，需要注意操作摇杆向反方向进行修正，保证无人机位置。

对尾悬停熟练后，操作左手旋转，将机头朝向左侧或者右侧，此时，右手的前进会使无人机向左或者向右移动，左横滚会使无人机朝向或远离操作者方向移动，右横滚会使无人机远离或朝向操作者移动，需要多加练习，掌握方向。

四面悬停中最难的为对头悬停，此时无人机打杆的方向和无人机对尾时移动方向完全相反，左横滚无人机会向右移动，右横滚无人机会向左移动，前进会使无人机靠近操作者，后退会使无人机远离操作者，练习过程中应当仔细想清楚每个操作会使无人机如何移动。在实际飞行练习中，操作失误很容易造成危险。

在熟练掌握四面悬停后即可开始进阶的练习。

（3）360°旋转　熟悉四面悬停后，可以进行360°旋转练习。此项操作也是无人机CAAC证书必考内容之一，因此需要熟练掌握相关操作。

首先控制左手油门将无人机起飞，上升到适当的高度时，将无人机飞至模拟器设定的目标点，保持油门稳定，左手的方向舵开始向左或向右推杆，使无人机开始做360°旋转运动。在无人机360°旋转的同时，密切关注机身是否平衡，并在无人机偏移时根据实时的姿态进行反向打杆调整。

无人机360°旋转练习，需要在一边旋转的过程中一边稳住无人机，注意操作时舵量不宜过大，同时注意左右手的协调配合。

对于一般具备定位增稳性能的无人机，四面悬停和360°悬停的难度都较小，可适当关闭相关功能进行练习，增加操作的熟练度。

3. "8"字飞行模拟器练习流程

"8"字飞行在基础飞行选项中，初学者可按照全通道悬停、四边航线、圆周航线、水平"8"字的顺序逐步进行练习，如图3-20所示。下面将着重讲解水平"8"字飞行的流程。

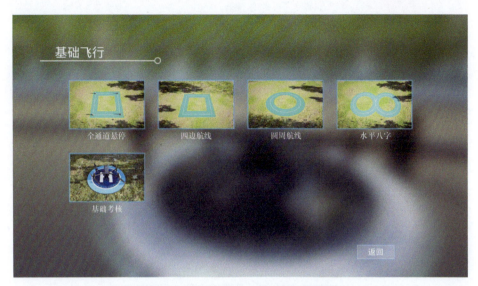

图 3-20 "8"字飞行在基础飞行的顺序

起飞之前应先确认遥控器操作及各按键功能，具体功能界面如图 3-21 所示。

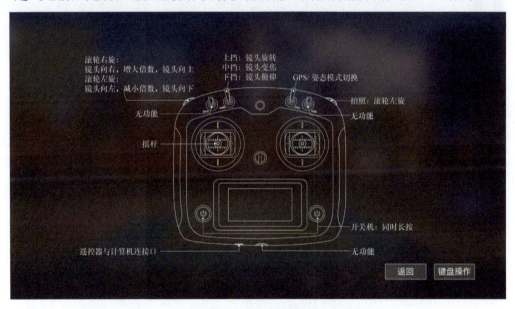

图 3-21 遥控器功能界面

下面以先左圆后右圆为例展示模拟器练习过程，先右后左同理，遥控器设置为美国手。

（1）从起飞点飞向"8"字中心点　内八（或外八）字操作遥控器解锁无人机，左手推动油门，使无人机上升到合适高度，右手前进，使无人机停在中心点处，如图 3-22 所示。

（2）从中心点向左前方飞行　同时推动方向舵左转和前进摇杆，使无人机沿左侧圆弧方向移动，并到达左前方点位，此时无人机为右对位，如图 3-23 所示。

（3）从左前方向左侧点位飞行　持续推动方向舵左转和前进摇杆，使无人机沿左侧圆弧方向移动，并到达左侧方位，此时无人机为对头，如图 3-24 所示。

图 3-22 从起飞点飞向"8"字中心点示意图

图 3-23 从中心点向左前方飞行示意图

图 3-24 从左前方向左侧点位飞行示意图

（4）从左侧点位向左后方点位飞行 持续推动方向舵左转和前进摇杆，使无人机沿左侧圆弧方向移动，并到达左后方点位，此时无人机为左对位，如图 3-25 所示。

图 3-25　从左侧点位向左后方点位飞行示意图

（5）从左后方点位向中心点位飞行　持续推动方向舵左转和前进摇杆，使无人机沿左侧圆弧方向移动，并到达中心点位，此时无人机为对尾，如图 3-26 所示。

图 3-26　从左后方点位向中心点位飞行示意图

（6）从中心点位向右前方点位飞行　同时推动方向舵右转和前进摇杆，使无人机沿右侧圆弧方向移动，并到达右前方点位，此时无人机为右对位，如图 3-27 所示。

图 3-27　从中心点位向右前方点位飞行示意图

（7）从右前方点位向右方点位飞行　持续推动方向舵右转和前进摇杆，使无人机沿右侧圆弧方向移动，并到达右方点位，此时无人机为对头，如图 3-28 所示。

图 3-28　从右前方点位向右方点位飞行示意图

（8）从右方点位向右后方点位飞行　持续推动方向舵右转和前进摇杆，使无人机沿右侧圆弧方向移动，并到达右后方点位，此时无人机为左对位，如图 3-29 所示。

图 3-29　从右方点位向右后方点位飞行示意图

（9）从右后方点位向中心点位飞行　持续推动方向舵右转和前进摇杆，使无人机沿右侧圆弧方向移动，并到达中心点位，此时无人机为对尾，"8"字飞行完成，如图 3-30 所示。

图 3-30　从右后方点位向中心点位飞行示意图

完整飞行"8"字后，系统会自动统计飞行过程的时间、平均速度、平均高度等数据并给出评价，如图 3-31 所示。

图 3-31　训练记录图

飞行过程出现偏离中心线，角度偏大时应减少方向舵舵量，或适当增加前进舵量；角度偏小时应适当增加方向舵舵量，或适当减少前进舵量，使无人机回到合适路径。

模拟器练习是无人机实际飞行前的重要步骤，通过模拟器先行练习无人机操作，对实际上手飞行有着重要的指导作用。

3.2.3　配网设备定点飞行要求

定期对配电线路进行巡视可以掌握线路的运行状况，及时发现缺陷和沿线威胁线路安全运行的隐患从而提高供电可靠性，减少线路事故的发生。

1. 法律法规要求

我国空域的管理体制是由国务院中央军委空中交通管制委员会领导，全国的飞行管制由空军统一组织实施，民航局只有对空域的使用权。我军在无人机空域的划分上，牢牢把握"主导高空、控制中空、放开低空"的原则。民用无人机运行空域划设应坚持标准化、程序化、规范化的原则。

除特别批准外，任何单位、组织和个人禁止在以下保护区域升放无人机：各地公布的机场净空保护区，包括南京禄口国际机场、徐州观音国际机场、无锡硕放国际机场、常州奔牛国际机场、南通兴东国际机场、扬州泰州国际机场、盐城南洋国际机场、连云港白塔埠机场、淮安涟水机场和军用机场等净空保护区；政府机关、军事机关、军事设施、水电油气设施、危化品单位等重点部位；机场、车站、港口码头、景点商圈等人员稠密区；大型活动、重要赛事现场，以及政府临时公告的禁止飞行区域。

空域审批文件样子如图 3-32 所示。

图 3-32　空域审批文件样子

2．人员要求

1）经医师鉴定，无妨碍工作的病症（体格检查每两年至少一次）。

2）需掌握配电架空线路及设备基础知识、配电架空线路及设备安全规范、缺陷与隐患查找及原因分析、设备使用与维保、无人机辅助作业、无人机基础操作能力、无人机巡检等相关业务技能，熟悉无人机巡检作业安全工作规程，并经考试合格。

3）具备必要的安全生产知识，学会紧急救护法。

4）具备无人机巡检作业资质，取得中国民用航空局颁发的无人机驾驶员资质证书。

3．人员配置

开展无人机巡检作业应根据作业类型及使用的机型合理配置作业人员。

Ⅱ类无人机指空机重量介于 0.25～4kg 之间、起飞全重介于 1.5～7kg 之间的无人机。使用Ⅱ类无人机进行的架空配电线路巡检作业的作业人员包括工作负责人和工作班成员，分别担任程控手和操控手，工作负责人可兼任程控手或操控手，但不得同时兼任。必要时也可增设一名专职工作负责人，此时工作班成员至少包括程控手和操控手。

Ⅲ类无人机指空机重量介于 4～15kg 之间、起飞全重介于 7～25kg 之间的无人机。使用Ⅲ类无人机进行的架空配电线路巡检作业的作业人员包括工作负责人和工作班成员。工作班成员至少包括程控手、操控手和任务手。

4．安全要求

1）作业前应办理空域申请手续，空域申请审批后方可作业，并密切跟踪当地空域变化情况。

2）作业前应掌握巡检设备的型号和参数、杆塔坐标及高度、巡检线路周围地形地貌和周边交叉跨越情况，起降场地应满足相应机型安全起降要求。

3）作业前应检查无人机各部件是否正常，包括无人机本体、遥控器、云台相机、存储卡和电池电量等。

4）作业宜在良好天气下进行。遇到雾、雪、大雨、冰雹、5 级以上大风等恶劣天气不利于巡检作业时，不应开展无人机巡检作业。作业前，应确认现场风速及环境符合该机型的作业条件。

5）保证现场安全措施齐全，禁止行人和其他无关人员在无人机巡检现场逗留，时刻注意保持与无关人员的安全距离。避免将起降场地设在巡检线路下方、交通繁忙道路及人口密集区附近。

6）作业前应规划应急航线，包括航线转移策略、安全返回路径和应急迫降点等。

7）无人机巡检时，应与架空配电线路保持足够的安全距离。

5. 技术要求

（1）配电线路巡检影像拍摄内容　配电线路巡检影像拍摄时，应至少拍摄以下内容的视频（图片）：杆塔安全、健康、环境标识图，杆塔全景图，杆塔基础图，杆塔设备近景图，杆塔重点构件近景图，沿线概况图。

（2）无人机本体巡检应满足相关技术要求

1）拍摄时应确保相机参数设置合理、对焦准确，保证图像清晰、曝光合理、不出现模糊现象。

2）配电线路目标设备应位于图像中间位置，销钉类目标及缺陷在放大情况下清晰可见。

（3）杆塔安全、健康、环境标识图　拍摄杆塔时，应先拍摄杆塔号图，用于资料整理时区分相邻杆塔照片。如遇杆塔牌缺失或无法采集，应以其他便于区分的安全、健康、环境标识牌代替，如开关牌、刀闸牌或跌落式熔断器牌等。如无其他安全、健康、环境标识牌，则必须由监护人记录该杆塔全部拍摄照片的编号。

（4）杆塔全景图　杆塔全景图应以杆塔的斜侧向俯拍，用于清楚直观地观察杆塔周围情况，杆塔自身有无倾斜或断裂，杆塔周围树木生长情况，杆塔周围施工作业情况，杆塔上有无危及安全的鸟巢、锡箔纸、风筝、绳索等杂物。如有隐患或缺陷，通过调整位置，清晰拍摄隐患或缺陷近景图。

（5）杆塔基础图　杆塔基础图应拍摄清楚基础有无下沉或上拔、损坏现象，是否处于围堤、河冲、禾田、鱼塘边等位置，有无被水淹、水冲的可能。防洪和护坡设施有无损坏、坍塌。杆塔周围培土是否足够、有无开挖情况。如因高杆植物或基础表面植被原因无法拍摄清楚，应由监护人记录清楚，改由人巡方式确认基础情况。

（6）杆塔设备近景图　杆塔设备近景图应清晰地反映设备运行现状，应针对不同设备可能的缺陷类型重点拍摄。

6. 拍摄重点

（1）配电变压器

1）套管是否严重污秽，有无裂纹、损伤、放电痕迹。

2）油面是否正常，检查油质是否透明、微带黄色。

3）呼吸器是否正常，有无堵塞现象。

4）各个电气连接点有无锈蚀、过热和烧损现象。

5）外壳有无锈蚀，焊口有无裂纹、渗油，接地是否良好。

6）各部分密封垫有无老化、开裂、缝隙，有无渗油现象。

7）铭牌及其他标志是否完好。

8）变压器台架上的配电箱是否完好整洁。

9）变压器高压侧引线是否松紧适中。连接一次引线与跌落式开关（或隔离开关）的铜铝线耳（或铜铝线夹）是否有受力弯曲，铜铝连接处有无氧化及裂缝。

10）杆上变压器台架高度是否满足要求，台架底座槽钢有无锈蚀，电杆有无倾斜、下沉。

11）台架周围有无杂草丛生、杂物堆积，有无生长较高的农作物、树木、蔓藤植物接近带电体。

（2）柱上开关

1）SF 开关应检查开关气压仪表指示是否正常。

2）套管有无破损、裂纹、严重脏污和闪络放电痕迹。

3）开关的固定是否牢固，上盖有无鸟巢，引线接点和接地是否良好，线间和对地距离是否足够。

4）开关分、合闸位置指示是否满足要求。

5）铭牌及其他标志是否完好。

6）柱上开关的底部对地距离是否满足要求。

（3）隔离开关和跌落式熔断器

1）瓷件有无裂纹、闪烁、破损及脏污。

2）熔丝管有无弯曲、变形。

3）触头间接触是否良好，有无过热、烧损、熔化现象。

4）各部件的组装是否良好，有无松动、脱落。

5）引线连接是否良好，与各部件间距是否合适。

6）安装是否牢固，相间距离、倾斜角是否符合规定。

7）操动机构有无锈蚀现象。

8）铭牌及其他标志是否完好。

（4）避雷器和接地装置

1）避雷器是否完好，与其他设备的连接固定是否可靠。

2）接地引下线有无断线、被盗，接地体是否外露。

（5）杆塔重点构件 杆塔重点构件近景图应清晰地反映出重点构件运行现状，针对不同设备可能的缺陷类型重点拍摄。

1）架空导线：

① 导线有无断股、损伤（闪络烧伤）、背花痕迹，位于化工区等腐蚀严重场所的导线有无腐蚀现象。

② 导线的三相度是否平衡，有无过紧、过松现象。导线接头（连接线夹）有无过

热变色，导线在线夹内有无滑脱现象。连接线夹螺母是否紧固。

③过（跳）引线、引下线与相邻导线之间的最小间隙是否符合规定。

④绝缘导线绝缘、接头有无损伤、严重老化、龟裂和进水的可能。

⑤导线上有无悬挂威胁安全的杂物（如锡箔纸、风筝、绳索等），绝缘导线相间有无跨搭金属线等导电物体。

2）绝缘子：

①绝缘子瓷件有无磨损、裂纹、闪络痕迹和严重脏污。

②铁脚和铁帽有无严重锈蚀、松动、弯曲现象。

③绝缘子是否严重偏移、歪斜。

④绝缘子上固定导线的扎线有无松弛、开断、烧伤等现象。

3）横担和金具：

①横担有无严重锈蚀、歪斜、变形，固定横担的U形卡或螺栓是否松动。

②金具有无严重锈蚀、变形；螺栓是否紧固，有无缺帽，开口销有无锈蚀、断裂、脱落。

（6）沿线概况

1）线路交叉跨越：10kV配电线路与各电压等级电力线路、弱电线路等的垂直交叉和水平距离是否符合规定。

2）沿线环境：

①线路走廊附近有无抛扔杂物情况，有无容易被风刮起而危及线路安全的金属丝、锡箔纸、塑料布等杂物。

②线路走廊附近有无危及线路安全运行的临时工棚、建筑脚手架、广告牌等，有无违章建筑物。

③有无施工单位（或自然人）在线路保护区内进行打桩、钻探、开挖、地下采掘等作业。

④导线对树木、道路、铁路、管道、索道、河流、建筑物、通信线等距离是否符合规定。

⑤沿线有无易燃、易爆物品。线路附近有无爆破工程，安全防护措施是否妥当。

⑥线路巡查和检修的通道是否畅通，警示牌是否完好、清晰。

⑦沿线有无江河水泛滥、山洪暴发和基础塌方等异常现象发生。

3）10kV电力电缆线路：

①电缆路径的路面是否正常，有无挖掘痕迹；电缆沟盖板是否完整。

②电缆路径上有无堆置瓦砾、矿渣、建筑材料、重型设备、酸碱性排泄物或砌碓石灰坑等。

③沿桥梁敷设的电缆两端是否拖拉过紧，保护管、槽有无脱开或锈烂现象。

7. 配电线路巡检影像拍摄方式

（1）斜对角俯拍　对电杆及铁塔拍摄宜采用斜对角俯拍方式，尽可能将全部人员无法看到、无法看清的部位，以单张或分张拍摄清楚。

斜对角俯拍方式是指无人机高度高于被拍摄物体，并且中轴线延长线与线路成15°～60°角方向拍摄，然后将无人机旋转180°飞至被拍摄物体对侧再次拍。使用此方法可以以较少的拍摄图片尽可能多地采集被拍摄物体信息。

（2）近距离拍摄　拍摄设备近景图时，应提前确认线路设备周围的情况，如附近有无高秆植物，有无其他高压线路、低压线路或通信线，有无拉线，有无其他可能对无人机造成危害的障碍物。无人机拍摄时，后侧至少保持5m安全距离。如无人机受电磁或气流干扰应向后轻拨摇杆，将无人机水平向后移动。使用无人机失控自动返航功能时，禁止在高低压导线、通信线、拉线正下方飞行，以免无人机失控自动返航时撞击正上方线路。对于有拉线的杆塔，严禁无人机环绕杆塔飞行。拍摄时，无人机姿态调整应以低速、小舵量控制。

（3）降低飞行高度　无人机在需要降低高度飞行时，应采用无人机摄像头垂直向下，遥控器显示屏可以清楚地观察到下降路径情况时方可降低飞行高度。降低飞行前，规划好无人机行进线路，避免无人机撞击上侧盲区物体。

（4）转移作业地点　无人机转移作业地点前，应将无人机上升至高于线路及转移路径上全部障碍物高度，沿直线向前飞行。

8. 配电设备拍摄原则

（1）基本原则　多旋翼无人机巡检路径规划的基本原则是：面向大号侧，先左后右，从下至上（对侧从上至下），先小号侧后大号侧。有条件的单位，应根据配电设备结构选择合适的拍摄位置，并固化作业点，建立标准化航线库。航线库应包括线路名称、杆塔号、杆塔类型、布线型式、杆塔地理坐标、作业点成像参数等信息。

（2）直线杆拍摄原则

1）单回直线杆：面向大号侧先拍左相再拍中相后拍右相，先拍小号侧后拍大号侧。

2）双回直线杆：面向大号侧先拍左回后拍右回，先拍下相再拍中相后拍上相（对侧先拍上相再拍中相后拍下相，以∩形顺序拍摄），先拍小号侧后拍大号侧。

（3）耐张杆拍摄原则

1）单回耐张杆：面向大号侧先拍杆全貌，再面向大号侧拍杆通道，拍杆号牌，再拍右侧杆上设备，然后拍杆顶，最后拍左侧杆上设备。

2）双回耐张杆：面向大号侧先拍杆全貌，再拍杆通道（对侧先拍上相，再拍中相，后拍下相，以∩形顺序拍摄）、绝缘子、金具等部件，小号侧先拍导线端后拍横担端，大号侧先拍横担端后拍导线端。

（4）架空配电线路无人机巡检影像拍摄典型场景示例　本典型场景示例照片为最低标准，应根据现场实际需要，适当增加如互感器、控制器等设备的补充拍摄。

1）典型单回路直线杆拍摄示意如图3-33所示。

A—杆塔全貌
B—杆通道
C—杆号牌
D—右侧绝缘子、导线、过电压保护器
E—塔顶
F—左侧绝缘子、导线、过电压保护器

图 3-33　典型单回路直线杆拍摄示意

配电线路单回路直线杆巡检影像拍摄作业方法示例见表 3-1。

表 3-1　配电线路单回路直线杆巡检影像拍摄作业方法示例

拍摄部位编号	拍摄部位	示例	拍摄角度	拍摄要求
A	杆塔全貌		俯视	杆塔全貌，能够清晰分辨全杆和杆塔角度
B	杆通道		平视	与杆塔头平行，面向大号侧拍摄完整的通道概况
C	杆号牌		平视	能够清楚识别杆号
D	右侧绝缘子、导线、过电压保护器		右侧向下	能够清晰分辨绝缘子、导线等，采取多角度拍摄

（续）

拍摄部位编号	拍摄部位	示例	拍摄角度	拍摄要求
E	塔顶		平视/俯视	能够清晰看清塔顶
F	左侧绝缘子、导线、过电压保护器		左侧向下	能够清晰分辨绝缘子、导线等，采取多角度拍摄

2）典型双回路直线杆拍摄示意如图3-34所示。

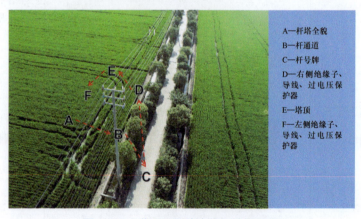

A—杆塔全貌
B—杆通道
C—杆号牌
D—右侧绝缘子、导线、过电压保护器
E—塔顶
F—左侧绝缘子、导线、过电压保护器

图3-34　典型双回路直线杆拍摄示意

配电线路双回路直线杆巡检影像拍摄作业方法示例见表3-2。

表3-2　配电线路双回路直线杆巡检影像拍摄作业方法示例

拍摄部位编号	拍摄部位	示例	拍摄角度	拍摄要求
A	杆塔全貌		平视/俯视	杆塔全貌，能够清晰分辨全杆和杆塔角度

（续）

拍摄部位编号	拍摄部位	示例	拍摄角度	拍摄要求
B	杆通道		平视	与杆塔头平行，面向大号侧拍摄完整的通道概况
C	杆号牌		俯视	能够清楚识别杆号
D	右侧绝缘子、导线、过电压保护器		平视/俯视	能够清晰分辨绝缘子、导线、过电压保护器等。绝缘子相互遮挡时，采取多角度拍摄
E	塔顶		平视/俯视	能够完整拍摄塔顶
F	左侧绝缘子、导线、过电压保护器		平视/俯视	能够清晰分辨绝缘子、导线、过电压保护器等。金具相互遮挡时，采取多角度拍摄

3）典型单回路耐张杆如图 3-35 所示。

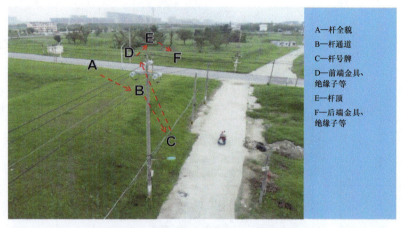

A—杆全貌
B—杆通道
C—杆号牌
D—前端金具、
绝缘子等
E—杆顶
F—后端金具、
绝缘子等

图 3-35　典型单回路耐张杆拍摄示意

配电线路单回路耐张杆巡检影像拍摄作业方法示例见表 3-3。

表 3-3　配电线路单回路耐张杆巡检影像拍摄作业方法示例

拍摄部位编号	拍摄部位	示例	拍摄角度	拍摄要求
A	杆全貌		平视 / 俯视	杆塔全貌，能够清晰分辨全杆和杆塔角度
B	杆通道		平视	与杆塔头平行，面向大号侧拍摄完整的通道概况
C	杆号牌		俯视	能够清楚识别杆号

（续）

拍摄部位编号	拍摄部位	示例	拍摄角度	拍摄要求
D	前端金具、绝缘子等		平视／俯视	拍摄杆顶、绝缘子、导线、金具时，光圈调小保证景深，45°斜拍，检查单侧金具、导线等
E	杆顶		平视／俯视	顺光，光圈调小保证景深，90°俯拍，检查塔顶
F	后端金具、绝缘子等		平视／俯视	拍摄杆头、绝缘子、导线、金具时，光圈调小保证景深，45°俯拍，检查单侧金具、导线等

4）典型双回路耐张杆拍摄示意如图 3-36 所示。

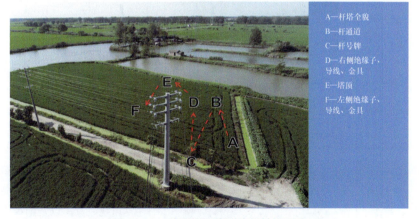

A—杆塔全貌
B—杆通道
C—杆号牌
D—右侧绝缘子、导线、金具
E—塔顶
F—左侧绝缘子、导线、金具

图 3-36　典型双回路耐张杆拍摄示意

配电线路双回路耐张杆巡检影像拍摄作业方法示例见表 3-4。

表 3-4　配电线路双回路耐张杆巡检影像拍摄作业方法示例

拍摄部位编号	拍摄部位	示例	拍摄角度	拍摄要求
A	杆塔全貌		平视/俯视	杆塔全貌，能够清晰分辨全杆和杆塔角度
B	杆通道		平视	与杆塔头平行，面向大号侧拍摄完整的通道概况
C	杆号牌		俯视	能够清楚识别杆号
D	右侧绝缘子、导线、金具		平视/俯视	能够清晰分辨螺栓、螺母、销钉、锁紧销等小尺寸金具，以及绝缘化设备等。金具相互遮挡时，应采取多角度拍摄
E	塔顶		平视/俯视	能够完整地拍摄塔顶，清晰理清线路连接
F	左侧绝缘子、导线、金具		平视/俯视	能够清晰分辨螺栓、螺母、锁紧销、销钉等小尺寸金具，以及绝缘化设备等。金具相互遮挡时，应采取多角度拍摄

5）典型配电柱上开关拍摄示意如图 3-37 所示。

A—柱上断路器全貌

B—柱上断路器进线侧

C—柱上断路器分合闸位置及铭牌

D—柱上断路器标识牌

E—柱上断路器出线侧

图 3-37　典型配电柱上开关拍摄示意

配电柱上开关巡检影像拍摄作业方法示例见表 3-5。

表 3-5　配电柱上开关巡检影像拍摄作业方法示例

拍摄部位编号	拍摄部位	示例	拍摄角度	拍摄要求
A	柱上断路器全貌		平视 / 俯视	柱上断路器全貌，能够清晰分辨设备和角度
B	柱上断路器进线侧		平视	与柱上断路器平行，面向大号侧拍摄完整的柱上断路器及附属设备、互感器
C	柱上断路器分合闸位置及铭牌		平视	能够清楚识别铭牌和分合闸位置
D	柱上断路器标识牌		俯视	能够清晰看清柱上断路器标识牌

（续）

拍摄部位编号	拍摄部位	示例	拍摄角度	拍摄要求
E	柱上断路器出线侧	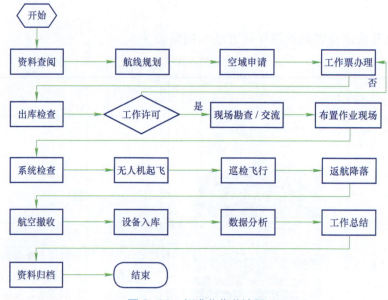	平视 / 俯视	与柱上断路器平行，面向小号侧拍摄完整的柱上断路器及附属设备、互感器

3.2.4 配网设备定点飞行作业流程

标准化作业流程如图 3-38 所示。

```
                        开始
                          │
    ┌───────┐      ┌───────┐      ┌───────┐      ┌───────┐
    │资料查阅│─────→│航线规划│─────→│空域申请│─────→│工作票办理│
    └───────┘      └───────┘      └───────┘      └───────┘
         │                                            │否
    ┌───────┐      ╱工作许可╲  是  ┌──────────┐   ┌──────────┐
    │出库检查│─────→╲        ╱────→│现场勘查/交流│─→│布置作业现场│
    └───────┘      ╲      ╱        └──────────┘   └──────────┘
         │                                            │
    ┌───────┐      ┌───────┐      ┌───────┐      ┌───────┐
    │系统检查│─────→│无人机起飞│────→│巡检飞行│────→│返航降落│
    └───────┘      └───────┘      └───────┘      └───────┘
         │                                            │
    ┌───────┐      ┌───────┐      ┌───────┐      ┌───────┐
    │航空撤收│─────→│设备入库│─────→│数据分析│─────→│工作总结│
    └───────┘      └───────┘      └───────┘      └───────┘
         │
    ┌───────┐      ┌───────┐
    │资料归档│─────→│ 结束 │
    └───────┘      └───────┘
```

图 3-38　标准化作业流程

1. 空域管理规定

无人机作业空域申请因涉及对地拍摄等涉及国防安全的飞行任务范畴，应由空军总参谋部和军区、军兵种有关部门进行任务审批。

2024 年 1 月 1 日起，《无人驾驶航空器飞行管理暂行条例》（简称《条例》）正式开始实施，飞行空域申请参照《条例》第二十六条至第三十一条的规定。具体如下：

> 第二十六条　除本条例第三十一条另有规定外，组织无人驾驶航空器飞行活动的单位或者个人应当在拟飞行前 1 日 12 时前向空中交通管理机构提出飞行活动申请。空中交通管理机构应当在飞行前 1 日 21 时前作出批准或者不予批准的决定。
>
> 按照国家空中交通管理领导机构的规定在固定空域内实施常态飞行活动的，可以提出长期飞行活动申请，经批准后实施，并应当在拟飞行前 1 日 12 时前将飞行计划报空中交通管理机构备案。

第二十七条　无人驾驶航空器飞行活动申请应当包括下列内容：

（一）组织飞行活动的单位或者个人、操控人员信息以及有关资质证书；

（二）无人驾驶航空器的类型、数量、主要性能指标和登记管理信息；

（三）飞行任务性质和飞行方式，执行国家规定的特殊通用航空飞行任务的还应当提供有效的任务批准文件；

（四）起飞、降落和备降机场（场地）；

（五）通信联络方法；

（六）预计飞行开始、结束时刻；

（七）飞行航线、高度、速度和空域范围，进出空域方法；

（八）指挥控制链路无线电频率以及占用带宽；

（九）通信、导航和被监视能力；

（十）安装二次雷达应答机或者有关自动监视设备的，应当注明代码申请；

（十一）应急处置程序；

（十二）特殊飞行保障需求；

（十三）国家空中交通管理领导机构规定的与空域使用和飞行安全有关的其他必要信息。

第二十八条　无人驾驶航空器飞行活动申请按照下列权限批准：

（一）在飞行管制分区内飞行的，由负责该飞行管制分区的空中交通管理机构批准；

（二）超出飞行管制分区在飞行管制区内飞行的，由负责该飞行管制区的空中交通管理机构批准；

（三）超出飞行管制区飞行的，由国家空中交通管理领导机构授权的空中交通管理机构批准。

第二十九条　使用无人驾驶航空器执行反恐维稳、抢险救灾、医疗救护等紧急任务的，应当在计划起飞30分钟前向空中交通管理机构提出飞行活动申请。空中交通管理机构应当在起飞10分钟前作出批准或者不予批准的决定。执行特别紧急任务的，使用单位可以随时提出飞行活动申请。

第三十条　飞行活动已获得批准的单位或者个人组织无人驾驶航空器飞行活动的，应当在计划起飞1小时前向空中交通管理机构报告预计起飞时刻和准备情况，经空中交通管理机构确认后方可起飞。

第三十一条　组织无人驾驶航空器实施下列飞行活动，无需向空中交通管理机构提出飞行活动申请：

（一）微型、轻型、小型无人驾驶航空器在适飞空域内的飞行活动；

（二）常规农用无人驾驶航空器作业飞行活动；

（三）警察、海关、应急管理部门辖有的无人驾驶航空器，在其驻地、地面（水面）训练场、靶场等上方不超过真高120米的空域内的飞行活动；但是，需在计划起飞1小时前经空中交通管理机构确认后方可起飞；

（四）民用无人驾驶航空器在民用运输机场管制地带内执行巡检、勘察、校验等飞行任务；但是，需定期报空中交通管理机构备案，并在计划起飞 1 小时前经空中交通管理机构确认后方可起飞。

前款规定的飞行活动存在下列情形之一的，应当依照本条例第二十六条的规定提出飞行活动申请：

（一）通过通信基站或者互联网进行无人驾驶航空器中继飞行；

（二）运载危险品或者投放物品（常规农用无人驾驶航空器作业飞行活动除外）；

（三）飞越集会人群上空；

（四）在移动的交通工具上操控无人驾驶航空器；

（五）实施分布式操作或者集群飞行。

微型、轻型无人驾驶航空器在适飞空域内飞行的，无需取得特殊通用航空飞行任务批准文件。

2．作业前准备

作业前，应确认巡检线路的设备信息（包括但不限于电压等级、杆塔坐标、杆塔性质、杆塔型号、杆塔高度、挡距、同杆架设信息、交叉跨越情况等）；应进行现场勘查，确定无人机起飞、降落点位置，了解巡检线路情况、海拔、地形地貌、气象环境、植被分布、所需空域等，并根据巡检内容制定巡检计划。

（1）准备工作　见表3-6。

表3-6　准备工作

序号	准备工作	具体内容	责任人	备注
1	设备准备	根据巡检任务选择合适的机型、任务设备及相关保障设备		
2	资料准备	根据巡检任务需求，收集所需巡检线路的地理位置分布图，熟悉线路走向、地形地貌以及机场重要设施等情况，查询巡检线路所在地区的天气情况，提前做好飞行准备		
		资料准备由工作负责人[①]负责，必要时组织巡检作业组人员共同开展		
3	现场勘查	巡检作业前，应由运维单位组织现场勘查起降场地，条件允许时对线路进行实地信息核实		
		选定无人机起降场地，起降场地应满足：起降场地平坦坚硬，无浮土等影响无人机起降的物体，四周无高大障碍物，远离信号干扰源		
		现场勘查至少无人机飞手和工作负责人参与完成		
4	作业申请	根据无人机巡检作业计划及准备好的架空线路地理位置分布图、杆塔明细表、经纬度坐标等资料，制定飞行计划		
		按照民航和空军相关管理规定，提前一天向当地航管部门报送飞行计划		

① 工作负责人、工作班成员需经安全质量监察部发文确定。

（2）人员标准　见表 3-7。

表 3-7　人员标准

序号	内容	责任人	备注
1	作业人员熟悉《电力安全工作规程（配电部分）》，并经考核合格		
2	作业人员着装符合安规要求，精神状态良好		
3	飞手操作熟练并具备无人机驾驶合格证		

（3）工器具及材料　见表 3-8。

表 3-8　工器具及材料

序号	名称	规格	单位	数量	备注
1	无人机	多旋翼	台	1	
2	安全帽	智能安全帽	顶	按需配置	
3	机载电池	适配于无人机	组	按需配置	
4	搭载相机	适配于工作任务	台	1	
5	风速计		台	1	
6	内存卡	高速 32GB 及以上	个	1	
7	工作服	工装	套	2	
8	对讲机	适配于工作任务	台	2	
9	备用桨叶			按需配置	
10	备用电池	适配于无人机	组	按需配置	

（4）危险点及控制措施　见表 3-9。

表 3-9　危险点及控制措施

序号	危险点	控制措施
1	运输过程中颠簸使无人机碰撞损坏	1）无人机装车后要安装后固定卡扣，确保在运输过程中有柔性保护装置，设备不跑位，固定牢靠 2）在徒步运输过程中保证无人机的运输舒适性，设备固定牢靠，设备运输装置有防摔、防潮、防水、耐高温等特性
2	无人机在飞行期间可能出现机体故障造成无人机失控	飞行前作业人员应认真对无人机机体进行检查，确认各部件无损坏、松动
3	起降过程中作业人员操作不当导致无人机侧翻损毁、桨叶破碎击伤人员	作业人员应严格按照无人机操作规程进行操作，无人机起降时，5m 范围内严禁站作业无关人员

（续）

序号	危险点	控制措施
4	飞行巡视过程中与杆塔、其他障碍物距离太小发生碰撞	按规划好的航线飞行，多旋翼无人机距线路设备距离不宜小于3m，距周边障碍物距离不宜小于8m
5	飞行巡视过程中突然通信中断无人机失控	飞行前应对各种失控保护进行检验，确保无人机因通信中断等各种原因失控时保护有效，在无人机数传中断后立刻记录时间
6	天气突变造成空中气流紊乱使无人机失控	负责人时刻注意观察风速变化，对风向风速做出分析并预警
7	气温低于0℃时造成电池掉电快	注意给电池保温，作业前应热机
8	无人机飞行过程中突降大雨，损坏无人机设备	负责人时刻注意观察湿度变化，对雨雪情况做出预警
9	飞手对无人机状态做出错误判断，强制飞行而导致飞行意外	作业前机组人员情绪检查，确保无负面情绪

（5）其他注意事项　见表3-10。

表3-10　其他注意事项

序号	内容
1	现场人员必须戴好安全帽，穿工作服
2	作业人员在飞行前8h不得饮酒
3	严禁飞越高速铁路和高速公路
4	严禁在各类禁飞区飞行（机场、军事区）
5	严禁在未采取安全措施时在城区人口密集区飞行
6	严禁直接徒手接机起飞、降落

（6）人员分工　见表3-11。

表3-11　人员分工

序号	人员类别	工作职责
1	工作负责人	负责工作组织、监护，并在作业过程中时刻观察无人机及飞手状态
2	工作班成员	负责遥控无人机开展精细化巡检作业

3. 作业程序

作业现场应携带所用无人机巡检系统使用记录表、操作手册、简单故障排查和维修手册。工作地点、起降点及起降航线上应避免无关人员干扰，必要时设置安全警示区。作业现场应做好灭火等安全防护措施，作业前应预先设置好紧急情况下的安全策略。作业程序见表3-12。

表 3-12　作业程序

序号	准备工作	内容	责任人	备注
1	起飞前准备	无人机飞手观察周围环境及现场天气情况（雨水、风速、雾霾等），依据《一般运行和飞行规则》（CCAR-91-R2）规定，判断是否达到安全飞行要求		
		工作负责人核实本次作业任务及飞行计划，飞手由地面站导入飞行航迹		
		在选定的起降场地展开无人机巡检		
		工作负责人按照无人机作业安全检查表或者各机型的适航检查单对无人机进行检查，确认达到适航要求		
		工作负责人按照民航和空军相关管理规定，起飞前（一般为 1h 内）向当地航管部门报送飞行计划，并获得许可		
2	起飞作业	工作负责人确认现场人员撤离至安全范围后方可启动无人机，并检查无人机系统工作状态		
		工作负责人确认无人机系统状态正常后，下达起飞命令，无人机飞手操作无人机起飞		
3	作业过程	根据工作任务开展巡检作业		
		在巡检作业全过程中，操作员应密切注意无人机状态数据，若发生异常，应及时向工作负责人汇报并根据具体情况采取相应应急措施		
4	作业结束返航	无人机完成预定任务返航时，工作负责人及时通知其他岗位人员，做好降落前的准备工作		
		无人机降落后，获取飞行数据，断开无人机电源，记录降落时间和飞行总时长等		
5	作业完毕	回收设备，检查无人机及机载设备是否正常完好		
		飞手从巡检设备中导出原始资料并进行初步检查，若数据不满足任务要求，工作负责人根据实际情况决定是否复飞		
		设备关机，填写相应无人机现场作业记录表		

（1）开工流程　见表 3-13。

表 3-13　开工流程

序号	内容	责任人
1	履行开工手续	
2	宣读第二种工作票、危险点及安全措施、任务分工，并对工作班成员提问，工作班成员签字	
3	工作前工具材料清点	

无人机巡检培训教程

（2）作业实施　见表 3-14。

表 3-14　作业实施

序号	工作内容	工作要点
1	召开现场开工会	工作负责人召开现场开工会，宣读工作票、布置工作任务、交代现场危险点及安全措施、工作班成员签字
2	工作前工具材料清点	确保现场作业所需工器具齐全
3	多旋翼无人机起飞准备	1）选择起飞点，确保起飞点地面平整，下方无大型钢结构和其他强磁干扰，周围半径 5m 内无人，上方空间足够开阔 2）铺好防尘垫，保持垫子平整 3）正确组装螺旋桨，注意螺旋桨上的桨顺序，切勿混桨使用，必须成套成对使用更换，确保桨叶无破损、无裂纹 4）正确组装相机，并取下镜头盖，确保相机镜头清洁无污渍 5）正确安装智能飞行电池，确保触点清洁、电池无鼓包 6）正确安装 SD 卡，确保安装正确 7）正确安装应用软件并用数据线连接到遥控器 8）检查遥控器开关，确保飞行模式切换开关至 P 挡，左右摇杆均位于中间 9）正确供电开机，确保依次给 RTK 基站、遥控器、无人机供电 10）检查基站、遥控器、无人机电池电量，确保电量可满足飞行任务 11）打开应用软件 12）确认照片存储格式为 JPEG，照片比例为 4:3 13）检查指南针是否正常（指示灯：正常绿灯慢闪，不正常红黄交替），较远地区需校准指南针 14）检查 SD 卡正确可用，且容量满足需求 15）确保相机画面清晰可见 16）确保 RTK 信号、遥控器数传、图传稳定安全 17）确保 GPS 星数为 12 颗以上
4	多旋翼无人机起飞	1）无人机起飞应确保周围 5m 内无作业人员及其他人员 2）缓慢提升油门，以平缓低速行驶起飞
5	多旋翼无人机作业	1）进入应用软件相应功能模块 2）确保一键导航至任务杆塔上方时保持足够安全高度 3）确保无人机与线路设备保持不少于 3m 的安全距离 4）拍照时应使无人机保持稳定 5）工作负责人填写飞行记录表
6	多旋翼无人机降落	1）无人机返回降落应确保周围 5m 内无作业人员外其他人员 2）缓慢降低油门，以低速平缓地降落至地面垫子上 3）无人机落地后锁定油门 3s 以上，确定电动机停转
7	多旋翼无人机回收	1）依次关闭无人机供电、遥控器、RTK 基站电源 2）拆下相机，设备装箱
8	多旋翼无人机巡视结果移交	1）对巡检数据进行整理分析，确定是否存在缺陷（隐患） 2）移交巡检数据

（3）作业结束阶段　见表 3-15。

表 3-15　作业结束

序号	内容	注意事项
1	召开现场收工会	作业人员向工作负责人汇报巡视结果，工作负责人对工作进行总结、讲评
2	作业现场清理	清点工具，清理工作现场，人员撤离
3	工作终结	工作负责人向工作票许可人履行工作票终结手续

（4）工作完成及数据整理移交　见表 3-16。

表 3-16　工作完成及数据整理移交

序号	内容	负责人
1	清理现场	
2	作业总结	
3	对巡检数据进行整理分析，确定是否存在缺陷（隐患）	
4	移交巡检数据	

4. 总结

巡检作业结束后，工作负责人应填写无人机巡检系统使用记录单，记录无人机巡检系统作业表现及当前状态等信息，并于第二个工作日内提交维护保养人员。

3.3　高级飞行技能及设备

3.3.1　无人机超视距飞行

超视距飞行是指通过地面站软件等远程操控设备，在视线范围以外对无人机进行操控。在实际工作中，常遇到无人机无法保持在视距内的情况，因此掌握超视距飞行是电网无人机作业的一项重要能力。图 3-39 所示为无人机超视距飞行操作示意。

无人机超视距飞行的基本要求：在操作过程中能熟练以第一视角飞行模式操控主要型号多旋翼和固定翼无人机完成起飞、飞行和降落动作；能在视场位置信息丢失的情况下，仅通过图传和数传显示

图 3-39　无人机超视距飞行操作示意

的无人机位置和姿态等信息，熟练操控无人机返航至目视范围。

进行超视距飞行需取得超视距驾驶员执照，其考试内容包括笔试和实操。笔试内容和视距内驾驶员执照考试的内容相同，但对分数要求更高。实操考试内容主要包括以下 3 个方面。

（1）基本飞行操作　考试内容为自旋 360° 与水平 "8" 字飞行，要求同视距内驾驶

员，但无人机设置为姿态模式。

（2）航线规划　考试内容为根据要求规划无人机的飞行航线，要求掌握任务航线的规划方法，包括闭合多边形、多选段（≥4）非闭合航线和扫描航线，以及经纬度的换算知识。

（3）地面站操作

1）操控地面站在 GPS 模式下使无人机自动起飞，按规划航线执行飞行任务。

2）地面控制站监控仪表，正确识别飞行数据、飞行的正常和故障状态。

3）操控无人机模拟位置信息丢失的情况下，仅参照图传和数传地面站显示的航向、姿态和速度等信息，以姿态模式遥控操纵无人机返航至目视范围，要求多旋翼无人机保持返航高度不小于 15m 以内超视距飞行，固定翼无人机返航高度不小于 50m，在切换模式开始的 60s 内实际返航航线航向与直线归航航线角误差应不超过 ±45°。

4）操控地面站在 GPS 模式下使无人机自动安全降落。

在实际飞行作业中，地面站操作时应检查航线的可实施性和安全性。航线的安全性包括但不限于满足空域要求、禁飞区要求和人口稠密区要求，规划的航线不能产生不安全的后果。在设置航线高度的过程中，应根据场地情况进行高度补偿，航线应设置在飞行器性能允许下的高度变化，变化幅度应为目视观察可见。飞行前应先检查无人机系统的状态，包括但不限于结构、动力、电池、螺旋桨、自动驾驶仪、数据链路的完整性等，并设置应急返航点，然后完成任务上传。手动作业应时刻确认无人机的位置、状态、链路、信号等参数，确保飞行作业的安全。

3.3.2　无人机激光雷达点云建模

无人机激光雷达是一种将激光探测、高速信息处理、飞行控制等高新技术相结合的主动探测系统，可以精确、快速地获取地面或大气的三维空间信息。随着雷达技术的发展，其快速精确采集海量三维点云数据的优势在越来越多的专业获得应用。江苏省于 2019 年完成了对全省 35kV 及以上线路所有杆塔及通道的无人机激光点云模型采集建设，并逐步向配网拓展。

1. 激光雷达的优缺点

（1）激光雷达的优点

1）分辨率高：激光雷达可以获得极高的角度、距离和速度分辨率。通常角分辨率不低于 0.1mard，即可以分辨 3km 距离上相距 0.3m 的两个目标，并可同时跟踪多个目标；距离分辨率可达 0.1m；速度分辨率能达到 10m/s 以内。距离和速度分辨率高，意味着可利用距离 - 多普勒成像技术来获得目标的清晰图像。

2）隐蔽性好、抗有源干扰能力强：激光直线传播、方向性好、光束非常窄，只有在其传播路径上才能接收到，因此被截获非常困难，且激光雷达的发射系统口径很小，可以接收区域窄，有意发射的激光干扰信号进入接收机的概率极低；另外，与微波雷达易受自然界广泛存在的电磁波影响的情况不同，自然界中能对激光雷达起到干扰作用的信号源不多。

3）低空探测性能好：微波雷达由于存在各种地物回波的影响，低空存在一定区域的盲区，而激光雷达只有被照射的目标才会产生反射，完全不存在地物回波的影响，因此低空探测性能较微波雷达好很多。

4）激光雷达发射望远镜的口径一般只有厘米级，整套系统的架设、拆收都很方便，而且激光雷达结构简单，维修方便，操作容易。

（2）激光雷达的缺点

1）受天气和大气影响大：激光一般在晴朗的天气里衰减较小，传播距离较远，而在大雨、浓烟、浓雾等环境中，激光衰减急剧增大，传播距离大受影响。如工作波长为 $10.6\mu m$ 的 CO_2 激光，是所有激光中大气传输性能比较好的，在恶劣天气的衰减是晴天的 6 倍，地面或低空使用 CO_2 激光雷达，晴天作用距离为 $10 \sim 20km$，而恶劣天气会降至 1km 以内，而且大气环流还会使激光光束发生畸变、抖动，直接影响激光雷达的测量精度。

2）空间搜索目标较困难：由于激光雷达的波束极窄，直接影响对非合作目标的截获概率和探测效率，只能在较小的范围内搜索、捕获目标。

2. 激光雷达的工作原理

无人机激光雷达的工作步骤主要有四步。

1）无人机上的激光雷达系统对被测区域通过激光扫描仪发射激光脉冲，激光脉冲信号到达地面后，发生激光脉冲反射，激光扫描设备读取脉冲信号返回时间，结合激光脉冲在空气中的传播速度，推算出激光扫描仪中心点对被测物体上的激光光斑反射点的距离。

2）利用 DGPS 动态差分定位系统对激光扫描仪中心点坐标进行定位和测算，确定中心点坐标。

3）通过 IMU 测算空中姿态信息系数中的航行方向倾斜角、旁向倾斜角和航行偏差角。

4）结合上述空间几何数据和空间信息，就可以确定被测点的三维空间坐标。

无人机激光雷达测距计算有两种原理：一种是通过激光扫描设备发射出的能量波与被测区域返回的能量波之间的相位差来计算无人机激光雷达与被测物的距离，这种方法叫作相位差法；另一种是通过无人机激光雷达设备所发出脉冲信号的时间与脉冲信号返回到发射器的时间来进行计算得出相应距离，这种方法叫作激光脉冲测距法。

结合以上无人机激光雷达的工作步骤，可知激光雷达系统所测得的数据其实是被测实物的三维点云信息，激光雷达系统通过发射激光脉冲的时间差或者发射波的相位差来测算出被测物的三维空间坐标，在激光雷达系统采集数据的同时，还要同步记录被测点的 IMU 数据、GPS 坐标信息，使得每一个云数据点都匹配相应的 IMU 数据、GPS 坐标信息，再将以上数据进行综合测算，就可以获得云数据点的综合定位信息，包含每一个云数据点的数码图像方位元素和空间坐标数据，激光雷达测算的点云数据就完成了定向和坐标数据的转换工作。最后经过激光点云数据空间数据纠正就可以形成数字表面模型。架空线路激光三维点云数据类型主要有两部分，首先是架空输电线路主体数据，包含导线、铁塔、金具等重要部分情况；还有就是输电线路路径附近的地形地貌信息点云数据，主要是输电线路路径内和线路走向附近保护区的地形信息。对不同种类的云数据进行分类、除噪、滤波加密除去错误点，再对精准分类的 DSM 数字模型软件转化后就可以获得真实的数字高程模型（DEM），可以反映出真实场景的地形地貌。可以通过增加同名点的办法和光速法平差空中三角形进行删除匹配点错误工作，再结合已经获取的高准确度数字高程模型、图像外方位元素修正技术形成数字正摄影像（DOM），这样可以准确地获悉输电线路路径周围过高树木等障碍物的方位信息。

3.3.3 无人机倾斜摄影测量

1. 倾斜摄影测量技术的基本原理

倾斜摄影测量技术是一种利用高分辨率倾斜摄影测量系统对地面物体进行高精度三维建模的技术。倾斜摄影测量系统采用多台高分辨率数码相机，以及特定的控制系统，在一定时间间隔内对地面进行拍摄。目前最常用的摄像机是五镜头摄像机，从一个垂直和四个倾斜的角度同步采集影像，具有高效率、高精度、高分辨率等特点。拍摄时，除了记录影像外，还会记录航高、航速等坐标参数，以便进行后期处理。相较于传统航空摄影测量技术从单一垂直方向进行影像采集，倾斜摄影测量技术可以同时获取建筑物顶面和侧面的影像信息，从而生成高精度、真实性强的建筑物三维模型。

倾斜摄影在三维建模中的应用可以显著提高建筑物的模型质量，相比于传统的垂直摄影，倾斜摄影可以拍摄更广泛的范围，捕捉到建筑物的侧面信息，从而获得更加真实的建筑形状和细节纹理。通过倾斜的视角采集建筑物的影像，可以有效解决建筑物模型在垂直摄影中存在的问题，例如立面错位、细节不清晰等。因此，在三维建模领域中使用倾斜摄影技术可以显著提高电网设备模型的准确度和真实性。

2. 无人机倾斜摄影测量系统的构成

无人机倾斜摄影测量系统由四部分构成，主要包括无人机飞行平台、航摄仪、地面站和后期数据处理软件。

（1）无人机飞行平台 无人机飞行平台是指用于搭载各种载荷设备进行空中作业的机载平台。无人机飞行平台一般由飞行控制系统、通信系统、动力系统、传感器等多个部分组成，可以根据不同的应用需求和环境选择合适的机型和配置。

（2）航摄仪 航摄仪又称相机航测仪，是一种将摄影机与航空器相结合，通过空中拍摄来获取地面信息的设备。当前倾斜摄影航摄仪主要有单镜头倾斜相机、两镜头倾斜相机和五镜头倾斜相机。

1）单镜头倾斜相机：单镜头倾斜相机也称为单目倾斜摄影，如图3-40所示，可以在单张图像中获取地物表面的信息。单镜头倾斜相机需要与云台配合保持相机稳定，能够无死角拍摄，拍摄视角活跃，执行飞行任务时可以设计为井字形航线或环绕形航线。

2）两镜头倾斜相机：两镜头倾斜相机是指在一个相机中同时搭载两个倾斜摄影头，能够通过两个不同方向的相机头获取更多的影像数据，从而提高

图3-40　单镜头倾斜相机

三维模型的精度和完整性。在实际操作中，需要设计交叉航线飞行，保证获取足够的影像数据，最后通过补拍垂直影像提高模型质量。

3）五镜头倾斜相机：五镜头倾斜相机是一种新型的倾斜摄影技术，它由五个倾斜相机组成，包括一个垂直朝下的相机和四个向外倾斜的相机，同时从垂直、前、后、左、右进行影像采集，可以实现更广阔的覆盖范围和更高的空间分辨率，如图 3-41 所示。相比于传统的单镜头或双镜头倾斜摄影相机，五镜头倾斜相机可以获得更高质量的三维数据，更适用于城市规划、地形测量、遥感影像等领域。同时，由于每个相机都有自己的 GPS 和惯性测量单元，可以更好地解决数据的同步和精度问题。五镜头倾斜相机已经成为当前倾斜摄影领域的发展趋势之一。

图 3-41　五镜头倾斜相机

（3）后期数据处理软件　后期数据处理软件指的是对在航空摄影、卫星遥感等领域采集到的原始数据进行处理的软件。这些软件可以对图像进行校正、配准、拼接等操作，生成高质量的地图、三维模型和其他地理信息产品。常见的后期数据处理软件有 Smart 3D、Pix4D、Global Mapper、Photoscan、DJI 智图、街景工厂等。本书使用的数据处理软件为 ContextCapture。软件主要由主模块（ContextCapture Center Master）、引擎模块（ContextCapture Center Engine）和浏览模块（ContextCapture Viewer）三大模块组成。

1）主模块显示操作界面，负责整个项目的处理流程，通过该模块可建立三维建模工程，导入影像数据、POS 数据、像控点数据，进行空三加密等步骤。

2）引擎模块主要是接收来自主模块提交的空三任务和三维建模任务，并实现大规模数据处理和分布式处理，它包含多个并行计算节点，可以同时运行多个数据处理任务，提高处理效率。引擎模块支持多种处理流程，包括点云生成、DSM 生成、纹理映射等，同时还可以进行分块处理和分布式处理，以便加快处理速度。

3）浏览模块用于查看、分析和分享生成的三维模型，它提供了直观的用户界面和交互式工具，可以快速加载大型点云和三维模型，并支持多种数据格式，使用浏览模块可进行模型三维坐标、面积、体积以及距离等几何要素测量。

3. 无人机倾斜摄影测量关键技术

基于倾斜摄影测量的三维建模技术通常包括多视影像联合平差、多视影像密集匹配、TIN 构建、纹理映射。这些技术相互协作，能够生成高精度、真实性强的三维模型。

（1）多视影像联合平差　多视影像联合平差是指使用多幅影像进行空间三维信息的测量和重建。其主要原理是通过对多幅影像进行像点匹配、相片联立、三角测量等操作，从而求得地面上点的三维坐标。其中，像点匹配是指将同一地面点在多个影像中的像点进行匹配，确定其在不同影像中的位置关系；相片联立是指将多幅影像联合起来进行处理，消除影像之间的误差；三角测量则是根据像点和像平面的几何关系，计算地面上点的三维坐标。在多视影像联合平差中，光束法是一种较为常用的方法，其基本思想是以每张相片组成的光束作为基本平差单元，按照共线条件来列误差方程。光束法平差精度高，但计算复杂度较大，需要较多的控制点和计算资源。图 3-42 所示为光束法区域网平差的原理。

图 3-42 光束法区域网平差原理

（2）多视影像密集匹配 多视影像密集匹配是一种利用多个视角影像进行三维点云重建的方法。在多视影像密集匹配过程中，需要对多个视角影像之间进行同名点的匹配，从而得到每个像素的三维坐标信息。由于多视影像具有不同的视角和光照条件，因此同名点匹配需要克服不同的影像变化，如平移、旋转、缩放和形变等。

（3）TIN 构建 TIN（Triangulated Irregular Network）构建是一种用于三维地形建模的方法，它通过从地面采集的离散点数据来生成一个无规则三角网格，从而实现地形表面的可视化和分析。TIN 构建的原理是将离散的点云数据进行分析和处理，将点云数据分成不同的三角形，并连接成一个无规则的三角网格，以表示地形表面的形状和高度。

在 TIN 构建中，首先需要对离散的点云数据进行分析，找出其中的三角形并计算其法向量和曲率等特征参数，然后通过对这些特征参数进行分析和处理，确定相邻三角形之间的连接方式，以及确定三角形之间的交点和边界等关键信息。在进行 TIN 构建时，还需要考虑地形表面的特征和形态，例如地形起伏、坡度、河流、湖泊等地貌要素，以及建筑物、道路、桥梁等人工结构，这些特征都需要在 TIN 构建中得到合理的处理和表达。

（4）纹理映射 纹理映射是将一张二维图片（纹理）映射到三维模型表面的过程，以实现给三维模型表面添加颜色、纹理、材质等外观效果，增强模型的真实感和细节表现。其基本原理是：

1）将纹理图像的坐标映射到三维模型表面的相应位置，从而将纹理图像的颜色信息和三维模型表面的几何信息结合起来。

2）将三维模型表面划分为若干个三角形，然后生成每个三角形的 UV 坐标映射，使得纹理图像能够准确地贴合在三角形表面。

3）对于每个顶点，根据其在三角形内的位置，计算其对应的纹理坐标。

4）将纹理图像根据 UV 映射贴到三角形表面，生成纹理映射效果。

3.3.4 无人机自主巡检技术

随着 RTK 精准定位技术的逐步成熟，无人机自主巡检技术也迎来了发展的黄金期，各种基于精准定位的无人机自主巡检技术已开始应用于电网设备精细化巡检。当前最主流的方式为航线学习记忆方式，通过人工采集等方式获得飞行航迹并进行复飞。该无人机自主巡检技术具备航迹学习记忆、自主起降、自动飞行、自动拍摄等功能，初步实现了配电线路自主巡检功能。其特点如下：

1）自主巡检模块具备在不借助其他基站设施的情况下直接接入网络 RTK 平台的功能，并获取网络 RTK 数据用于高精度定位，其导航模块应同时支持北斗、GPS、

GLONASS 等导航定位系统。

2）自主巡检模块具备可适配避障模块的通信接口，可根据避障模块的数据进行主动避障。

3）自主巡检模块具备失控保护、一键返航、电子围栏、链路中断返航、断桨保护等多种安全保护措施。

另外，多旋翼无人机不间断巡检系统解决方案的出现，提供了另一种更为智能的自主巡检解决方案。该系统是以无人机为载体，以无人机机库作为辅助，通过中央控制室实现无人机全自动、智能化输电线路超视距巡检的作业能力，实现电力巡检无人机的全自动快速更换电池功能，实现根据巡检功能需求的全自动更换吊舱的功能。结合电网现有的异常识别平台，积累电网巡检数据库，逐步可以实现典型缺陷、显著隐患的实时智能识别。此外，增加相应的日常飞行巡检管理模式、安全作业应急飞行模式，结合国网电力巡检核心系统，形成巡检作业的输电线路全流程闭环体系，彻底打通"空中巡检—实时数据回传、处理—远程数据管理—指导消除电网异常—大数据分析—可视化报告"的完整生态链条，从根本上解决输电巡检在当前条件下难以高质量完成周期巡视计划的难题。

3.3.5　无人机避障技术

无人机避障技术研究是一个新兴的研究领域，它涉及无人机的路径规划，以及无人机在环境变化的情况下如何调整路径。无人机避障技术研究的主要内容包括障碍物识别的研究、路径重规划算法的优化等。

1. 毫米波雷达

毫米波雷达利用毫米波的高频率特性，通过发射和接收毫米波信号来探测目标的位置、速度和方向等信息。其优点是具有较高的分辨率和探测灵敏度，能够实现在低能见度环境下的远程探测和跟踪，但毫米波雷达获取的信息有限，无法获取障碍物的轮廓信息。

2. 激光雷达

激光雷达利用激光束对目标进行扫描和探测，通过测量反射激光的时间和强度来确定目标的位置和形状等信息。其优点是具有高分辨率、高精度，可在各种环境下工作，可对不同材质的目标进行探测等；缺点是需要高功率激光器、高精度光学部件和复杂的信号处理算法，成本较高，同时对环境光、雨雪、尘埃等因素敏感，有可能影响探测效果。激光雷达可直接获取深度信息，但数据采集周期长，不适用于对避障等实时性要求较高的应用场景。

3. 超声波传感器

超声波传感器利用声波的反射来探测目标的位置和距离等信息，通过发射超声波信号并测量其反射时间来确定目标的位置和距离。其优点是方向性强、数据处理简单、能量易于集中；缺点是测距精度相对较低、易受干扰、易受杂音和噪声影响。

4. 单目相机

单目相机利用单个摄像头的视角来获取物体的三维信息，从而实现目标跟踪、三维重建等应用。其优点是成本较低、易于安装和维护、适用于不同的环境和场景、能够进行实时处理等。但测量误差与特征点匹配的精度紧密相关，当所需处理的图片较多时，处理时间随之加长。且单目相机对环境的要求比较高，为达到较好的效果，通常要求图像光线均匀且具有较高分辨率和清晰纹理。

5. 双目相机

双目相机由两个摄像头组成，利用两个不同视角的图像进行处理，从而获得物体的三维信息。与单目相机相比，双目相机具有更高的精度和鲁棒性，同时也具有更广泛的应用场景。但成本较高，需要进行较为复杂的校准和对齐操作，可能存在图像不匹配等问题。另外，光照变化、目标遮挡等均对目标检测精度有较大影响。

目前常用的避障技术为视觉和毫米波雷达综合的避障技术，具体应用在遥控器上均有显示。

3.3.6 遥控器操作技巧

遥控器是一般工作中操作无人机的最主要的方法，下面将以常用的 DJi pilot 软件为例讲解遥控器的详细设置。

在操作界面单击屏幕右上角的"..."按钮，进入遥控器设置界面。

1. 飞控参数设置

图 3-43 所示为遥控器飞控参数设置界面，飞行模式切换上显示有 P、A、F 3 种飞行模式，无人机飞行模式通常有 20 多种，此遥控器仅支持此 3 种飞行模式。

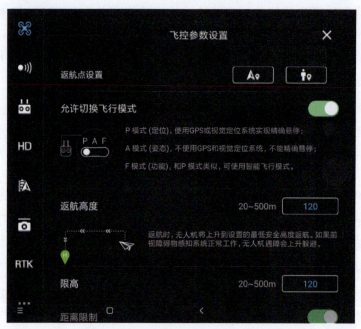

图 3-43　遥控器飞控参数设置界面 1

P 模式，即定位模式，也叫作"GPS 模式"，是指无人机使用 GPS 或多方位视觉系统实现精确悬停，手动飞行、规划航线等都需要在该模式下进行。其中航线规划情况下一般需要额外打开 RTK 模式用于精准定位。

A 模式，即姿态模式。在该模式下，不使用 GPS 模块和视觉系统进行定位，无人机仅提供姿态增稳。在实际操作中，无人机会受到惯性和风向影响从而明显漂移，无法准确悬停在一个位置，需要飞手通过遥控器来不断修正无人机的位置。姿态模式考验的是飞手对于无人机的操控性。在 GPS 失效等一些紧急情况下，需要切换姿态模式。CAAC 证件对于超视距驾驶员的考试要求即是在姿态模式下完成自旋 360° 和"8"字飞行操作。

F 模式，功能与 P 模式功能类似，增加了航向锁定、返航点锁定、兴趣点环绕等智能飞行功能，但相关功能有部分需要额外开通才可使用。

返航高度，即手动单击返航或自主巡检结束自动返航过程无人机按照"上升至返航高度—直线飞回降落点—降落的过程自动返航"，通常设置为 120，保证水平位移时无障碍物遮挡，若确认周边空旷无危险可自行设置返航高度。

限高，即飞行过程中设置的电子围栏，当无人机上升高度至限高区则无法继续向上飞行，通常设置为 120，应和申请的空域范围相互匹配。

距离限制，同限高，限制无人机飞行距离起飞点的直线距离，防止无人机飞行过远导致信号丢失等问题，如图 3-44 所示。

图 3-44 遥控器飞控参数设置 2

传感器状态，包括无人机 IMU 和指南针的相关状态检查，通过颜色可以判断设备的运行状态情况，通常无须检查，在出现问题时需要进行校准，如图 3-45 所示。

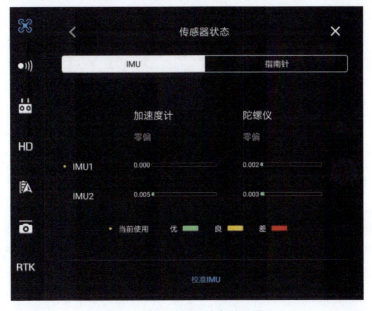

图 3-45 遥控器飞控参数设置 3

失控行为，即无人机与遥控器断联、突然断开 GPS 信号等情况时无人机主动反应状态，有返航、悬停等选项，视距内操作时通常选择悬停，飞手可以手动操作防止无人机进一步失控，自主巡检、超视距飞行时可选择返航，让无人机自行返回降落点。

电机紧急停机方式，通常设置为不允许空中紧急停机，防止无人机坠落造成额外伤害。

2. 感知避障设置

感知避障设置包括启用视觉避障、显示雷达图、启用视觉定位、返航障碍物监测功能，通常默认全部打开。在一些狭窄空间作业时，由于障碍物过近会导致开启避障后无人机无法移动，在此种情况下要关闭无人机避障相关功能，如图 3-46、图 3-47 所示。

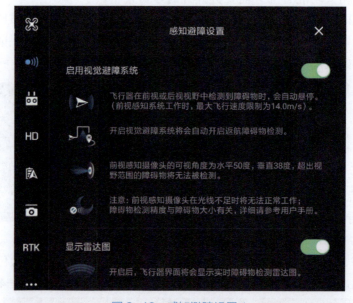

图 3-46　感知避障设置 1

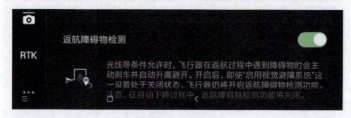

图 3-47　感知避障设置 2

设置好这些相关参数，就能够使用遥控器进行更安全的无人机巡检作业。

第4章 设备维护与故障排查

目标和要求：掌握无人机及其附件、可见光设备、红外设备及其他设备的维护与故障排查。

重点：无人机及附件、可见光设备、红外设备及其他常用设备的维护及故障排查。

4.1 常规维护与检查

4.1.1 无人机及其相关附属设备

1. 无人机维修保养

为保证无人机系统的正常运行，减少不必要的机器故障与损失，提高无人机巡检作业工作效率，无人机系统的维修保养是必不可少的。无人机系统维护保养包含无人机系统的保管、检查、大修、维修，以及部件的替换。维护保养的好坏直接关系到系统能否长期保持良好的工作精度和性能。按照无人机组成部分可将维护保养分为无人机、控制站、通信链路、其他设备（如遥控器）等的维护保养。

维护保养是指对无人机及其组件进行检查、清洁、除锈、润滑、紧固、标识、规定的性能测试，以及易损件更换等工作，确保其处于完好有效状态的活动。无人机要保证其正常飞行和使用寿命，除按照正常规范操作使用外，还需进行日常、一级、二级、三级等周期性维护保养，内容包括基础检查、升级校准、机体清洁及部件更换等。

（1）日常维护保养　对无人机设备外观及其日常使用基本功能进行检查校准等操作，由无人机飞手及飞行任务团队负责进行保养维护。

（2）一级维护保养　对无人机整体结构及功能进行全面的检查，对各模块进行校准及软件升级，并对日常清理中无法接触的机器结构内部进行深度清理，保养清洁过程需对无人机进行一定程度的拆卸，需由专业的维护保养团队进行检查。

（3）二级维护保养　除完成一级维护保养要求外，增加对无人机易损件的更换处理，维护保养团队需准备毫无人迹易损件备件，用于维修替换。

（4）三级维护保养　除完成一、二级维护保养要求外，增加对无人机核心部件的更换处理，需对无人机进行深度的拆卸。

无人机巡检培训教程

2．无人机维护保养方法

（1）日常维护保养　日常维护保养内容可参照表4-1确定。

表4-1　日常维护保养内容

类别	时间	内容
日常维护保养	执行飞行任务通电前	检查机身螺钉是否出现松动，机身外壳及结构是否出现裂痕、破损、缺失、歪斜、移位
		检查螺旋桨桨叶外观是否完整无损，是否按顺序安装牢固；任务载荷是否安装正确、牢固
		检查控制终端摇杆是否各向操控灵活且有稳定阻尼，拨动开关是否流畅无卡顿
		对于电动无人机，检查电池数量是否足够、电量是否充足；安装电池前检查外壳是否有破损或者变形鼓胀，安装后是否牢固
		对于油动无人机，检查发动机缸体、管路是否有渗漏，油量是否充足
	执行飞行任务通电后	检查导航定位信号、遥测遥控信号及图像传输信号是否稳定无干扰，且动静压采集是否正常
		检查无人机电动机转动是否正常、无异响，检查发动机怠速、高速运转是否正常
		通过控制终端检查任务载荷转动是否正常、数据采集功能是否正常
		检查地面站各项参数是否正常、地图载入是否正常
	使用后	对无人机机身（包括任务载荷、地面站）进行全面细致地检查，必要时使用专用清洁设备及时清理油污、细沙、碎屑等，保持无人机及其组件的清洁
		无人机现场拆卸后各部件应按要求放入专用包装箱，避免碰撞损坏
		无人机应妥善存放于温湿度可控的工器具室，长期存放时，机身应进行防尘，轴承和滑动区域喷洒专用保养油进行防腐蚀和霉菌
		对于电动无人机，飞行任务结束后应取出电池单独存放，应定期使用专用充电器或智能充电柜对电池进行充放电操作
		对于油动无人机，飞行任务结束后应及时用汽油擦拭发动机表面油污，堵住进气口及排气口；发动机超过一个月不使用，应排干净油路及化油器内燃油，让发动机中速运行，直至熄火，燃烧完油路里所有燃油，并清洁发动机

（2）无人机本体维护保养

1）基础检查：基础检查应对无人机及其部件的外观、外部结构等进行逐个检查，确认各部件是否正常。基础检查内容见表4-2。

表4-2　基础检查内容

序号	项目	内容
1	外壳	检查机身外壳是否完整无损，有无变形、裂纹等
2	螺旋桨	检查桨叶、桨叶底座、桨夹外观是否完整无损，安装是否牢固
3	电动机	检查电动机转动是否正常，手动旋转电动机有无卡顿、松动及异常响声等，检查电动机接线盒接线螺钉是否有松动、烧伤等
4	电调	检查电调是否正常工作，有无异响、破损等，检查连接线是否松动

（续）

序号	项目	内容
5	机臂	检查机臂结构是否有变形、破损等
6	机身主体	检查机身主体框架是否完好无变形、裂纹等
7	天线	检查天线位置是否有影响信号的干扰物，有无变形、破损等
8	脚架	检查脚架是否出现裂纹、变形、破损等
9	控制终端	检查控制终端天线是否有损伤，显示器表面是否有明显凹痕、碰伤、裂痕、变形等现象，开机后显示器是否出现坏点或条纹；测试每一个按键，检查功能是否正常有效
10	对频	检查无人机机身与控制终端是否能重新对频
11	自检	通电后，确认通过软件或机体模块自检，无人机机体或地面站无声、光、电报警
12	云台	检查连接部分有无松动、变形、破损等，转动部分有无卡顿，减振球是否变形、硬化，防脱绳是否松动破损
13	电池	检查电池插入是否正常，接口处有无变形破损等；插入电池是否可以正常通电，电芯电压压差是否正常
14	发动机	检查缸体、管路是否渗漏，检查传感器工作是否正常，检查紧固件、连接件有无松动
15	传动装置	检查传动带松紧度是否适宜，齿轮是否完好无变形，检查火花塞、燃油滤清器、空气滤清器等是否需要更换
16	任务载荷	检查外观有无破损、变形等，镜头有无刮花、破损等，对焦是否正常，存储卡等模块是否插好，供电是否充足，与机体通信是否可靠
17	充电器，连接线、存储卡、平板计算机、手机、检测设备、计算机、存储箱、拆装工具等配套设施	有无变形、破损，功能是否正常等

2）升级校准：无人机相关部件，如IMU、指南针、控制终端遥杆及视觉避障模块等应进行定期校准，以保证安全良好的运行状态。升级校准内容见表4-3。

表4-3 升级校准内容

项目	内容
IMU校准	通过控制终端或软件提示校准，校准是否通过
指南针校准	通过控制终端或软件提示校准，校准是否通过
控制终端摇杆校准	在控制终端或软件上选择控制终端摇杆校准
视觉系统校准（若有）	通过调参软件校准飞行视觉传感器
RTK系统升级（若有）	通过调参软件检查是否升级成功
控制终端固件升级	通过控制终端固件看是否升级成功

（续）

项目	内容
电池固件升级	通过调参软件查看所有电池是否升级成功
飞行器固件升级	通过调参软件查看是否升级成功
RTK 基站固件升级（若有）	检查 RTK 基站固件是否为最新固件
云台校准（若有）	通过控制终端或调参软件校准云台
空速校准（固定翼）	通过地面站或控制终端查看空速校准

3）机体清理：无人机并非完全封闭系统，在使用过程中会有一定概率进入灰尘，应对无人机的外部和内部进行深度清洁处理。具体清理内容见表 4-4。

表 4-4　机体清理内容

项目	内容
胶塞	清理老化、断裂、失去弹性部件，清理油渍、灰尘
旋转卡扣	处理破损卡扣，清理油渍、灰尘
电动机轴承	清理油渍、泥沙、灰尘
控制终端天线	处理断裂、破损天线，清理接口处油渍、灰尘
控制终端胶垫	处理松弛部件，清理灰尘
结构件外观	处理破损、磨损、断裂部件，清理油渍、灰尘
机架连接件及脚架	处理破损、磨损、断裂部件，清洁油渍、灰尘
散热系统	处理异常发烫部件
舵机及丝杆连接件	处理变形部件，清洁油污、灰尘
控制终端接口	清理接口处油渍、灰尘
电源接口板模块	处理变形、断裂部件，适配松紧适当的模块

4）部件更换：在维护保养中当发现无人机及其部件出现外观瑕疵及功能性故障时，应对其进行统一更换处理。无人机因其结构差异，产生老化与磨损的组件也不尽相同，通常易出现更换的组件应包括但不限于橡胶、塑料或部分金属材质与外部接触或连接部位的组件以及动力组件等，如减振球、摇杆、保护罩、机臂固定螺钉、桨叶等；核心部件更换应包括但不限于动力电动机、电调、电池、发动机等。无人机部件更换示例见表 4-5。

表 4-5　无人机部件更换示例

更换前	更换后

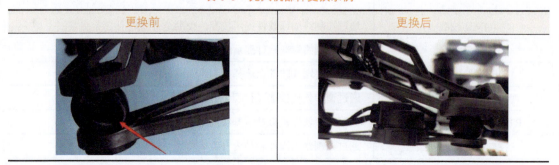

（3）电池维护保养　无人机电池与机体其他机械电子结构不同，它涉及频繁的充放电操作以及插拔等动作，且由于其自身的放电特性，在维护保养过程中不仅需要进行周期性检查，还应在使用和存储期间进行维护保养。无人机电池维护保养内容见表4-6。

表 4-6　无人机电池维护保养内容

项目	说明	
电池使用保养	电池出现鼓包、漏液、包装破损的情况时，请勿继续使用	
	在电池电源打开的状态下不应拔插电池	
	电池应在许可的环境温度下使用	
	确保电池充电时，电池温度处于 15～40℃，充电时应确保电池充电部位连接可靠，避免虚插	
	充电完毕后应断开充电器及充电管家与电池间的连接；定时检查并保养充电器及充电管家，经常检查电池外观等各个部件；切勿使用已有损坏的充电器及充电管家	
	飞行时不宜将电池电量耗尽才降落	
	电池彻底放完电后不应长时间存储	
	电池应禁止放在靠近热源的地方；电池保存温度宜为 22～30℃	
	电池长期存放应从无人机内取出	
	从户外高温放电后或高温下取回电池不能立即充电，待电池表面温度下降至 40℃ 以下方可充电，且充电时尽可能使用小电流慢充或使用智能电池充电器自动检测推荐的电流充电	
	应采用原无人机制造商配套的充电器或认可的第三方充电器进行充电，不可非法采用其他设备对电池充电且充电过程中保持通风散热并安排专人值守	
电池存储保养	短期存储（0～10天）	电池充满后，放置在电池存储箱内保存，确保电池环境温度适宜
	中期存储（10～90天）	电池电量放电至 40%～65%，放置在电池存储箱内保存，确保电池环境温度适宜
	长期存储（90天）	将电池电量放电至 40%～65%，放置在电池存储箱内保存，每 90 天将电池取出进行充放电，然后再将电池电量放电至 40%～65% 存放

（4）发动机维护保养　油动无人机发动机维护保养内容可参照表4-7确定。

表 4-7　油动无人机发动机维护保养内容

项目	说明	
发动机使用保养	应使用 92 号及以上等级的无铅汽油。配合润滑油使用，应按照汽油和润滑油 40:1 的比例混合；混合油应现配现用，不应使用久置的混合油	
	每次作业完后，应及时用汽油擦拭发动机表面油污，堵住进气口及排气口	
	超过一个月不使用发动机，应排干净油路及化油器内燃油，让发动机中速运行，直至熄火，燃烧完油路里所有燃油，并清洁发动机	
发动机周期性保养	飞行时间满 10h	应对发动机的紧固螺钉、火花塞进行确认，清洗化油器滤网
	飞行时间满 100h	应检查清理火花塞积炭，分析燃烧情况，确认电极间隙
	飞行时间满 150h	应将发动机进行返厂保养

（5）任务载荷维护保养　无人机任务载荷种类繁多，如云台相机、喊话器、探照灯、机载激光雷达、多光谱相机等，不同设备的保养方式不尽相同，应根据其自身技术特点进行维护。无人机常用任务载荷维护保养内容见表 4-8。

表 4-8　无人机常用任务载荷维护保养内容

项目		内容
挂载部件检查	云台转接处	是否有弯折、缺损、氧化发黑，是否安装到位
	接口松紧度	是否安装到位，无松动情况
	排线	是否破裂或扭曲、变形
	云台电动机	手动旋转电动机是否存在不顺畅，电动机松动、异响
	云台轴臂	是否破损、磕碰或扭曲、变形
	相机外观	是否破损、磕碰等
	相机镜头	是否刮花、破损
	外观机壳	检查是否破损、裂缝、变形
挂载性能检测	对焦	对焦是否正常
	变焦	变焦是否正常
	拍照	拍照是否正常，照片清晰度是否正常
	拍视频	拍视频是否正常，视频清晰度是否正常
	云台上下左右控制	转动是否顺畅，是否有抖动异响，回转时图像画面是否水平居中
	存储卡格式	格式化是否成功
挂载校准升级	横滚轴调整	横滚轴调整是否正常
	云台自动校准	云台自动校准是否成功通过
	相机参数重置	相机参数是否重置成功
	云台相机固件版本	固件版本是否可见
	固件更新及维护	确保固件版本与官网同步

（6）其他相关设备维护保养　无人机其他设备主要是指在保障无人机进行维护保养时所需使用的相关设备，主要包括配套的充电器、连接线、存储卡、平板计算机/手机、检测设备（如风速风向仪）、计算机、存储箱、拆装工具等。在无人机维护保养过程中，应根据不同类型的设备实际需求进行保养，保养的主要原则是，确保设备完整整洁，功能正常，定期检查设备状态，及时更换问题设备，确保无人机能正常顺利地完成工作任务。

4.1.2　可见光成像设备

可见光成像是一种最常见的成像方式，广泛应用于智能手机、数码相机、监控摄像头等设备。配网巡检作业中包含手持式可见光成像设备与机载可见光成像设备两种。在配网巡检过程中，两种设备可相互补充，且在检查与维护时有着共通性。

1. 可见光成像设备使用的注意事项

1）不要直接拍摄烈日或者强光，长时间地对着强光很可能会损坏相机的测光系统。

2）飞行前，确保摄像头清洁，无灰尘等异物。

3）远离强磁场和强电场。强磁场或强电场会影响相机中电路的正常工作，无线传输器等设备产生的静电或磁场可能会干扰显示屏，损坏存储卡中的数据或影响相机的内部电路。

4）在高温高湿的环境中使用，镜头容易发霉、电路易出故障。在潮湿环境中使用后或不慎相机被雨淋湿，要及时晾干或吹干。

5）防烟避尘，不可在烟、尘很大的地方使用，迫不得已在此环境中使用后应及时清洁处理。

6）使用和运输过程中避免跌落。若受到强烈碰撞或振动，相机可能会发生故障。应在包装箱内装入足够多的缓冲材料，以减少（避免）由于冲击导致产品损坏。

7）使用时避免温度骤变。温度的突变，比如在寒冷天进出有暖气的大楼可能会造成相机内部结露。为避免结露，在进入温度突变的环境之前，应将手持式可见光成像设备装入相机套或塑料包内。

8）禁止长时间将镜头对准太阳或其他强光源，强光可能会损坏影像传感器或致使照片上出现白色模糊。

9）禁止将激光或其他极其明亮的光源对准镜头，否则可能会损坏相机的影像传感器。

2. 可见光成像设备的维护保养

（1）可见光成像设备的清洁　清洁可见光成像设备时，需注意不同的部位清洁方式、工具并不相同。

相机的镜头要用专用的纸、布擦拭，以免刮伤。要去除镜头上的尘埃时，最好用吹毛刷，不要用纸或布；要湿拭镜片时，不要用酒精之类的强溶剂。

镜头等玻璃组件较易损坏，应使用吹气球去除灰尘和浮屑。如果使用喷雾剂，必须保持罐体垂直以防止液体流出；如果去除指纹及其他污渍，可以用一块滴有少许镜头清洁剂的软布来小心擦拭。

在取下或者更换镜头或机身盖时，进入相机的杂质（或者来自相机本身的润滑油或细小颗粒）可能会附着在影像传感器上。当镜头被取下时，为了保护相机，务必重新盖上相机随附的机身盖，盖上前应先仔细清除可能附着在相机卡口、镜头卡口及机身盖上的所有灰尘和其他杂质。应避免在有灰尘的环境下安装机身盖或更换镜头。附着的灰尘可能显示在拍摄的画面上，如果不将其清除，灰尘将继续出现在所有画面的同一区域。

（2）可见光成像设备发霉的处理　镜头发霉极轻微时，先用干净的一般软毛刷或空气喷嘴清除里外所有的灰尘，再用软毛刷或擦眼镜用的鹿皮擦拭发霉部分。使用药水时，不可直接滴在镜头上，要滴在鹿皮或拭镜纸上再擦，不可用面纸。镜头严重发霉时，应咨询厂家进行处理，以防处理不当造成可见光成像设备进一步损坏。处理完成后，准备一个有封口的透明塑胶袋置入相机，同时放入除湿剂，再放入一张白纸（标明保养日期），最后封口。

（3）可见光成像设备的存放　为防止发霉，应将相机存放在干燥、通风良好的地方，每月应至少取出相机一次。不可将相机与石脑油或樟脑丸一起存放，不可存放在通风差或湿度超过 60% 的地方，以及产生强电磁场的设备附近或者温度高于 50℃或低于 −10℃的场所。

4.1.3　红外热像仪

1. 红外热像仪的正确使用方法

1）调整焦距应在红外图像存储之前做。如果目标上方或周围背景过热或过冷的反射影响到目标测量的精确性，试着调整焦距或者测量方位，以减少或者消除反射影响。

2）在测温之前，应当对红外热像仪的测温范围进行微调，使其尽可能符合被测目标温度。

3）红外热像仪与被测目标距离应当适中，距离过小会导致无法聚焦为清晰图像，距离过大会导致目标太小难以测量出真实温度。

4）保持仪器平稳，就像照相时有防抖动功能一样，使用红外热像仪时应保证在按下存储键时，轻缓和平滑，保证制成图像精准不模糊。建议使用红外热像仪时，仪器放在平面上，或者用三脚架支撑，会更加稳定。

5）若要精确测温，需要更全面的信息，如发射率、环境温度、风速等，以确保准确反映目标物体的真实温度。测温时应确定环境温度适宜仪器作业，通常不应低于 5℃。根据被测物体设置发射率，不同物体的发射率可查表获得。风速过高会加快被测物体散热，从而导致测温不准，通常要求被测目标所在环境的风速不能高于 5m/s。

掌握正确使用红外热像仪的方法，能降低意外故障发生概率。

2. 红外设备校准

（1）校验的基本项目及周期　红外热像仪的校验项目、校验周期见表 4-9。

表 4-9　红外热像仪的校验项目、校验周期

序号	校验项目	校验周期
1	外观	1）首次使用时 2）1～2 年 3）必要时
2	准确度	1）首次使用时 2）1～2 年 3）必要时
3	热灵敏度（NETD）	必要时
4	连续稳定工作时间	必要时
5	测温一致性	1）首次使用时 2）1～2 年 3）必要时
6	环境温度影响	必要时

（2）校验基本方法

1）外观：红外热像仪的外壳、机械调节、各操作部件、按键、外露光学元件、触摸显屏、电器连接件等不应有影响原有性能的缺陷。

红外热像仪应标有制造商（或商标）、型号、编号及检验期等标识。

2）准确度：将黑体源设置于规定的工作距离，调节红外热像仪使其清晰成像，准确测温。黑体温度设置为红外热像仪温度范围每一量程的最高、最低和中点，红外热像仪分别测取温度值，计算对温度的偏差。应满足测温准确度不超过 ±2℃ 或测量值乘以 ±2%（取绝对值大者）。

3）热灵敏度（NETD）：在观察低空间频率标准四杆靶的情况下，当其视频信号的信噪比（S/N）为 1 时，观察人员可以分辨的最小目标即目标与背景之间的等效温差。当 50mm 焦距、相对孔径为 1 时，NETD 宜小于 0.15K。

4）连续稳定工作时间：将标准源黑体温度设定为 50℃，每隔 10min 测量一次，不操作红外热像仪，只读取数据，计算温度的偏差，应满足测温准确度的要求。测试时间根据红外热像仪的类型规定为：在线式不小于 10h；离线型不小于 2h。

5）测温一致性：按规定设置测温距离，设定精密低温面黑体温度，将面黑体分为九个区域，且和红外热像仪视场区域相对应，面黑体的图像充满图像并清晰成像。记录现场每个区域中心点温度，计算各点对中心区域点温度的偏差值。

结果应满足：一般检测不超过 ±2℃（0 ～ 100℃），精确检测不超过 0.5℃（0 ～ 100℃）。

注：在不用面黑体源的情况下，建议使用低温腔式精密黑体源进行测温一致性检验。

6）环境温度影响：将红外热像仪置于恒温恒湿箱内，操作方法如下：

① 设置黑体温度为红外热像仪测温范围内的任一温度。

② 将可控环境温度的恒温恒湿箱设置到 20℃，待其稳定后，保持 2h 后开启红外热像仪，15min 后开始测量黑体的温度。

③ 记录该读数 t_0，然后关闭红外热像仪，设置恒温恒湿箱的温度为 –10 ～ 50℃，保温 2h 后开启红外热像仪，15min 后测量黑体温度，记录该读数 t。

结果应满足测温准确度的要求。

（3）校验实验室的基本要求

1）环境要求：根据 GB/T 19870—2018 相关要求，实验室室内照明不得使图像质量受到明显的影响，实验室温度为 23℃ ±5℃；相对湿度为 40% ～ 80%，达到清洁要求。

2）检测仪器要求：

① 精密低温面黑体：温度范围为 –25 ～ 100℃（100mm×100mm 面阵）；温度均匀性为 ±0.05℃；准确度为 ±0.03℃；辐射率为 0.97±0.02；稳定度为 ±0.05℃。

② 腔式低温精密黑体：温度范围为 –25 ～ 100℃；准确度为 ±0.2℃；辐射率为 0.99±0.01；稳定度为 ±0.05℃。

③ 腔式中温精密黑体：温度范围为 50 ～ 1050℃；准确度为 ±0.6℃或 ±0.2%（取绝

对值大者）；辐射率为 0.99±0.01；稳定度为 ±0.1℃。

④准直光管（平行光管）：焦距至少大于被测红外热像仪所用镜头焦距的 3 倍，通光口径大于红外热像仪接收口径的准直径，产生平行光束来模拟无穷远处的红外辐射。

⑤其他要求：应具备光学平台、靶标切换系统、高分辨率监视器、计算机及信号采集处理系统等设备。

3）检测仪器的误差：仪器设备的允许误差不应大于被控参数允许误差的 1/3，并按照国家有关计量法规进行选择和周期检定。

4.1.4 固定机场的维护与检查

固定机场作业常见故障有电源故障、通信链路故障、机械故障、外力破坏等。每次作业前应当开展常规性设备维护与检查，一般无人机固定机场主要为机械结构，其齿轮、导轨等设备需要定期涂抹润滑黄油进行连接处润滑，机场内、外部需要定期清洁。

为保障固定机场正常运行，可以定期正常开展或在设备异常时逐项开展设备检查。

1. 机械部分检查

1）检查机场本体、气象杆表面有无损坏、变形、缺失、锈蚀、涂层剥落等。

2）清理机场内部杂物。

3）检查机场内部无漏雨渗水。

4）检查密封条有无老化、开裂、发硬、撕裂、黏结、缺少等异常。

5）检查前后指示灯工作正常。

6）检查机场接地正常，接地线无断裂松动。

7）检查机场、气象杆进出走线，电缆无损坏，电缆槽、盖板等防护正常。

8）检查内部零件锈蚀情况，如图 4-1 所示。

9）注意导轨润滑保养，如发现缺油或干结须进行润滑处理。

10）检查润滑盒有无损坏、脱落、少油，如图 4-2 所示。

图 4-1 零件锈蚀

图 4-2 挂载润滑盒

11）开机，所有运动组件动作各来回 5 次，各动作须平顺、无异常、无异响。

12）检查归中杆无损坏、变形、歪斜等。

13）检查起落架处感知探针有无变形、损坏。

14）检查平台贴纸二维码区域完好。

15）检查齿轮润滑情况。

16）检查齿轮啮合情况，无磨损、无断齿异常。

17）检查天线组件打开和闭合位置有无异常。

18）检查机库内部是否整洁无异物。

19）检查其他机械异常情况。

2. 电气及无人机部分检查

1）检查电气柜中的各个空气开关有无跳闸，电气设备正常供电。

2）检查空调和风扇是否正常工作。

3）平台干净，位置正确。

4）无人机处于固定待命状态，机身桨叶整洁无异物。

5）检查遥控器充电正常，MSDK 供电正常。

6）应保持机库的正常通电上电，长时间不使用时应全部复位一下，检查各个电动机的状态，然后再归位并固定无人机；当出现断电后来电时，应手动执行复位操作。电气设备总线如图 4-3 所示。

图 4-3 电气设备总线

4.1.5 数据传输链路的维护

1. 我国对无人机使用频段的规定

无人机通信链路需要使用无线电资源，目前世界上无人机的频谱使用主要集中在 UHF、L 和 C 波段，其他频段也有零散分布。我国工信部无线电管理局初步制定了《无人机系统频率使用事宜》，其中规定：

1）840.5～845MHz 频段可用于无人机系统的上行遥控链路，其中，841～845MHz 也可采用时分方式用于无人机系统的上行遥控和下行遥测信息传输链路。

2）1430～1446MHz 频段可用于无人机系统下行遥测与信息传输链路，其中 1430～1434MHz 频段应优先保证警用无人机和直升机视频传输使用，必要时 1434～1442MHz 也可以用于警用直升机视频传输。无人机在市区部署时，应使用 1442MHz 以下频段。

3）2408～1440MHz 频段可用于无人机系统下行链路，该无线电台工作时不得对其他合法无线电业务造成影响，也不能寻求无线电干扰保护。

2. 无人机数据传输链路维护

无人机数据传输链路的维护是确保无人机可靠通信的关键。以下是一些无人机数据传输链路的维护方法。

（1）定期检查硬件设备

1）天线检查：定期检查天线的物理状态，确保没有损坏或腐蚀。同时，检查天线接收器是否牢固，接触良好。

2）发射和接收设备：检查发射和接收模块是否正常工作，包括功率输出、灵敏度等参数是否符合规格。

3）电缆和连接器：检查所有电缆和连接器是否有破损、松动或氧化现象，确保信号传输无障碍。

（2）软件和固件更新

1）定期更新固件：制造商可能会发布固件更新来修复已知问题或提高性能，应定期检查并更新无人机通信设备的固件。

2）软件配置检查：确保通信链路的软件配置正确，包括频道设置、编码解码器配置、调制解调器参数等。

（3）性能监测

1）信号强度监测：使用监测设备检查无人机与地面站之间的信号强度，确保信号在可接收的范围内。

2）误码率测试：通过专门的测试设备或软件，监测数据传输的误码率，以评估链路的质量。

（4）环境因素考虑

1）抗干扰措施：评估无人机飞行区域的电磁环境，采取必要的抗干扰措施，如频率跳变、滤波器使用等。

2）天气影响：考虑恶劣天气条件对数据传输链路的影响，必要时采取防护措施，如使用防水天线罩。

（5）预防性维护

1）定期清洁：定期清洁无人机通信设备，包括天线、发射接收模块等，以防止灰尘和污垢影响性能。

2）防护措施：在恶劣环境下飞行时，采取额外的防护措施，如防振、防尘、防潮等。

（6）应急准备

1）备用设备：准备备用天线、发射接收模块等关键部件，以备紧急情况下快速替换。

2）应急通信方案：制定应急通信方案，如备用频率、备用通信链路等，以应对突发情况。

（7）专业培训

1）操作培训：对操作人员进行专业培训，确保他们了解无人机数据传输链路的基本原理和维护方法。

2）维护培训：培训维护人员掌握必要的维护技能，能够及时处理常见的通信问题。

（8）记录和报告

1）维护记录：记录所有的维护活动，包括日期、时间、维护内容、发现的问题及解决措施等。

2）故障报告：对于发生的故障，编写详细的故障报告，分析原因，并制定预防措施。

4.2　故障诊断与处理

4.2.1　无人机故障诊断与维修

　　无人机是机械动力结构与电子设备的结合体，涉及诸多电力组件与电子芯片，以及无线电信号设备，且无人机作为自动化控制系统，其核心部件是飞控，当设备出现故障时，通常会由飞控进行故障判断并发出提示指令。由于无人机故障种类繁多，故障生成的原因也无法直观地通过简单的观察与拆解来进行诊断与修复。因此无人机的故障诊断与修复方式往往结合了硬件修理与软件修复的过程。

1. 故障诊断方法

　　由于无人机型号及提供商的差异，故障类型往往差异很大，常见的无人机故障诊断方法见表 4-10。

表 4-10　常见的无人机故障诊断方法

故障现象	诊断方法
开机后解锁电动机不转	检查是否正确执行解锁起飞操作（内八或外八解锁）
	通过控制终端或调参软件查看飞控异常状态，并根据提示检查具体故障
	检查控制终端各通道是否能满行程滑动，检查通道是否反向
	检查电调是否可正常工作，是否存在兼容性问题
	检查控制终端与无人机是否已正确对频
无人机飞行时异常振动	重新校准 IMU、指南针，检测故障是否仍旧出现
	检查 IMU 及 GPS 位置是否保持固定，连接相应调参软件检查 IMU 及 GPS 安装位置偏移参数是否正确
	检查无人机结构强度，通过拿起无人机适当摇晃，看机臂及中心是否有松动，可以在空载和满载的状态下分别进行测试
	如故障依旧，需要通过调参软件连接无人机查看飞控感度\PID值变化，进行重新设置
无人机出现 GPS 长时间无法定位	确认当前环境是否处于空旷无建筑物区域，并将无人机远离电塔、信号基站等强辐射干扰源
	观察 GPS 搜星状态，是否能接收到少量卫星信号，并尝试更换放置位置，是否出现卫星信号变化，如卫星数有增加，建议继续等待
	如果卫星数长时间为 0，且重启后故障依旧，需尝试更新无人机固件，并检查 GPS 与机身飞控连接是否正常
无人机开机出现鸣叫声	重启无人机，检查故障是否依旧
	连接调参软件或控制终端，检查是否有提示电调异常或飞控错误
	更新无人机固件，检查故障是否依旧
	检查电调与飞控间连线是否有松动或断裂
	调试电源，检查是否有异常
无人机电池无法正常充电	检查电池指示灯是否有提示，并结合指示灯信号指示说明确认电池具体的错误状态
	检查电池供电是否正常、有备用充电器或电池可以交叉测试
	检查当前环境是否温度过高或过低，超过电池正常充电温度范围
	如电池指示灯不亮，可以先尝试将电池插入充电器等待 30min，再检查电池是否有正常电量提示
	如电池指示灯完全无反应，且充电器确认完好，则确认为电池供电问题，需要专业人士进行检查维修

2. 故障排除方法

常见的无人机故障排除方法见表 4-11。

表 4-11 常见的无人机故障排除方法

常见故障	解决方法
无人机无图像显示	检查控制终端或图传设备连接是否正常，如有异常需重新对频
	检查连接线是否连接完好，确保无破损现象。确保云台相机正确安装并可以通过自检，如出现连接异常，应检查云台接口的金属触点是否有变形、氧化现象，并尝试重新安装云台相机
	在控制终端内检查图传设置是否正确。若条件允许，尝试更换控制终端与无人机对频进行替换测试
	若在固件升级后无图像显示，应确认控制终端和无人机固件升级版本是否兼容
	如果在飞行过程中出现"无图传信号"，排除环境干扰，建议切换图传信号通道，若信道质量依然较差，应检查控制终端天线位置摆放，将无人机往远前方飞行，保持控制终端天线与天空端的天线平行；无人机若在头顶，应将控制终端天线打平放置，使得无人机信号接收在最佳范围内
	若依旧干扰严重，则可能是环境干扰严重，考虑更换作业场地
	如通过图传设置的外置信号接口（HDMI）可以正常输出信号，则需判断控制终端或图传显示端故障，需请专业人士维修
	如无人机是在发生碰撞后导致无图传，建议将图传模块进行具体故障检测
无人机解锁后无法起飞	检查控制终端油门杆是否有控制电动机转动，如果没反应则可能是控制终端杆量或通信异常，尝试重新校准摇杆
	如油门杆有控制电动机，但电动机加速不明显无法飞行，应确认控制终端操作手模式是否设置正确
	如电动机转速正常，需检查无人机桨叶是否装反，如果检查无误，尝试重新校准 IMU 再尝试
	检查无人机整体载荷是否超过无人机许可的最大起飞重量
控制终端无法正常控制云台	检查是否能通过控制终端正常控制云台参数，如正常，则尝试重新校准控制终端或调整控制终端按键映射选项，看是否正常
	如无法通过控制终端调整，则检查云台安装是否正常，尝试重新安装或更换云台测试是否为云台故障
	如更换云台依旧无法正常操控，尝试对无人机固件进行更新升级
	检查云台与飞控的控制连接线是否正常连接
无人机飞行限高	确认当前飞行环境不属于限高限飞区范围
	检查无人机是否正常激活或是否处于训练模式
	检查无人机与控制终端连接是否正常，有无异常信息提示
	通过控制终端或调参软件检查无人机是否设置了限制飞行高度
	尝试升级无人机和控制终端固件
无人机飞行时掉高	确认无人机飞行环境是否存在大风或气温突变的情况，影响气压计高度判断
	检测无人机散热通风模块是否有堵塞，影响气压计判断
	确认无人机处于正确的飞行模式，检查控制终端油门杆是否有偏移
	尝试重新校准 IMU，对于部分有下视距离传感器的机型，尝试进行校准设备
	检查无人机使用时长，升级飞行器固件

3. 维修

当无人机通过故障诊断及故障排除方法后仍无法达到作业要求时，应将无人机寄送至原无人机制造商或经原无人机制造商授权的服务商进行维修。不同设备的维修方式不尽相同，常见的维修内容见表 4-12。

表 4-12　常见的无人机维修内容

序号	项目	内容
1	外壳	破损、变形严重应维修更换
2	桨叶	破损、变形严重应维修更换
3	机身主体	整体破损、变形严重应维修更换
4	脚架	破损、变形严重应维修更换
5	控制终端	外壳破损、变形严重需维修更换，按键失效，指示灯不亮等
6	挂载相机	外壳破损、变形严重需维修更换，镜头破损、无法对焦
7	充电器，连接线、存储卡、平板计算机/手机、检测设备、计算机、存储箱、拆装工具等配套设施	破损、变形严重应维修更换
8	电调	无法正常工作，应维修更换
9	天线	无法传输信号，应维修更换
10	对频	机身与控制终端无法重新对频
11	云台	连接部分变形、破损严重等，转动部分无法控制
12	电池	电池插口破损严重，排线断裂，电池破皮、鼓包，电压压差不符合要求等
13	发动机	发动机缸体出现漏油、堵转、无法启动等
14	电动机	无法正常转动
15	机臂	变形、破损严重，无自检合格信号
16	飞控	变形、破损严重，无控制信号输出，无法正常工作
17	视觉及红外传感系统	无法感知及反馈信号

4.2.2　可见光设备一般故障排查方法

表 4-13 中是手持式可见光相机的一般故障及排查方法进行了汇总，使用时可对照进行简单的故障排查，部分排查内容同样适用于机载可见光设备。

表 4-13　手持式可见光相机一般故障及排查方法

常见故障	解决方法
相机无法开启	电池电量已耗尽：将电池充电或插入充满电的备用电池
	电池未正确插入：按照正确方向重新插入电池
	电池盒盖未关好：关好电池盒盖。

无人机巡检培训教程

（续）

常见故障	解决方法
显示屏无法开启	若在相机关闭后迅速开启相机，显示屏可能不会开启。半按住快门按钮，直至激活显示屏
电池电量迅速耗尽	电池过冷：将电池放在衣袋中或其他温暖的地方以使其回暖，然后在即将拍摄前将电池重新插入相机
	电池端子上有脏物：用柔软的干布清洁电池端子
	GAF/MF 设置→ PRE-AF 选项：关闭 PRE-AF
	电池已老化：更换新的电池
相机突然关闭	电池电量已耗尽：将电池充电或插入充满电的备用电池
充电无法开始（USB）	插入相机电池
	按照正确方向重新插入相机电池
	确认相机已连接至计算机
	如果计算机处于关闭状态或睡眠模式，应开启或唤醒计算机，然后断开并重新连接 USB 线
充电无法开始（电池充电器）	插入电池
	按照正确方向重新插入电池
	确保充电器插头正确插入
	确保插头适配器正确连接至充电器
充电缓慢	在室温下为电池充电
指示灯闪烁，但电池未充电	电池端子上有脏物：用柔软的干布清洁电池端子
	电池已达最终的充电寿命；应购买新电池
不显示电源图标	确认 USB 电源设置已选为开
显示的语言不是简体中文	在"用户设置"→"语言 /LANG"中选择"中文简"
按下快门按钮时未拍摄照片	存储卡已满：插入一张新的存储卡或删除照片
	存储卡没有格式化：格式化相机中的存储卡
	存储卡接触面有脏物：用柔软的干布清洁存储卡的接触面
	存储卡已损坏：插入一张新的存储卡
	电池电量已耗尽：将电池充电或插入充满电的备用电池
	相机已自动关闭：开启相机
	使用的是第三方转接环：在"无镜头拍摄中"选择"开"
半按快门按钮时，显示屏或取景器中出现斑点	拍摄对象光线不足且光圈缩小时会提高增益补偿以辅助构图，这可能导致图像在屏幕中进行预览时出现很明显的斑点
相机无法对焦	拍摄对象不适合使用自动对焦：使用对焦锁定或手动对焦
按下快门按钮时未记录全景照片	当试图拍摄全景照片时指示灯呈橙色：等待指示灯熄灭

（续）

常见故障	解决方法
闪光灯不闪光	闪光灯禁用：调整设定
	电池电量已耗尽：将电池充电或插入充满电的备用电池
	相机处于包围或连拍模式：选择单幅画面模式
	闪光灯已降下：升起闪光灯
无法使用某些闪光灯模式	按键音和闪光选为：开
闪光灯无法完全照亮拍摄对象	拍摄对象不在闪光范围内：将拍摄对象置于闪光范围内
	闪光灯窗口被遮挡：正确持拿相机
	快门速度高于同步速度：选择较低的快门速度
照片模糊	镜头太脏：清洁镜头
	镜头被遮挡：让遮挡物远离镜头
	AF 在拍摄过程中出现且对焦框显示为红色：在拍摄前检查对焦
照片上有斑点	快门速度低且周围温度高：这属于正常现象而并非故障
	使用像素映射（X 射线、宇宙射线以及与图像传感器有相互作用的其他形式的辐射可能导致各种颜色的亮点出现，例如白色、红色和蓝色。像素映射有助于减少此类亮点的发生）
	在高温环境中持续使用相机：关闭相机并待其降温
	屏幕中显示一条温度警告信息：关闭相机并待其降温
无法进行回放变焦	照片由调整尺寸所创建，或由其他品牌或型号的相机所拍摄
动画回放中没有声音	回放音量过低：调整回放音
	麦克风被挡住：记录过程中正确持拿相机
	扬声器被挡住：回放过程中正确持拿相机
	按键音和闪光选为：开
所选照片没有删除，选择了"删除"→"所有画面"后照片仍然保留	后来删除的一些照片被保护。应使用最初设定保护的设备解除保护
文件编号意外重设	相机处于开启状态时，打开了电池盒盖。打开电池盒盖前，应先关闭相机
显示屏为空白状态	相机被连接至电视机：照片将显示在电视机而不是相机显示屏上
电视机和相机显示屏都显示空白	VIEWMODE 设置 → 限 EVF+SENSOR：将眼睛对准取景器或选择其他 VIEWMODE 设置选项
无法连接到 iPhone 或 iPad	将 USB 电源设置选为开。通过 Lightning 接口将相机连接到不供电的设备时，应选为关
无法连接至智能手机	确保相机已正确连接：连接相机的方式因智能手机配备的连接插孔类型的不同而异
无法连接至智能手机，进行连接或上传照片至智能手机时相机反应较慢，上传失败或被中断	智能手机距离太远：将设备移近些
	附近的设备产生无线电干扰：将相机和智能手机远离微波炉或无绳电话

无人机巡检培训教程

（续）

常见故障	解决方法
无法上传图像	智能手机已连接至其他设备：智能手机和相机一次只能连接一个设备。中断连接并重试
	附近有多个智能手机：尝试重新连接。多个智能手机的存在可能会导致连接困难
	图像是在其他设备上所创建：本相机可能无法上传在其他设备上所创建的图像
	图像为动画：上传动画需要一些时间。此外，上传的动画如果是以其不支持的格式录制，智能手机可能无法接收
无卡	仅当插有存储卡时才可释放快门。插入一张存储卡
卡未初始化	存储卡没有格式化，或者存储卡已在计算机或其他设备上格式化：使用用户设置→格式化存储卡
	存储卡接触面需要清洁：用柔软的干布清洁存储卡的接触面。如果仍显示错误信息，应格式化存储卡。格式化后若仍显示此信息，应更换存储卡
卡错误	存储卡未针对相机使用进行格式化：格式化存储卡
	存储卡接触面需要清洁或存储卡已损坏：用柔软的干布清洁存储卡的接触面。如果仍显示错误信息，应格式化存储卡。格式化后若仍显示此信息，应更换存储卡
	不兼容的存储卡：使用兼容的存储卡
卡保护	存储卡被锁定。应解除该卡的锁定
存储线路繁忙	没有正确地格式化存储卡。应使用相机格式化存储卡
存储介质满	存储卡已满，无法记录照片。应删除照片或插入一张有更多剩余空间的存储卡
写错误	存储卡错误或连接错误：重新插入存储卡或将相机关闭并重新开启
	没有足够的剩余存储空间记录更多照片：删除照片或插入一张有更多剩余空间的存储卡
	存储卡没有格式化：格式化存储卡
	记录数据时取出存储卡：数据记录期间切勿取出存储卡
读错误	文件已损坏或不是由本相机所创建：该文件无法查看
	存储卡接触面需要清洁：用柔软的干布清洁存储卡的接触面。如果仍显示错误信息，应格式化存储卡。格式化后若仍显示此信息，应更换存储卡
相机未做出反应	相机暂时出现故障：取出电池后将其重新插入
	电池电量已耗尽：将电池充电或插入充满电的备用电池
	相机被连接至无线网络：终止连接
	控制被锁定：按住"MENU/OK"按钮可解除对控制的锁定
相机无法正常工作	取出电池后将其重新插入。如果仍有问题，应与厂家联系
取景器或显示屏中的动作显得断断续续、不顺畅	当"性能"选为"节能"时，若在设定的时间内未进行任何操作，画面速率将会降低。标准画面速率将在操作相机控制后恢复
没有声音	调整音量
	按键音和闪光选为：开

4.2.3 红外设备一般故障排查方法

1. 红外照片拍摄不符合要求

（1）环境不符合红外巡视作业要求

1）环境温度低于 0℃。过低的环境温度，会使电力设备的热量迅速流失，尤其是因电压致热性缺陷而产生的异常温升，其数值往往低于 5K（1K=1℃），低温下更容易漏判此类缺陷。

2）环境相对湿度大于 85%。环境湿度过高对红外巡视工作有两方面的影响：一是大气中的水汽会吸收红外辐射，使红外相机接收到的辐射量不能真实反映目标情况；二是水汽可能凝结在电力设备表面，此时测温结果可能造成误判。

3）风速大于 5m/s。风速过大时会迅速带走电力设备散发的热量，此时进行测温分析可能会造成漏判，一般推荐在风速 5m/s 下进行测温巡视。

4）作业时间处于正午前后强光照时段。强烈的太阳光照，一方面会引起电力设备产生非负荷原因的温度升高，以温度值判定重要、紧急、一般缺陷等级时容易发生误判；另一方面也会让地面温度大幅升高，造成红外照片观感下降、设备对象不易辨认等情况。

5）有覆冰、覆雪、凝露等情况。覆冰、覆雪、凝露等影响目标设备向外辐射红外线，进而在测温结果上造成误判。

6）有雨、雾、霾、雪等气象情况。雨、雾、霾、雪等气象的影响机理与相对湿度类似。对于精确的复核测温工作，不仅作业当天应避开此类气象，在巡视前一天也应尽量避开降水等情况。

（2）拍摄距离不合理　以大疆系列的红外热成像相机负载为例，御 3 行业版 M3T 机型 iFOV 参数值为 1.3mrad，选取拍摄对象为难度极高的 ϕ18mm 复合绝缘子芯棒，通过计算可知，若要满足芯棒图像至少覆盖 3×3 个像素的要求，则拍摄距离应不大于 4.6m。使用更小 iFOV 的机型，可以允许在更远距离下进行拍摄，如图 4-4 所示。

图 4-4　御 3 行业版 M3T 示意

应首先尝试在距离目标 5m 的距离下进行拍摄，当使用经纬 M350 RTK、经纬 M30T 时，可通过激光测距（RNG）功能来判断与目标的距离；当使用御 3 行业版 M3T 时，可将避障告警距离设置为 5m，当 App 中避障感知罗盘变为黄色，且听到告警提示音时，代表无人机在水平方向上与目标距离为 5m。当云台俯仰角度不大时，可以用此来大致判断与目标物的距离。

（3）拍摄角度不合理　拍摄角度的选择总体上遵循"主体明确、背景单一、画幅饱满"的原则进行。对于一般目标，应优先使用云台上仰角度，尽量以纯净的天空为背景进行拍摄，避免塔材、建筑物、地表植被等复杂背景使得目标设备难以辨认，甚至在后续的分析处理环节中难以测量。

对于复合绝缘子，相机光轴（即云台角度）应保持与绝缘子垂直，这样可尽量避免伞裙对芯棒的遮挡。当现场条件不允许时，也可尝试调整云台为平视或俯视进行拍摄。此时应保持拍摄对象位于画面中心，以便辨认分析。

还存在一种特殊情况，表面光滑的电力设备往往会反射大气温度，此时对其进行红外拍摄，可能会检测出异常的低温数值甚至负值温度，这样的测温结果并不代表设备本身的温度值。遇到这种情况时，可尝试调整拍摄角度或者更换作业时间进行规避，无法规避时也应结合其他检测手段来判断设备状态。

2. 设备无法使用

（1）设备连接不当　这是造成红外热成像设备故障的常见原因之一，设备连接不当，易出现短路、断路等情况，造成设备的性能受损。

（2）性能参数配置不当　不同性能的红外设备匹配不同机型，配置不当则设备无法使用。

无人机机载红外热成像设备，一般都是工业成品，不容易发生故障，若发现故障需及时联系厂家进行修理。

4.2.4 无人机固定机场一般故障排查方法

无人机固定机场使用时遇到异常情况应该及时开展故障排查，避免损坏设备或造成影响扩大。后果较严重的故障有电池故障导致的飞行作业安全问题；外部电源断电导致机巢状态失管，未能及时对设备内部机构断点，导致无人机正常启动，但机场未能开启造成的硬件损坏情况。其他故障一般影响有限。

无人机固定机场一般故障排查方法如下：

（1）密封条故障　更换老化、开裂、发硬、撕裂、黏结、缺失的密封条。

（2）滑块无润滑油　往滑块内注油直至将老油排出。

（3）同步带松动或有跳齿　进行调整或加固。

（4）动作异常、异响　顶门、归中杆、无人机固定装置等异常动作，及时按下急停按钮，并联系厂家运维人员指导处理。

（5）内部零件严重锈蚀　用砂纸或油石打磨后，非运动工作面喷涂防锈油，运动工作面涂油脂，如锈蚀严重影响了动作功能或明显影响外观，则需更换。

（6）检查齿轮润滑不良　涂抹润滑脂。

4.2.5 无人机移动机场一般故障排查方法

1. 车载部分故障

（1）智能巡检车的轮胎缺气、漏气

1）检查轮胎是否扎有铁钉等异物、气门嘴损坏、轮毂变形。

2）将车驾驶至维修点进行补修。

3）若车辆无法继续安全行驶，应联系维修站或者厂家进行上门服务。

（2）车辆行驶中制动无力或失灵

1）打开应急灯，提醒周围车辆。

2）多踩几次制动踏板，使制动力恢复的概率变大。

3）拉动驻车制动降低速度。

（3）车辆仪表盘油表指示灯常亮

1）以 60 ～ 80km/h 之间的经济时速行驶。

2）减少踩制动的次数，应匀速行驶。

3）关闭车上电子设备，如车载导航、车载空调和车载音乐等。

4）如果在高速上行驶，不能开空调和车窗。

5）规划好路线，并多注意路况，利用好手机导航，使车子顺利地到达加油站。

2. 无人机系统故障

（1）无人机出现 GPS 长时间无法定位

1）等待一会儿，GPS 冷启动需要时间。

2）如果等待几分钟后情况依旧没有好转，可能是因为 GPS 天线信号被屏蔽，GPS 被附近的电磁场干扰，则需要把屏蔽物移除，远离干扰源，将无人机放置在空旷的地域，看是否好转。

3）可能是 GPS 长时间不通电，当地与上次 GPS 定位的点距离太远，或者是在无人机定位前打开了微波电源开关。尝试关闭微波电源开关，关闭系统电源，间隔 5s 以上重新启动系统电源等待定位。

4）如果通过以上方法还不定位，可能是 GPS 自身性能出现问题，此时应联系供应商处理。

（2）无人机在自动飞行时偏离航线太远

1）检查无人机是否调平，调整无人机到无人干预下能直飞和保持高度飞行。

2）检查风向及风力，因为五级及五级以上的风也会造成此类故障，应选择在风小的时候起飞无人机（五级以下的风）。

3）检查无人机的飞行模式是否在 P 挡位置，若不在，可以手动拨杆至 P 挡。

（3）无人机控制电源打开后，地面站与遥控器未连接

1）遥控器是否打开。

2）地面站和遥控器的 USB 线是否连接。

3）网线是否连接。

4）以上操作后问题依旧，则需要重启平板计算机重新将遥控器与地面站连接。

（4）指南针异常无法起飞

1）按照地面站提示的步骤，校准地磁传感器。

2）远离电磁干扰强的区域，并将无人机放置在空旷区域起飞。

3）若继续提示异常，可重新启动无人机，若多次重启无效，可能是区域磁场干扰过大，则需要更换飞行地点。

（5）推动遥控器摇杆无人机不起飞

1）检查无人机是否打开电源系统。

2）检查无人机与遥控器是否适配，且连接状态是否正常。

3）检查遥控器油门日本手和美国手是否设置正确。

4）检查 RTK 是否进入固定解，如果不是可以在地面站上单击设置 RTK 来源。

5）检查电池是否安装到位。

6）检查是否解锁无人机，遥控器控制杆设为"内八"即可解锁。

（6）无人机直接原地降落

1）系统检测到在巡检过程中的无人机距离杆塔过近且地面站提示危险，无人机长时间的悬停，则不能继续完成飞行任务，需要根据现场情况人工接管使其安全降落。

2）当无人机电池电量在 10% 以下时会导致无人机原地降落，此时进行人工接管，控制无人机以最短的时间安全降落。

（7）无人机 RTK 信号差　将无人机放置在升降平台上，然后将升降平台升至最高，搜星等待，如果时间过长（大于 5min），需要对无人机进行重启。重启依旧没用的话，需要重选驻车地点，将无人机移动机场移至空旷处。

（8）无人机炸机　首先确认是否伤及行人和公共财产，每台无人机都会配置第三方责任险，第一时间将情况上报。如果无人机电池起火，应远离并驱散周围人群。如果仅仅是无人机损坏，应收拾好无人机配件，待进一步查找问题。

（9）DJI RTK 基站坐标校正问题　在飞行前需要使用中海达 RTK 连接千寻网络，对 DJI RTK 基站坐标进行校正，校正使用 IP 为 60.205.8.49，端口号为 8002，源节点为 RTCM32_GGB，不能使用其他 IP 和端口号。

3．起降平台常见故障

（1）对中传感器未感应到机构运行到位

1）检查对中的中间 2 个传感器（执行合拢动作时）外侧的 2 个光电传感器（执行打开动作时）是否工作正常。

2）检查传感器灯是否完好无损，传感器上指示灯能正常亮灭（凹槽无遮挡物时亮，有遮挡物时灭）。

3）检查遮光片是否正常移动到凹槽内。

4）检查传感器的固定螺钉是否有松动引起传感器位置变动。

5）检查遮光片的固定螺钉是否有松动。

（2）指示灯亮红灯　当平台上升 / 下降时不动作，或者动作了一下就停止，同时指示灯亮红灯，且急停、复位后无法解除。检查电控箱内服务器驱动器显示面板是否显示为 0。若显示 err××.× 则表示电动机故障。具体故障代号应联系设备维护人员。

（3）左右升降电动机高度差较大　检查平台是否有明显倾斜，若倾斜则为异常，可能会引起电动机故障。此时应将设备断电，拔掉电动机驱动器驱动线缆后重新上电，平台会自动下降并调平，等待平台自动恢复至下限位后，断电重新接好电线后恢复。

（4）指示灯亮绿灯　平台上升到位后，对中机构打开后停止，指示灯仍然为绿灯，检查对中打开传感器螺钉是否松动，并将对中打开传感器向平台中心方向移动 1～2mm。

（5）升降平台异常处理　升降平台在工作过程中可能会因为人为操作失误发生故障，

此时需要按下"急停"按钮，待升降平台停止动作后，按箭头指示方向旋转"急停"按钮，再按下"复位"按钮，待平台回归初始位置，再进行作业。

4. 环境感知系统及车辆管理系统常见故障

（1）系统提示电池包温度过高，或者听到有打火的声音　第一时间切断电源，人员迅速离开作业车，并告知周围人员远离。

（2）系统提示绝缘故障　检查系统是否因为进水造成的，然后将具体故障代号告知维护人员，不能私自拆开电池包。

（3）系统提示其他故障　温度异常，电流过大，自检未通过等，然后将具体故障代号告知维护人员，不能私自拆开电池包。

（4）电池包启动失败　首先关闭设备开关、电池包开关，待风扇停止转动 20s 后，开启电池包开关，然后等待 1min 后开启设备开关，观察是否上电。

5. 其他故障

（1）出现无人机漏拍的情况

1）使用 USB 数据线将遥控器和高亮显示屏连接。

2）在高亮显示屏 Home 页面向右滑动，单击"配置"选项。

3）向上滑动屏幕找到并单击"对焦后等待时间（单位：ms，正整数）"，将值改成 6000。

（2）接收不到任务　进入 logvis，将服务配置界面的 isFangtianDataCheck（无数据类型检测开关）由"true"改为"false"（任务数据不校验可能会有风险）。

（3）同一无人机不重启，进行第二次任务，第二次任务结束后，前端任务状态不会变为完成状态　无人机每次任务结束后，重启无人机。

（4）中海达 RTK 异常提示

1）RTK 会不停重启，尝试恢复正常数据。

2）等待两三分钟，如果还不正常，挪车搜星。

3）打电话查询话费，确认是否停机。

（5）遥控器中 SIM 卡停机　多次挪动无人机移动机场、地面站和无人机仍不能正常连接的话，此时需要人工查话费确认是否停机。

4.2.6 无人机通信链路故障排查

1. 无人机通信链路故障现象

1）通信中断：无人机与地面站之间无法建立通信连接。

2）通信质量下降：信号传输过程中出现误码、丢包等现象，影响无人机飞行安全和任务执行。

3）通信延迟：信号传输延迟较大，导致无人机响应迟缓。

2. 故障原因分析

1）硬件故障：发射端、接收端、天线等硬件设备损坏或性能下降。

2）软件故障：通信协议、调制解调器等软件配置不当或故障。

3）外部干扰：电磁干扰、地形遮挡、气候条件等因素影响通信链路。

3. 无人机通信链路恢复

（1）无人机通信链路故障排查流程

1）检查硬件设备：检查发射端、接收端、天线等硬件设备是否正常。

2）检查软件配置：确认通信协议、调制解调器等软件配置是否正确。

3）分析外部干扰：排查电磁干扰、地形遮挡、气候条件等因素。

（2）无人机通信链路故障恢复措施

1）硬件故障恢复：更换损坏的硬件设备，确保设备性能满足通信需求。通常需要返厂进行维修。

2）软件故障恢复：重新配置通信协议、调制解调器等软件，消除软件故障。

3）干扰应对：采用频率跳变、编码调制等技术，降低外部干扰对通信链路的影响。

第5章　应急处置与安全管理

目标和要求： 掌握无人机应急处置与安全管理的全面知识，包括紧急情况处理、风险评估、安全管理、事故案例分析、法律责任认知、网络安全防护、高密度空域管理及事故后处理流程，以提升飞行安全和作业效率。

重点和难点： 重点在于紧急情况的快速响应与决策，以及风险评估的实施；难点涉及人工智能在隐患发现的应用、网络安全防护的实现、高密度空域作业的协调，以及事故后正确证据收集与报告的专业性。

5.1　飞行中的应急处理

为了保证巡检任务的安全顺利完成，在无人机巡检前应设置失控保护、低电量返航、自动返航等必要的安全策略。如遇天气突变或无人机出现特殊情况时，应进行紧急返航或迫降处理。当无人机发生故障或遇到紧急的意外情况时，除按照机体自身设定的应急程序迅速处理外，需尽快操作无人机迅速避开高压输电线路、人员密集区，确保人民群众生命和电网的安全。

1. 无人机空中设备故障及异常报警应急处理

（1）无人机视距外飞行 GPS 丢星　无人机在视距外飞行出现 GPS 丢星，若此时无人机图传正常，有机载视频能提供引导，可以仿照 FPV 模式，将无人机飞回；如果飞控姿态还持续有效，数据链路也仍然有效，可用姿态遥控模式将其飞回。

（2）通信失效　无人机在飞行过程中突发遥控器失效的情况且长时间未能连接，可通过设置的低电量返航模式等待无人机返航，需要注意无人机起飞前应设置安全的返航高度。

（3）电动机停转　多无人机在飞行过程中遇到个别电动机停转时，无法完全手动操作无人机迫降，若无伞降装置，则应最大限度地做好地面安全处置并回收无人机。六旋翼、八旋翼无人机在遇到个别电动机停转时，应迅速将飞行模式切回手动模式或姿态模式，运用360°悬停的修正方式找准无人机机头，若海拔偏高，应采取"Z"字下降路线，尽量避免垂直下降。

（4）指南针异常　当指南针受到干扰，无人机为减少干扰将自动切换到姿态模式，飞行时可能出现漂移现象。此时应该避免慌乱操作，建议轻微调整遥杆，保持无人机稳定离开干扰区域并尽快降落到安全地点并重新校准指南针。

（5）坠机后续处理　无人机发生故障坠落时，工作负责人应立即组织机组人员追踪定位无人机的准确位置，及时找回无人机。无人机上的iOSD部件（类似黑匣子的作用）里保存了飞行数据，将飞行数据导出，提交给技术人员或厂家进行分析，如果录制了视频，可将视频一并提交。因意外或失控，无人机撞向杆塔、导线和地线等造成线路设备损坏时，工作负责人应立即将故障现场情况报告分管领导及调控中心。同时，为防止事态扩大，应加派应急处置人员开展故障巡查，确认设备受损情况，并进行紧急抢修工作。

发生事故后，应在保证安全的前提下切断无人机所有电源。应妥善处理次生灾害并立即上报，及时进行民事协调，做好舆情监控。工作负责人对现场情况进行拍照记录，确认损失情况，初步分析事故原因，撰写事故总结并上报有关部门。巡检人员应将坠机事故报告等信息进行记录更新。

2. 天气突变应对策略

（1）保持与气象部门的沟通　在飞行前，应与当地气象部门进行沟通，了解天气情况和风切变情况。如果遇到特殊天气，应调整飞行计划或取消飞行。

（2）调整飞行速度和高度　根据风切变的实际情况，适当调整无人机的飞行速度和高度。在风切变较大时，应降低飞行高度并减小飞行速度，以减小风力对无人机的影响。

（3）及时调整飞行参数　面对突发气象条件时，操作员需要根据实际情况及时调整飞行参数。对于强风，应增加无人机的俯仰和横滚角，以抵消风力影响，并减小飞行速度，以避免姿态不稳定。

（4）紧急降落或返航　在遇到天气突变时，如强风、雷暴、降水等，无人机应尽快执行紧急降落或返航程序。

5.2　安全管理与风险评估

5.2.1　缺陷与隐患分级及分类

在电力系统中，配网线路是电力系统中最重要的部分，它的结构比较复杂，如果出现故障，排除或者解决会非常麻烦，因此，要充分了解造成配网线路故障的原因，并采取积极有效的应对策略，将配网线路故障隐患消除在萌芽状态中。

1. 配网缺陷的形成因素及发现手段

配网缺陷是指配网设备在制造运输、施工安装、运行维护等阶段发生的设备质量异常现象，包括不符合国家法律法规、国家（行业）强制性条文、违反企业标准或反事故措施（简称"反措"）要求，不符合设计或技术协议要求，未达到预期的观感或使用功能，威胁人身安全、设备安全及电网安全的情况。

（1）配网缺陷的形成因素　主要受环境和人为、设备 3 种因素的影响。

1）环境因素：环境因素在影响配网故障的因素中是比较常见的，包括自然因素及生态因素。在自然因素中，引起配网故障最普遍的原因是雷击和台风，这两种自然现象的破坏性比较大。生态因素指一些鸟类在春秋之时大面积迁徙，电线及线杆是鸟儿最容易选择的栖息之地，这样会为高空架线带来一定的安全隐患。

2）人为因素：人为因素是指人的有意或者无意间的行为，使配网发生故障。人的有意行为：高架线路一般都是铜线电缆，有些人为了一些私利，偷盗或者破坏架线、变压器或者开关等电力设施，导致区域性电力阻碍，发生停电断电的现象。人的无意行为：由于经济的发展，电力网日渐繁密，高网架空线路稠密，电缆分布密集，有些城乡居民的用电意识弱，一些无意的行为，比如利用电杆晾晒衣服、在高空架线旁边玩耍、不会避开高空架线，都容易造成短路和接地。

3）设备因素：

① 设备老化导致配网故障。在配网设备运行过程中，由于存在电热、化学反应或者环境因素的影响，设备表面发生锈蚀、损坏等不同程度老化毁损，致使设备不堪负荷，发生配网故障。

② 设备使用不当造成配网故障。由于不注重使用方式，常使变压器三相不平衡运行、超负荷运行等，使变压器产生故障影响配网的正常工作。

③ 配网设备由于性能过于落后老化，没有及时更新，导致负载过重，引起电压失调、设备烧坏等故障。

（2）缺陷的发现手段　无人机巡检技术手段一般有可见光、红外线和紫外线、声纹等四类方法。巡检周期需要在大量缺陷分析的基础上来确定。

1）采用多旋翼无人机搭载可见光设备，以杆塔为单位，通过调整无人机位置和镜头角度，对架空线路杆塔本体、导线、绝缘子、拉线、横担、金具等元件，以及变压器、断路器、隔离开关等附属电气设备进行多方位的图像信息采集。

2）通过红外热成像仪对物体热辐射所发出红外线的特定波段（长波大气窗口为 8～14pm）进行检测，将物体不可见的红外辐射转换成可见的温度图像，以不同的颜色代表不同的表面温度，可检测到设备因接触不良、涡流等电流致热型缺陷。适用于接头部位、干式电抗器、互感器、避雷器、套管等设备发热缺陷检测和只要有温度异常的设备缺陷检测。

3）基于声纹检测技术开展异常检测（局放、异常噪声和铁塔螺栓松动），对被检设备抓拍、录像。依托边缘计算芯片，通过 AI 算法实现局放定位与声纹分析，智能诊断不同放电模式；通过内置声纹处理分析软件，实时呈现超声的时域特征图和局放PRPD 图谱，辅助判断局放严重程度；针对沿面放电、悬浮放电、电晕放电等局放现象以及螺栓松动等查找，及时定位线路运行隐患和设备缺陷，辅助检修人员快速准确地发现故障隐患点，及时消除。

4）通过无人机挂载紫外设备，利用太阳盲区滤片加紫外光探测器，检测电压强度异常引起的紫外辐射、电晕放电型缺陷；通过精准显示的紫外视频图像来检测电力线路中的电晕现象，然后结合探测到的电晕以及电气放电，叠加可见光图像，直观显示电晕以及放电区域，辅助巡检人员判断电晕位置与电晕放电的多种可能性，进而对引起放电的设备进行故障诊断。

2. 配网缺陷及隐患等级分类要求和标准

（1）缺陷等级分类　根据 Q/GDW519—2010《配电网运行规程》，配电网设备缺陷等级划分为一般、严重和危急缺陷三类。

1）一般缺陷：设备本身及周围环境出现不正常情况，一般不威胁设备的安全运行，可列入年、季检修计划或日常维护工作中处理的缺陷。

2）严重缺陷：设备处于异常状态，可能发展为事故，但设备仍可在一定时间内继续运行，须加强监视并进行检修处理的缺陷。

3）危急缺陷：严重威胁设备的安全运行，不及时处理，随时有可能导致事故的发生，必须尽快消除或采取必要的安全技术措施进行处理的缺陷。

（2）缺陷及隐患管理

1）运行单位应制定缺陷及隐患管理流程，对缺陷及隐患的上报、定性、处理和验收等环节实行闭环管理。

2）运行单位应建立缺陷及隐患管理台账，及时更新核对，保证台账与实际相符。

3）缺陷管理的流程：运行发现—上报管理部门—安排检修计划—检修消缺—运行验收，形成闭环管理，缺陷管理资料应归档保存；缺陷管理实行网上流转的，也应按以上闭环管理流程从网上进行流转管理。

4）危急缺陷消除时间不得超过 24h，严重缺陷应在 7 天内消除，一般缺陷可结合检修计划尽早消除，但应处于可控状态。设备带缺陷运行期间，运行单位应加强监视，必要时制定相应应急措施。运行单位定期开展缺陷统计分析工作，及时掌握缺陷消除情况和缺陷产生的原因，有针对性地采取相应措施。

5）事故隐患排查治理应纳入日常工作中，按照"（排查）发现—评估—报告—治理（控制）—验收—销号"的流程形成闭环管理。根据可能造成的事故后果，事故隐患分为重大事故隐患和一般事故隐患两级。

① 重大事故隐患：是指可能造成人身死亡事故，重大及以上电网和设备事故的事故隐患。

② 一般事故隐患：是指可能造成人身重伤事故，一般电网和设备事故的事故隐患。

（3）缺陷及隐患管理基本原则　缺陷及隐患管理的基本原则是确保电力配网安全稳定运行的核心环节，主要包括以下几个方面。

1）坚持及时发现、及时消除的原则。

2）坚持消缺工作列入计划的原则。

3）坚持缺陷台账定期审查的原则。

4）坚持治小病、防未病的原则。

3. 配网线路缺陷分类标准

（1）杆塔部位的缺陷分类标准　见表 5-1。

表 5-1　杆塔部位的缺陷分类标准

缺陷表象描述	缺陷类别	严重等级	缺陷部位
塔高 50m 以上，杆塔倾斜度：5%	杆塔倾斜	危急缺陷	杆塔
塔高 50m 以下，杆塔倾斜度：10%	杆塔倾斜	危急缺陷	杆塔
钢筋混凝土杆，杆塔倾斜度：10%	杆塔倾斜	危急缺陷	杆塔
横梁歪斜度 >10%	杆塔倾斜	危急缺陷	杆塔
钢管杆杆顶最大挠度：直线杆 >10%	杆塔倾斜	危急缺陷	杆塔
钢管杆杆顶最大挠度：转角杆 >15%	杆塔倾斜	危急缺陷	杆塔
钢管杆杆顶最大挠度：终端杆 >7%	杆塔倾斜	危急缺陷	杆塔
塔材缺失并严重危及杆塔安全，如主材节点板缺失、一基塔同时缺失塔材 10 条以上、螺栓缺失 3% 以上	塔材缺损	危急缺陷	杆塔
带钢圈的砼杆焊口开焊严重并出现明显形变	塔材缺损	危急缺陷	杆塔
钢管塔法兰盘连接螺栓丢失 30% 以上	其他	危急缺陷	杆塔
砼杆、钢管塔受外力影响出现明显形变	其他	危急缺陷	杆塔
塔高 50m 以上，杆塔倾斜度：1%	塔材倾斜	严重缺陷	杆塔
塔高 50m 以下，杆塔倾斜度：2%	塔材倾斜	严重缺陷	杆塔
钢筋混凝土杆，杆塔倾斜度：3%	塔材倾斜	严重缺陷	杆塔
横梁歪斜度 >5%	塔材倾斜	严重缺陷	杆塔
钢管杆杆顶最大挠度：直线杆 >7%	塔材倾斜	严重缺陷	杆塔
钢管杆杆顶最大挠度：转角杆 >10%	塔材倾斜	严重缺陷	杆塔
钢管杆杆顶最大挠度：终端杆 >4%	塔材倾斜	严重缺陷	杆塔
塔材缺失并危及杆塔安全，如一基塔同时缺失塔材 5 条以上、螺栓缺失 1%～3%	塔材缺损	严重缺陷	杆塔
带钢圈的砼杆焊口开焊严重，未出现明显形变	其他	严重缺陷	杆塔
钢管塔法兰盘连接螺栓丢失在 10%～30%	其他	严重缺陷	杆塔
砼杆多处裂纹，纵向裂纹长度大于 1.5m、宽度超过 2mm，或多处露筋	其他	严重缺陷	杆塔
塔高 50m 以上，杆塔倾斜度：0.5%	杆塔倾斜	一般缺陷	杆塔
塔高 50m 以下，杆塔倾斜度：1%	杆塔倾斜	一般缺陷	杆塔
钢筋混凝土杆，杆塔倾斜度：1.5%	杆塔倾斜	一般缺陷	杆塔
横梁歪斜度 >1%	杆塔倾斜	一般缺陷	杆塔
钢管杆杆顶最大挠度：直线杆 >5%	杆塔倾斜	一般缺陷	杆塔
钢管杆杆顶最大挠度：转角杆 >7%	杆塔倾斜	一般缺陷	杆塔
钢管杆杆顶最大挠度：终端杆 >2%	杆塔倾斜	一般缺陷	杆塔
丢失主材以外的塔材、爬梯、脚钉、螺栓等	其他	一般缺陷	杆塔

（续）

缺陷表象描述	缺陷类别	严重等级	缺陷部位
铁塔主材相邻节点弯曲度超过 0.2%	其他	一般缺陷	杆塔
法兰盘连接螺栓松动在 50% 以下	其他	一般缺陷	杆塔
接地螺栓、拉线线夹被埋	其他	一般缺陷	杆塔
砼杆顶面封堵损坏	其他	一般缺陷	杆塔

（2）导、地线部位的缺陷分类标准　见表 5-2。

表 5-2　导、地线部位的缺陷分类标准

缺陷表象描述	缺陷类别	严重等级	缺陷部位
导、地线损伤占总截面 25% 以上	锈蚀、损伤	危急缺陷	异地线
钢芯铝绞线伤及钢芯	锈蚀、损伤	危急缺陷	异地线
导、地线上挂有异物，可能造成相间或对地短路	线缆异常	危急缺陷	异地线
导、地线在断股后散开，发展迅速并有碰及其他物体可能	线缆异常	危急缺陷	异地线
导、地线覆冰，导致弧垂加大，造成对地（建筑物）安全距离不满足标准要求	其他	危急缺陷	异地线
导、地线损伤占总截面 7% ～ 25%	锈蚀、损伤	严重缺陷	异地线
镀锌钢绞线 19 股断 2 股、7 股断 1 股	线缆故障	严重缺陷	异地线
弧垂误差、相间导线弧垂误差、分裂导线子导线间弧垂误差超过允许偏差 1 倍	线缆故障	严重缺陷	异地线
接续金具、引线板温度高于导线温度 20℃以上	部件发热异常	严重缺陷	异地线
导、地线挂有异物，影响安全运行	线路异常	严重缺陷	异地线
导、地线损伤占总截面 7% 及以下	锈蚀、损伤	一般缺陷	异地线
镀锌钢绞线 19 股断 1 股	线缆故障	一般缺陷	异地线
弛度误差、相间导线不平衡、分裂导线子导线间间距出现负误差	线缆故障	一般缺陷	异地线
导线振动	其他	一般缺陷	异地线
分裂导线扭绞、粘黏	其他	一般缺陷	异地线
地线分支线松动	其他	严重缺陷	异地线

（3）基础部位的缺陷分类标准　见表 5-3。

表 5-3　基础部位的缺陷分类标准

缺陷表象描述	缺陷类别	严重等级	缺陷部位
上下边坡或保护范围出现滑坡并严重危及杆塔安全，或已造成基础上拔、下沉、位移	基础异常	危急缺陷	基础
基础被洪水冲刷并严重危及杆塔安全；或已造成基础上拔、下沉、位移	基础异常	危急缺陷	基础
由于采矿施工造成基础下部形成采空区并严重危及杆塔安全，或已造成基础上拔、下沉、位移	基础异常	危急缺陷	基础

（续）

缺陷表象描述	缺陷类别	严重等级	缺陷部位
上下边坡或保护范围出现滑坡并危及杆塔安全	基础异常	严重缺陷	基础
基础被洪水冲刷并危及杆塔安全	基础异常	严重缺陷	基础
由于采矿施工造成基础下部形成采空区并危及杆塔安全	基础异常	严重缺陷	基础
在基础保护范围内违章取土，危及杆塔安全运行	基础异常	严重缺陷	基础
基础钢筋外露	基础异常	严重缺陷	基础
保护帽严重破裂	基础异常	一般缺陷	基础
基础回填土流失、土壤下沉	基础异常	一般缺陷	基础
在通道保护范围内，地貌发生变化，可能危及杆塔安全运行	基础异常	一般隐患	基础
基础严重腐蚀	基础异常	严重缺陷	基础
地脚螺栓缺帽、松动、被盗	基础异常	严重缺陷	基础

（4）拉线部位的缺陷分类标准　见表 5-4。

表 5-4　拉线部位的缺陷分类标准

缺陷表象描述	缺陷类别	严重等级	缺陷部位
拉线杆塔其中任何一根拉线发生断股超过 25%，或发生断线	锈蚀、损伤	危急缺陷	拉线
拉线棒截面受损超过 60%	其他	危急缺陷	拉线
拉线杆塔其中任何一根拉线发生断股超过 17%	锈蚀、损伤	严重缺陷	拉线
拉线棒截面受损超过 40%	其他	严重缺陷	拉线
杆塔拉线断股，但断股截面 <17%	锈蚀、损伤	一般缺陷	拉线
拉线棒截面受损超过 20%	锈蚀、损伤	一般缺陷	拉线
拉线锈蚀后截面减小超过 7%	锈蚀、损伤	一般缺陷	拉线
拉线或其连接部件被盗	其他	危急缺陷	拉线
拉盘被撞或移位、外露	其他	严重缺陷	拉线
拉线张力分配不均	其他	一般缺陷	拉线
上下拉线交叉摩擦	其他	一般缺陷	拉线

（5）附属设施部位的缺陷分类标准　见表 5-5。

表 5-5　附属设施部位的缺陷分类标准

缺陷表象描述	缺陷类别	严重等级	缺陷部位
防雷、防鸟害、在线监测设施损坏影响到线路安全运行	线路避雷器异常	严重缺陷	附属设施
爬梯、护栏防坠装置等登塔和登塔保护设施损坏，失去对登塔工作人员的保护	其他	严重缺陷	附属设施
防雷、防鸟害、在线监测设施损坏	线路避雷器异常	一般缺陷	附属设施

（续）

缺陷表象描述	缺陷类别	严重等级	缺陷部位
爬梯、护栏防坠装置等登塔和登塔保护设施损坏	其他	一般缺陷	附属设施
线路及杆塔标识、相位、警示及防护等标志缺损、位置错误、丢失或字迹不清	标示牌损坏	一般缺陷	附属设施
排水沟、护坡及防洪设施损坏，不能满足实际运行需要	其他	一般缺陷	附属设施
附属设施各部位连接松动，附属设施本体有裂纹、严重锈蚀、变形、烧伤或破损	其他	危急缺陷	附属设施
雷雨季节变电站进出线 2km 以内发现接地网被盗或破坏	接地装置损坏	严重缺陷	附属设施
避雷器计数器或在线监测装置损坏	接地装置损坏	一般缺陷	附属设施
各部位连接有轻微松动，无裂纹、有锈蚀及轻微局部变形烧伤或破损等现象	其他	严重缺陷	附属设施
接地引下线螺栓丢失，未与杆塔有效连接	接地装置损坏	一般缺陷	附属设施
接地装置埋深不符合设计要求	接地装置损坏	一般缺陷	附属设施
接地电阻值大于设计要求 50% 以上	接地装置损坏	一般缺陷	附属设施
接地装置腐蚀严重，被腐蚀后其导体截面低于原值的 80%	接地装置损坏	一般缺陷	附属设施
避雷器引线与导线连接不可靠，如采用绑扎或并沟线夹连接	线路避雷器异常	严重缺陷	附属设施

（6）绝缘子部位的缺陷分类标准　见表 5-6。

表 5-6　绝缘子部位的缺陷分类标准

缺陷表象描述	缺陷类别	严重等级	缺陷部位
瓷质（玻璃）绝缘子劣化（自爆）片数：绝缘子串片数 13 片及以下，劣化 3 片及以上	合成绝缘子破损、老化	危急缺陷	绝缘子
瓷质（玻璃）绝缘子劣化（自爆）片数：绝缘子串片数 15～18 片，劣化 3 片以上	合成绝缘子破损、老化	危急缺陷	绝缘子
瓷质（玻璃）绝缘子劣化（自爆）片数：绝缘子串片数 25～26 片，劣化 6 片及以上	合成绝缘子破损、老化	危急缺陷	绝缘子
瓷质（玻璃）绝缘子劣化（自爆）片数：绝缘子串片数 27～28 片，劣化 7 片以上	合成绝缘子破损、老化	危急缺陷	绝缘子
瓷质（玻璃）绝缘子劣化（自爆）片数：绝缘子串片数 29 片以上，劣化 8 片及以上	合成绝缘子破损、老化	危急缺陷	绝缘子
合成绝缘子芯棒受损	其他	危急缺陷	绝缘子
瓷质（玻璃）绝缘子劣化（自爆）片数：绝缘子串片数 13 片及以下，劣化 2 片及以上	合成绝缘子破损、老化	严重缺陷	绝缘子
瓷质（玻璃）绝缘子劣化（自爆）片数：绝缘子串片数 15～18 片，劣化 3 片	合成绝缘子破损、老化	严重缺陷	绝缘子
瓷质（玻璃）绝缘子劣化（自爆）片数：绝缘子串片数 25～26 片，劣化 6 片以下	合成绝缘子破损、老化	严重缺陷	绝缘子

（续）

缺陷表象描述	缺陷类别	严重等级	缺陷部位
瓷质（玻璃）绝缘子劣化（自爆）片数：绝缘子串片数 27～28 片，劣化 7 片以下	合成绝缘子破损、老化	严重缺陷	绝缘子
瓷质（玻璃）绝缘子劣化（自爆）片数：绝缘子串片数 29 片以上，劣化 8 片以下	合成绝缘子破损、老化	严重缺陷	绝缘子
瓷质（玻璃）绝缘子钢脚腐蚀程度发展较快，颈部出现腐蚀物沉积	污秽、爬电	严重缺陷	绝缘子
复合绝缘子伞套材料出现漏电起痕与蚀损，其累计长度大于爬电距离的 10%，或蚀损深度大于所处位置材料厚度的 30%	其他	严重缺陷	绝缘子
复合绝缘子各部件连接部分有脱胶、缝隙、滑移等现象	合成绝缘子破损、老化	严重缺陷	绝缘子
伞套出现脆化、粉化、破裂等现象	其他	严重缺陷	绝缘子
绝缘子各连接部位密封失效，出现裂缝、滑移等	其他	严重缺陷	绝缘子
直线杆塔绝缘子顺线路方向的偏斜大于允许值	其他	一般缺陷	绝缘子
瓷质（玻璃）绝缘子劣化（自爆）1 片	玻璃绝缘子自爆	一般缺陷	绝缘子
瓷质（玻璃）绝缘子钢帽锌层有损失，钢脚颈部已开始腐蚀	其他	一般缺陷	绝缘子
复合绝缘子伞套破损	其他	一般缺陷	绝缘子
电晕放电声异常	其他	一般缺陷	绝缘子
根据绝缘子所处污级计算绝缘子爬电比距不满足规程要求	污秽、爬电	一般缺陷	绝缘子
玻璃绝缘子玻璃件存在裂纹或电蚀破损面积大于 $1cm^2$	其他	一般缺陷	绝缘子
直线杆塔绝缘子串顺线路方向的偏斜角（除设计要求的预偏外）大于 7.5°，且其最大偏移值大于 300mm	其他	危急缺陷	绝缘子
绝缘子脏污，有明显火花放电现象，可能发生线路跳闸	其他	危急缺陷	绝缘子
直线杆塔绝缘子串顺线路方向的偏斜角（除设计要求的预偏外）接近或达到 7.5°，且其最大偏移值大于接近或达到 300mm	其他	严重缺陷	绝缘子
复合绝缘子端部连接部位变形	合成绝缘子破损、老化	严重缺陷	绝缘子

（7）金具部位的缺陷分类标准　见表 5-7。

表 5-7　金具部位的缺陷分类标准

缺陷表象描述	缺陷类别	严重等级	缺陷部位
接续金具、引线板温度高于导线温度 40℃以上	部件发热异常	危急缺陷	金具
挂点金具变形、严重锈蚀可能引起导、地线掉落事故	锈蚀、损伤	危急缺陷	金具
连接金具、接续金具出现裂纹	锈蚀、损伤	危急缺陷	金具

（续）

缺陷表象描述	缺陷类别	严重等级	缺陷部位
导、地线线夹的螺栓松动、缺失或相互不匹配影响到线路安全运行	锈蚀、损伤	严重缺陷	金具
其他金具严重变形、锈蚀、烧伤、裂纹、磨损等并危及线路安全运行	锈蚀、损伤	严重缺陷	金具
导、地线悬垂线夹的压杠等部件缺失、裂纹危及线路安全运行	其他	严重缺陷	金具
接续金具、引线板温度高于导线温度20℃以上	部件发热异常	严重缺陷	金具
间隔棒一挡之内出现3个及以上的断裂	锈蚀、损伤	严重缺陷	金具
金具锈蚀、灼伤、磨损	锈蚀、损伤	一般缺陷	金具
导、地线悬垂线夹的销子、压板等部件缺失、松动或相互不匹配	其他	一般缺陷	金具
单个间隔棒断裂、歪斜、松动	其他	一般缺陷	金具
接续金具、引线板温度高于导线温度10℃以上	部件发热异常	一般缺陷	金具
防振锤移位、锈蚀	锈蚀、损伤	一般缺陷	金具
R销或W销、锁紧销未安装到位、缺失	其他	严重缺陷	金具

4. 配网巡检常见缺陷

（1）导线　在架空线路——导线中主要有绑扎带、导线、引流线3个部位的常见缺陷。具体见表5-8。

表5-8　导线常见缺陷

缺陷表象描述	严重等级	缺陷部位
绑扎带材料、安装不规范	一般缺陷	绑扎带
导线绝缘皮受损、导线局部未绝缘	一般缺陷	导线
导线断股	危急缺陷	导线
导线疑似断股	严重缺陷	导线
导线有异物	一般缺陷	导线
引流线裸、跳线未绑扎	一般缺陷	引流线
引流线断股	危急缺陷	引流线
引流线疑似断股	严重缺陷	引流线
引流线有灼伤痕迹	危急缺陷	引流线
引流线疑似有灼伤痕迹	严重缺陷	引流线
引流线有雷击痕迹	危急缺陷	引流线
引流线疑似有雷击痕迹	严重缺陷	引流线
引流线散股	一般缺陷	引流线
引流线弧度不足、引流线未断开、引流线绝缘皮受损	一般缺陷	引流线

（2）杆塔 在架空线路——杆塔中主要有塔顶、杆身、塔材 3 个部位的常见缺陷。具体见表 5-9。

表 5-9 杆塔缺陷

缺陷表象描述	严重等级	缺陷部位
塔顶损坏	一般缺陷	塔顶
杆塔异物、杆身爬藤	一般缺陷	杆身
杆身倾斜	一般缺陷	杆身
耐张杆有鸟巢	严重缺陷	杆身
直线杆	一般缺陷	杆身
横担倾斜，杆塔法兰杆法兰锈蚀，塔身纵向横向裂纹，杆塔上有遗留工器具、金具	一般缺陷	杆身
塔材缺螺栓、横担锈蚀	一般缺陷	塔材
横担缺螺栓	严重缺陷	塔材
螺栓松动、塔材缺失	一般缺陷	塔材
横担螺母松动	严重缺陷	塔材
塔材缺并帽、并帽平扣	一般缺陷	塔材

（3）金具 在架空线路—— 金具中主要有 U 形挂环、碗头挂板、球头挂环、直角挂板、楔形耐张线夹、悬垂线夹、抱箍、接地扁铁、并沟线夹、耐张线夹 10 个部位的常见缺陷。具体见表 5-10。

表 5-10 金具缺陷

缺陷表象描述	严重等级	缺陷部位
U 形挂环缺螺母、U 形挂环缺销钉、U 形挂环缺销钉螺母平扣	一般缺陷	U 形挂环
U 形挂环销钉易脱落、U 形挂环销钉安装不规范、U 形挂环销钉安装不到位、U 形挂环锈蚀	一般缺陷	U 形挂环
碗头挂板缺螺母、碗头挂板缺销钉、碗头挂板缺销钉螺母平扣	一般缺陷	碗头挂板
碗头挂板销钉易脱落、碗头挂板销钉安装不规范、碗头挂板销钉安装不到位	一般缺陷	碗头挂板
碗头挂板螺栓易脱落	危急缺陷	碗头挂板
球头挂环缺螺母、球头挂环缺销钉、球头挂环缺销钉螺母平扣	一般缺陷	球头挂环
球头挂环销钉易脱落、球头挂环销钉安装不规范、球头挂环销钉安装不到位、球头挂环锈蚀	一般缺陷	球头挂环
直角挂板缺螺母、直角挂板缺销钉、直角挂板缺销钉螺母平扣	一般缺陷	直角挂板
直角挂板销钉易脱落、直角挂板销钉安装不规范、直角挂板销钉安装不到位	一般缺陷	直角挂板
直角挂板锈蚀	一般缺陷	直角挂板

（续）

缺陷表象描述	严重等级	缺陷部位
直角挂板有灼伤痕迹	危急缺陷	直角挂板
楔形耐张线夹缺螺母、楔形耐张线夹缺销钉、楔形耐张线夹缺销钉螺母平扣	一般缺陷	楔形耐张线夹
楔形耐张线夹销钉易脱落、楔形耐张线夹销钉安装不规范、楔形耐张线夹销钉安装不到位	一般缺陷	楔形耐张线夹
楔形耐张线夹锈蚀	一般缺陷	楔形耐张线夹
楔形耐张线夹螺栓易脱落	危急缺陷	楔形耐张线夹
悬锤线夹销钉安装不到位	一般缺陷	悬垂线夹
电缆引上缺抱箍、抱箍锈蚀	一般缺陷	抱箍
接地扁铁松动	一般缺陷	接地扁铁
缺并沟线夹、并沟线夹缺螺栓、并沟线夹缺绝缘防护罩	一般缺陷	并沟线夹
并沟线夹绝缘防护罩疑似有雷击痕迹、并沟线夹疑似有放电痕迹、并沟线夹有放电痕迹	严重缺陷	并沟线夹
耐张线夹缺螺母、耐张线夹有灼伤痕迹、耐张线夹销钉欲脱落	危急缺陷	耐张线夹
耐张线夹锈蚀	一般缺陷	耐张线夹

（4）绝缘子　在架空线路——绝缘子中主要有绝缘子钢帽销、绝缘子2个部位的常见缺陷。具体见表5-11。

表5-11　绝缘子缺陷

缺陷表象描述	严重等级	缺陷部位
绝缘子钢帽销钉欲脱落、绝缘子钢帽锈蚀、绝缘子钢帽螺母欲脱落	一般缺陷	绝缘子钢帽销
绝缘子有爬电痕迹	一般缺陷	绝缘子
绝缘子脱落、断裂	危急缺陷	绝缘子
绝缘子表面有放电灼伤痕迹	严重缺陷	绝缘子
绝缘子自爆	严重缺陷	绝缘子
绝缘子有雷击痕迹	危急缺陷	绝缘子
绝缘子疑似有雷击痕迹	严重缺陷	绝缘子
绝缘子老化	严重缺陷	绝缘子
绝缘子闪烁	一般缺陷	绝缘子
绝缘子破损	严重缺陷	绝缘子
绝缘子倾斜、绝缘子釉表面脱落、绝缘子脏污	一般缺陷	绝缘子

（5）故障指示器　在架空线路——故障指示器中主要有本体、通道、接地引下线3个部位的常见缺陷。具体见表5-12。

表 5-12　故障指示器缺陷

缺陷表象描述	严重等级	缺陷部位
故障指示器有放电痕迹	危急缺陷	本体
通道下植被茂盛，通道附近有超高树木，线路附近存在脚手架	一般缺陷	通道
缺接地引下线、接地引下线断裂、接地引下线未固定、接地线未用并沟线夹固定	一般缺陷	接地引下线

（6）开关本体　在开关——开关本体中主要有开关本体 1 个部位的常见缺陷。具体见表 5-13。

表 5-13　开关本体缺陷

缺陷表象描述	严重等级	缺陷部位
开关引线缺绝缘防护罩、开关引线绝缘防护罩易脱落、开关引线绝缘防护罩脱落	一般缺陷	开关本体
开关引线绝缘防护罩损坏	一般缺陷	开关本体
开关爬藤	严重缺陷	开关本体
开关桩头绝缘层开裂	严重缺陷	开关本体
开关上有异物	严重缺陷	开关本体
开关上有鸟巢	严重缺陷	开关本体
开关引线绝缘防护罩长度不匹配	一般缺陷	开关本体
开关引线绝缘防护罩疑似有雷击痕迹	严重缺陷	开关本体
开关疑似有雷击痕迹	严重缺陷	开关本体
开关有雷击痕迹	危急缺陷	开关本体
开关本体损坏	危急缺陷	开关本体

（7）互感器　在开关——互感器中主要有互感器 1 个部位的常见缺陷。具体见表 5-14。

表 5-14　互感器缺陷

缺陷表象描述	严重等级	缺陷部位
互感器缺绝缘防护罩	一般缺陷	互感器
互感器绝缘防护罩易脱落	一般缺陷	互感器
互感器损坏	危急缺陷	互感器
互感器绝缘防护罩损坏	一般缺陷	互感器
互感器老化	一般缺陷	互感器
互感器有放电痕迹	危急缺陷	互感器

（8）避雷设施

1）在避雷设施——避雷器本体中主要有避雷器本体、避雷器上引线、避雷器下引线 3 个部位的常见缺陷。具体见表 5-15。

表 5-15　避雷设施缺陷

缺陷表象描述	严重等级	缺陷部位
避雷器损坏、避雷器缺失、避雷器脱扣	一般缺陷	避雷器本体
避雷器脱落、避雷器倾斜、避雷器支柱断裂	一般缺陷	避雷器本体
避雷器防护罩易脱落、避雷器缺防护罩、避雷器下桩头连接件断裂	一般缺陷	避雷器本体
避雷器下桩头连接件缺失、避雷器上桩头螺钉松动脱落、避雷器绝缘防护罩损坏	一般缺陷	避雷器本体
避雷器脱扣失效、避雷器底部与横担脱扣	一般缺陷	避雷器本体
避雷器老化	严重缺陷	避雷器本体
避雷器锈蚀	严重缺	避雷器本体
避雷器有灼伤痕迹	危急缺陷	避雷器本体
避雷器有放电痕迹	危急缺陷	避雷器本体
避雷器上引线未绝缘、避雷器上引线断裂、避雷器上引线缺失	一般缺陷	避雷器上引线
避雷器下引线断开、避雷器下引线缺失、避雷器下引线缺螺栓	一般缺陷	避雷器下引线

2）避雷设施——过电压保护器中主要有过电压保护器 1 个部位的常见缺陷。具体见表 5-16。

表 5-16　过电压保护器缺陷

缺陷表象描述	严重等级	缺陷部位
过电压保护器上桩头未搭接、过电压保护器上引线与导线搭头处绝缘防护罩易脱落	一般缺陷	过电压保护器
过电压保护器上引线断裂	严重缺陷	过电压保护器
过电压保护器上引线缺失、过电压保护器上引线与导线搭头处无绝缘防护罩、过电压保护器缺绝缘防护	一般缺陷	过电压保护器
过电压保护器防雷能力下降	一般缺陷	过电压保护器
过电压保护器失效	严重缺陷	过电压保护器
过电压保护器有放电痕迹	危急缺陷	过电压保护器
过电压保护器缺失	一般缺陷	过电压保护器
过电压保护器损坏	严重缺陷	过电压保护器
过电压保护器脱落	严重缺陷	过电压保护器

（9）熔丝具、变压器、无功补偿装置

1）在熔丝具——熔丝具本体中主要有熔丝具本体 1 个部位的常见缺陷。具体见表 5-17。

表 5-17　熔丝具缺陷

缺陷表象描述	严重等级	缺陷部位
熔丝具绝缘防护罩易脱落、熔丝具绝缘防护罩脱落、熔丝具缺绝缘防护罩	一般缺陷	熔丝具本体
熔丝具瓷底座裂痕、熔丝具锈蚀	严重缺陷	熔丝具本体
熔丝管裂痕	一般缺陷	熔丝具本体
熔丝管疑似有灼伤痕迹	严重缺陷	熔丝具本体
熔丝管有灼伤痕迹、熔丝具下口断裂	危急缺陷	熔丝具本体
熔丝具有放电痕迹	危急缺陷	熔丝具本体
熔丝具疑似有放电痕迹	严重缺陷	熔丝具本体

2）在变压器——套管中主要有高、低压 1 个部位的常见缺陷。具体见表 5-18。

表 5-18　变压器 - 套管缺陷

缺陷表象描述	严重等级	缺陷部位
变压器高压桩头缺绝缘防护罩、变压器低压桩头缺绝缘防护罩、变压器高压桩头绝缘防护罩易脱落	一般缺陷	高、低压
变压器低压桩头绝缘防护罩脱落、变压器高压桩头绝缘防护罩脱落、变压器低压桩头绝缘防护罩脱落	一般缺陷	高、低压
变压器高压桩头绝缘防护罩损坏、变压器低压桩头绝缘防护罩损坏、变压器引下线未绝缘	一般缺陷	高、低压

3）在变压器——变压器本体中主要有变压器本体 1 个部位的常见缺陷。具体见表 5-19。

表 5-19　变压器本体缺陷

缺陷表象描述	严重等级	缺陷部位
油枕型变压器表面有漏油现象	一般缺陷	变压器本体
变压器油位计锈蚀严重	严重缺陷	变压器本体
变压器爬藤	严重缺陷	变压器本体

4）在无功补偿装置——无功补偿装置本体中主要有无功补偿装置本体、刀闸本体、支持绝缘子、电缆桩头 4 个部位的常见缺陷。具体见表 5-20。

表 5-20　无功补偿装置本体缺陷

缺陷表象描述	严重等级	缺陷部位
无功补偿装置缺绝缘防护罩	一般缺陷	无功补偿装置本体
刀闸缺绝缘防护罩	一般缺陷	刀闸本体
刀闸绝缘防护罩易脱落	一般缺陷	刀闸本体
刀闸瓷底座断裂	危急缺陷	刀闸本体
刀闸瓷底座有裂痕	严重缺陷	刀闸本体

（续）

缺陷表象描述	严重等级	缺陷部位
刀闸有灼伤痕迹、放电痕迹	危急缺陷	刀闸本体
刀闸有爬电痕迹	严重缺陷	刀闸本体
刀闸合闸异常、刀闸底座锈蚀	严重缺陷	刀闸本体
刀闸瓷底座有异物	一般缺陷	刀闸本体
刀闸支持绝缘子裂痕	严重缺陷	支持绝缘子
刀闸支持绝缘子断裂	危急缺陷	支持绝缘子
刀闸支持绝缘子有异物	一般缺陷	支持绝缘子
电缆桩头缺绝缘防护罩、电缆桩头绝缘防护罩脱落、电缆桩头绝缘防护罩易脱落	一般缺陷	电缆桩头
电缆桩头接地线缺失	一般缺陷	电缆桩头
电缆桩头固定点缺螺栓	严重缺陷	电缆桩头
电缆桩头有放电痕迹	严重缺陷	电缆桩头
电缆桩头绝缘防护罩有雷击痕迹	危急缺陷	电缆桩头
电缆疑似有灼伤痕迹	严重缺陷	电缆桩头
电缆有灼伤痕迹	危急缺陷	电缆桩头

5. 配网设备缺陷消缺建议

（1）基础及拉线类缺陷消缺建议　具体见表 5-21。

表 5-21　基础及拉线类缺陷消缺建议

缺陷描述	处理措施
杆塔基础损伤	重新修筑基础及挡土墙，或者更改线行
杆塔拉线藤蔓攀爬	清除藤蔓
杆塔拉线断股	更换拉线
杆塔拉线松弛	调整拉线
杆塔拉线锈蚀	更换拉线或者修复拉线
挡土墙回填土基面下沉	补充回填土并夯实
护坡损坏	修复护坡
防撞墩损坏	修复防撞墩
排水沟堵塞	清理堵塞物

（2）接地装置缺陷消缺建议　具体见表 5-22。

表 5-22　接地装置缺陷消缺建议

缺陷描述	处理措施
接地网发现损伤	重新连接牢固接地钢筋，并做好防腐蚀措施
接地引下线发现缺失	更换、安装接地引下线

（3）杆塔缺陷消缺建议　具体见表5-23。

表 5-23　杆塔缺陷消缺建议

缺陷描述	处理措施
混凝土电杆藤蔓攀爬	清除藤蔓
混凝土电杆损伤（露筋）	停电更换混凝土电杆
混凝土电杆损伤（裂缝）	停电更换混凝土电杆
混凝土电杆损伤（杆顶损伤）	修复或更换混凝土电杆或封堵杆顶
混凝土电杆倾斜	停电修复基础、校正杆塔
混凝土电杆发现鸟巢	清除鸟巢
混凝土电杆发现蜂巢	请专业人士取下或使用激光大炮进行清除蜂巢
混凝土电杆锈蚀	结合停电计划，停电时修复
铁塔发现藤蔓攀爬	清理藤蔓
铁塔发现飘挂物	清除飘挂物
铁塔发现鸟巢	停电人工登塔清除或使用激光大炮清除
铁塔主材变形	修复塔材或停电更换塔材并装设防护设施
铁塔锈蚀	修复塔材或停电更换塔材
铁塔发现蜂巢	请专业人士取下或使用激光大炮进行清除蜂巢
铁塔发现施工遗留物	清除遗留工器具
钢管杆塔材缺失（螺栓缺失）	立即增补法兰盘螺栓
钢管杆锈蚀	清除铁锈并涂抹防锈漆
钢管杆损伤	进行重新焊接等加固处理

（4）架空导线缺陷消缺建议　具体见表5-24。

表 5-24　架空导线缺陷消缺建议

缺陷描述	处理措施
架空导线断股	更换导线
架空导线散股	停电对散股部位进行修复
跳线发现安全距离不足	调整跳线与杆塔构件的距离
扎线固定不牢	重新绑扎牢固
导线相间安全距离不足	停电调整导线相间距离
对杆塔构件安全距离不足	重新绑扎导线
对建筑物安全距离不足	加装绝缘套管、更换绝缘导线、迁改线行
对高秆植物安全距离不足	清理高秆植物
对其他电力设施安全距离不足	更换避雷器及其引线

（5）绝缘子缺陷消缺建议　具体见表5-25。

表 5-25　绝缘子缺陷消缺建议

缺陷描述	处理措施
玻璃绝缘子损伤	更换绝缘子
玻璃绝缘子放电	更换绝缘子
玻璃绝缘子有污秽	清除绝缘子污垢、更换绝缘子
瓷绝缘子损伤	更换绝缘子
瓷绝缘子放电	更换绝缘子
瓷绝缘子有污秽	清除绝缘子污秽、更换绝缘子
瓷柱绝缘子损伤	更换绝缘子
瓷柱绝缘子放电	更换绝缘子
瓷柱绝缘子有污秽	清除绝缘子污秽、更换绝缘子
针式绝缘子损伤	更换绝缘子
针式绝缘子放电	更换绝缘子
针式绝缘子有污秽	清除绝缘子污秽、更换绝缘子
合成绝缘子损伤	更换绝缘子
合成绝缘子夹具脱落	修复安装
合成绝缘子固定不牢固	修复安装
合成绝缘子有污秽	更换绝缘子

（6）金具缺陷消缺建议　具体见表 5-26。

表 5-26　金具缺陷消缺建议

缺陷描述	处理措施
楔形线夹锈蚀	清除铁锈并涂抹防锈漆
UT 形线夹锈蚀	清除铁锈并涂抹防锈漆
钢线卡子锈蚀	清除铁锈并涂抹防锈漆
铁质横担锈蚀	修复或更换横担
铁质横担倾斜	修复调整横担
铁质横担变形	更换变形横担
防雷金具损伤	修复或更换防雷金具
悬垂线夹锈蚀	更换锈蚀金具
耐张线夹锈蚀	更换锈蚀金具
并沟线夹接头发热异常	更换或修复并沟线夹
并沟线夹锈蚀	更换锈蚀金具
并沟线夹螺栓安装不规范	更换螺栓，重新紧固
金属连接器断裂脱落	更换受损线耳
金属连接器接头发热	修复或更换铜铝过渡线耳
接续管/修补管发热异常	剪断重新压接接续管

（续）

缺陷描述	处理措施
接续管 / 修补管变形	剪断重新压接接续管
接续管 / 修补管锈蚀	剪断重新压接接续管
防振锤损伤	更换防振锤
预绞丝护线条损伤	重新安装预绞丝护线条
抱箍锈蚀	清除铁锈并涂抹防锈漆，或更换锈蚀金具
线耳断裂	重新压接并更换受损线耳
线耳发热	重新压接更换或加固连接处
U 形挂环锈蚀	更换锈蚀金具
U 形挂环螺栓松动	加固松动螺母或更换螺栓
直角挂板锈蚀	更换锈蚀金具

（7）避雷器缺陷消缺建议　具体见表 5-27。

表 5-27　避雷器缺陷消缺建议

缺陷描述	处理措施
避雷器本体损伤	更换受损避雷器
避雷器本体放电	更换受损避雷器
避雷器本体有污秽	更换污秽避雷器
避雷器本体发热异常	更换发热避雷器
避雷器引线断裂	更换、重新安装避雷器引线

（8）配电变压器缺陷消缺建议　具体见表 5-28。

表 5-28　配电变压器缺陷消缺建议

缺陷描述	处理措施
配电变压器本体安全距离不足	重新规划配电变压器的位置，以确保满足安全距离要求
配电变压器本体有异物	清除异物
配电变压器本体有些渗漏	停电加油或更换配电变压器
配电变压器本体有污秽	清除配电变压器污秽
配电变压器本体锈蚀	清除铁锈并涂抹防锈漆，或更换配电变压器
中压套管损伤	更换中压套管
中压套管有异物	清理异物
中压套管渗漏	加油或更换中压套管
低压套管损伤	更换低压套管
低压套管发现小动物	清理小动物

（9）柱上开关类设备缺陷消缺建议　具体见表 5-29。

表 5-29　柱上开关类设备缺陷消缺建议

缺陷描述	处理措施
柱上隔离开关接头发热	更换发热柱上的隔离开关
柱上隔离开关破损	更换受损柱上的隔离开关
柱上隔离开关灼伤	更换受损柱上的隔离开关
柱上隔离开关锈蚀	更换锈蚀柱上的隔离开关
柱上隔离开关卡涩	更换柱上的隔离开关
柱上隔离开关有污秽	清除柱上隔离开关的污秽
柱上隔离开关引线损伤	更换引线
跌落式熔断器熔断	更换跌落式熔断器
跌落式熔断器损伤	更换受损跌落式熔断器
跌落式熔断器接头发热异常	更换发热跌落式熔断器
跌落式熔断器有污秽	清理跌落式熔断器污垢
柱上负荷开关损伤	更换柱上负荷开关套管
柱上断路器有污秽	清除柱上断路器的污秽
柱上断路器锈蚀	更换柱上断路器
柱上断路器有异物	清除异物

（10）电力电缆缺陷消缺建议　具体见表 5-30。

表 5-30　电力电缆缺陷消缺建议

缺陷描述	处理措施
电缆本体绝缘损伤	修复或更换电缆本体
电缆终端头老化	更换受损电缆终端头
电缆通道损伤	重新安装电缆井盖板

（11）其他类缺陷　具体见表 5-31。

表 5-31　其他类缺陷

缺陷描述	处理措施
箱体柜门损伤	更换柜体外壳
箱体柜门低压配电箱外壳锈蚀	更换低压配电箱外壳
箱体柜门低压配电箱门缺失	安装低压配电箱门
表箱锈蚀	更换低压表箱
角铁横担变形	更换角铁横担
并沟线夹缺失	按要求使用线夹进行连接
标识牌模糊、掉色	更换全新的标识牌
围栏藤蔓攀爬	清理藤蔓
接地挂环损伤	更换接地挂环

5.2.2　无人机巡检风险评估与预案制定

1. 现场勘查

无人机巡检作业前，应根据巡检任务需求，收集所需巡检设备的地理位置分布图，提前掌握巡检线路走向和走势、交叉跨越、杆塔坐标、巡检区域地形地貌、起飞和降落点环境、交通运输条件及其他航线规划条件，对复杂地形、复杂气象条件下或夜间开展的无人机巡检作业以及现场勘察认为危险性、复杂性和困难程度较大的无人机巡检作业，应专门编制组织措施、技术措施、安全措施。现场勘察至少由无人机操作员和现场负责人参与完成，并正确填写"无人机巡检作业现场勘查记录单"。

2. 危险源辨识

无人机巡检作业工作负责人应能正确评估被巡设备布置情况、线路走向和走势、线路交叉跨越情况、空中管制区分布、周边地形地貌、通信阻隔和无线电干扰情况、交通运输条件、邻近树竹及建筑设施分布、周边人员活动情况、作业时段及其他危险点等对巡检作业安全、质量和效率的影响；能根据现场情况正确制定为保证作业安全和质量需采取的技术措施和安全措施。

考虑到无人机巡检作业中可能出现的人身、设备安全隐患以及质量问题，为保障巡检作业的安全进行，尽可能降低安全事故，表 5-32 对作业中常见的可能风险来源做出了具体的预控措施。

表 5-32　风险及预控措施

风险范畴	风险名称	风险来源	预防控制措施
安全	起降现场	场地不平坦，有杂物，面积过小，周围有遮挡	按要求选取合适的场地
		多旋翼无人机 3～5m 内有影响无人机起降的人员或物品	明确多旋翼无人机起降安全范围，严禁安全范围内存在人或物品
		固定翼无人机在起降跑道上有影响无人机起降的人员或物品	明确固定翼无人机起降安全范围，拉起警戒带，严禁安全范围内存在人或物品
		多旋翼无人机起飞和降落时发生事故	1）巡检人员严格按照产品使用说明书使用产品 2）起飞前进行详细检查 3）对多旋翼无人机进行自检
		固定翼无人机起飞和降落时发生事故	1）巡检人员严格按照产品使用说明书使用产品 2）起飞前进行详细检查 3）对固定翼无人机进行自检 4）无人机操作员具备相应机型的操作资质
	飞行故障及事故	飞行过程中零部件脱落	起飞前做好详细检查，零部件螺钉应紧固，确保各零部件连接安全、牢固

无人机巡检培训教程

（续）

风险范畴	风险名称	风险来源	预防控制措施
安全	飞行故障及事故	巡检范围内存在影响飞行安全的障碍物（交叉跨越线路、通信铁塔等）或禁飞区	1）巡检前做好巡检计划，充分掌握巡检设备及周边环境情况资料 2）充分观察现场周边情况 3）作业时提高警惕，保持安全距离 4）靠近禁飞区及时返航
		复杂地形、极端天气作业	充分了解现场当前的地形、气象条件，作业时提高警惕
		安全距离不足导致导线对多旋翼无人机放电	满足各电压等级带电作业的安全距离要求
		无人机与线路本体发生碰撞	作业时无人机与线路本体至少保持水平距离 5m
		恶劣天气影响	1）作业前应及时全面掌握飞行区域气象资料，严禁在雷、雨、大风（根据多旋翼抗风性能而定）或者大雾等恶劣天气下进行飞行作业 2）在遇到天气突变时，应立即返场
		通信中断	预设通信中断自动返航功能
		动力设备突发故障	1）由自主飞行模式切换回手动控制，取得无人机的控制权 2）迅速减小飞行速度，尽量保持无人机平衡，尽快安全降落
		GPS 故障或信号接收故障，多旋翼迷航	在测控通信正常情况下，由自主飞行模式切换回手动模式，尽快安全降落或返航
设备	无人机安全	多旋翼无人机遭人为破坏或偷盗	妥善放置保管
		固定翼无人机相关设备、工具被借用或损坏	加强物资管理，做好登记，及时对损坏设备进行补充
人员	人员资质	人员不具备相应机型的操作资格	对作业人员进行培训
	人员疲劳作业	人员长时间作业导致疲劳操作	及时更换作业人员
	人员中暑	高温天气下连续作业	1）准备充足饮用水，装备必要的劳保用品 2）携带防暑药品
	人员冻伤	在低温天气及寒风下长时间工作	控制作业时间，穿着足够的防寒衣物

3. 人身伤害处理

如果出现因无人机巡检飞行造成了人身安全事故，则首先视伤者情况展开救护，作业人员须具备紧急救护能力，正确包扎伤口、止血，正确处理烧伤、骨折、触电、蛇虫叮咬等野外作业可能发生的人身事故。若危险未消除，应及时拨打 120 急救电话，并且正确搬运伤员。

　　事故发生后，应保护现场，正确处置舆情；留存图片、视频、文字、录音等资料，及时汇报单位相关部门，组织人员赴现场处理，调查原因，并进行善后处理，事态严重则通过法律途径正确处理事故。

　　目前已经有保险公司推出了针对无人机的第三方责任险，如果出现人身伤害等安全事故，可协商保险公司进行赔偿处理。

5.2.3　无人机事故案例分析与教训总结

　　随着无人机技术的快速发展和广泛应用，无人机已成为各行各业不可或缺的工具，从影视拍摄、农业植保到物流配送，无人机的身影随处可见。然而，无人机的安全飞行问题也日益凸显，事故频发，不仅造成财产损失，还可能威胁公共安全和隐私。

1．案例分析

　　（1）案例 1　无人机失控坠入湖中

　　详细描述：2020 年 8 月，一名摄影爱好者在风景优美的湖边进行航拍时，无人机突然失去控制，急速下降并坠入湖中，造成设备损失。

　　深入分析：无人机遥控信号受到附近无线电信号源的强烈干扰，信号干扰可能是来自停车场的车辆无线防盗系统或附近居民的无线网络设备。信号干扰导致遥控器与无人机之间的通信断开，无人机进入失控状态。

　　预防措施：使用具有较强抗干扰能力的遥控设备，飞行前进行彻底的信号测试，避免在已知存在复杂电磁环境的区域飞行。操作员应随时准备切换至手动飞行模式或激活无人机的自动返航功能。

　　宝贵经验：无人机操作员应充分了解飞行区域的电磁环境特征，确保遥控信号的稳定性，以防止信号干扰导致的飞行失控。

　　（2）案例 2　无人机与小孩相撞

　　详细描述：2022 年，一家企业在广场进行广告宣传活动时，使用无人机拍摄。不幸的是，无人机在低空飞行时突然失控，撞向一名正在嬉戏的 8 岁儿童，导致其头部受伤。

　　深入分析：无人机操作员对飞行区域的安全评估不足，没有考虑到广场上儿童的动态行为，且未设立足够的安全隔离区，导致了意外伤害事件。

　　预防措施：在人口密集区飞行时，应采取严格的安全预防措施，如设立明显的隔离区，使用高可见度的警戒标识，以及安排地面观察员监控飞行区域。无人机操作员应优先考虑飞行区域的安全性，避免在人群密集区域飞行。

　　宝贵经验：无人机操作员必须始终将公共安全放在首位，特别是在人口密集区，应严格遵守安全飞行准则，确保飞行活动不对公众造成伤害。

　　（3）案例 3　无人机与汽车相撞

　　详细描述：2022 年 2 月，一名无人机操作员在快速路边进行拍摄任务，无人机突然失控，飞入快速车道，与一辆正常行驶的汽车相撞，导致汽车前挡风玻璃破碎。

深入分析：无人机操作员违反了飞行法规，未在指定空域内飞行，且未充分评估飞行环境中的交通风险，导致与高速行驶的汽车发生碰撞。

预防措施：遵守当地飞行法规，仅在指定的空域内飞行，避免在交通繁忙区域或道路附近飞行。无人机操作员应随时关注飞行环境，确保无人机不会对地面交通构成威胁。

宝贵经验：遵守飞行法规和空域限制是无人机安全飞行的基石，无人机操作员必须熟悉并严格遵守相关规定，以保障飞行安全。

（4）案例 4　无人机信号丢失

详细描述：2021 年 1 月，在广州高铁站附近，一名无人机操作员在进行拍摄任务时，遭遇强风干扰，无人机信号突然丢失，最终导致无人机失联。

深入分析：强风不仅影响了无人机的稳定性，还干扰了遥控信号的传输，无人机操作员事先没有制定应对恶劣天气的预案，导致无法及时控制无人机。

预防措施：在飞行前，无人机操作员应全面检查天气条件，包括风速、风向和能见度，确保飞行环境适宜；制定详细的应急预案，包括信号丢失后的无人机自动返航功能，以及无人机操作员的手动接管程序。

宝贵经验：面对恶劣天气条件，无人机操作员应做好充分的应对措施和预案，确保在信号中断时能够迅速采取行动，保护无人机和公共安全。

（5）案例 5　无人机黑飞

详细描述：2024 年，一起无人机黑飞事件在某国际机场附近发生，导致多架航班延误。无人机操作员无视禁飞区规定，擅自进入机场管制空域，对公共安全构成严重威胁。

深入分析：无人机操作员无视飞行法规，未获得必要的飞行许可，且未能充分意识到在敏感区域飞行可能带来的安全隐患。

预防措施：加强无人机操作员的法规培训，确保其了解并遵守飞行规则，特别是关于禁飞区的规定。在敏感区域和禁飞区内，应严格执行飞行限制，禁止未经许可的飞行活动。

宝贵经验：对无人机操作员进行法规培训和飞行安全教育是至关重要的，无人机操作员必须熟悉并遵守所有飞行规则，特别是在敏感区域和禁飞区内，以维护公共安全和秩序。

（6）案例 6　无人机撞击实验

详细描述：2022 年底，一项无人机撞击实验揭示了无人机与民航飞机相撞的潜在危险。实验模拟了无人机与大型飞机在空中相撞的后果，结果表明，即使小型无人机也可能对飞机结构造成严重损害。

深入分析：无人机的质量和结构特性使得其在高速碰撞中具有较高的动能，可能对飞机的引擎、机翼等关键部位造成破坏。

预防措施：空中交通管理部门应加强对无人机与民航飞机的监控，制定严格的飞行路线和高度限制，确保两者之间有足够的安全距离，避免空中碰撞的风险。

宝贵经验：空中交通管理部门和无人机操作员都应高度重视无人机与民航飞机的飞行安全，通过有效的空中交通管制和飞行规划，避免潜在的空中碰撞事故。

（7）案例 7　美俄无人机冲突

详细描述：2023 年一架美军无人机在敏感空域执行侦察任务时被击落，引发了国际关注。此次事件凸显了军事行动中无人机使用的复杂性和潜在的政治风险。

深入分析：在敏感地区进行无人机飞行，尤其是军事侦察任务，需要谨慎处理，避免引发外交紧张局势或军事冲突。

预防措施：在敏感地区执行无人机任务前，应进行充分的外交沟通和协调，确保所有飞行活动都得到相关国家或地区的明确同意和批准。

宝贵经验：军事用途的无人机操作应遵循国际法和外交准则，通过事先的沟通和协调，避免不必要的政治或军事摩擦。

（8）案例 8　大规模无人机炸机案例

详细描述：2015 年至 2017 年期间，统计数据显示共发生了 224 起无人机炸机事故，其中超过三分之二的案例被认为是可以避免的。

深入分析：缺乏经验的无人机操作员、操作失误以及设备的技术故障是导致无人机事故的主要原因。

预防措施：提升无人机操作员的技能和经验，定期进行设备维护和检查，遵循飞行安全规程和最佳实践。

宝贵经验：定期培训和设备维护是预防无人机事故的关键措施，无人机操作员应持续提升飞行技能，确保无人机设备处于最佳状态，以减少飞行风险。

（9）案例 9　美国无人机事故报告

详细描述：2021 年初，一份关于美军无人机事故的报告显示，近年来无人机事故的频率和类型多样，涵盖了技术故障、操作错误和环境因素等多方面原因。

深入分析：无人机事故的发生往往与设备质量、操作员素质以及飞行环境的评估密切相关。

预防措施：加强设备质量控制，提升无人机操作员的技能水平，优化飞行环境评估流程，以降低事故率。

宝贵经验：设备质量控制、无人机操作员培训和飞行环境评估是降低无人机事故率的重要手段，通过综合施策，可以有效提升飞行安全。

（10）案例 10　无人机与野生动物冲突

详细描述：2022 年，一架无人机在追踪野生动物时，意外引起了鸟类群体的攻击行为，最终导致无人机坠毁。

深入分析：无人机飞行可能对野生动物的栖息地和行为模式造成干扰，引发动物的防御或攻击反应。

预防措施：避免在野生动物栖息地附近飞行，减少对生态系统的干扰。无人机操作员应尊重自然环境，避免对野生动物的生活习性造成影响。

宝贵经验：无人机操作员应充分认识到无人机对自然环境的潜在影响，采取措施减少对野生动物的干扰，确保生态平衡不受破坏。

2. 案例启示

无人机安全飞行与风险管理是确保无人机操作顺利进行、保护公共安全及环境的重要环节。通过分析上述十大无人机事故案例，我们可以提炼出一套全面的风险管理策略，旨在预防事故、提升飞行安全和促进无人机行业的健康发展。

（1）全面评估飞行环境

1）信号干扰评估：飞行前，无人机操作员应使用专业工具对飞行区域进行电磁环境扫描，识别潜在的信号干扰源，如无线网络设备、无线电塔等，以确保遥控信号的稳定传输。

2）天气条件检查：在飞行前，查看天气预报，避免在恶劣天气条件下飞行，如强风、暴雨、雷暴等，这些天气条件不仅会影响无人机的稳定性，还会干扰遥控信号的传输。

3）飞行路径规划：规划飞行路径时，应避开人口密集区、交通繁忙路段、敏感区域（如机场、军事基地）和野生动物栖息地，以减少潜在的飞行风险。

（2）遵守飞行法规与禁飞区规则

1）法规培训：无人机操作员应接受飞行法规培训，了解并遵守当地和国家的无人机飞行规定，包括注册登记、飞行许可证申请、禁飞区规定等。

2）禁飞区遵守：在敏感区域和禁飞区内，应严格执行飞行限制，避免未经许可的飞行活动，确保公共安全和秩序。

（3）提升无人机操作员技能与应急准备

1）定期培训：无人机操作员应定期参加无人机操作和应急处理培训，提升飞行技能和面对突发情况的应对能力，确保在复杂环境下仍能安全控制无人机。

2）应急预案制定：针对信号丢失、恶劣天气、设备故障等情况，制定详细的应急预案，包括无人机的自动返航功能、手动接管程序等，以保障无人机和公共安全。

（4）强化设备维护与检查

1）定期维护：无人机设备应定期进行维护和检查，确保飞行设备处于良好状态，避免因设备故障引发的事故。包括电池、螺旋桨、飞行控制系统在内的关键部件应进行定期更换和校准。

2）飞行前检查：每次飞行前，应进行设备功能测试，包括遥控器信号强度、电池电量、传感器状态等，确保无人机处于最佳飞行状态。

（5）尊重自然环境与生态平衡

1）生态影响评估：在野生动物栖息地附近飞行时，应评估无人机对生态的潜在影响，避免干扰野生动物的生活习性和迁徙路径，确保生态平衡不受破坏。

2）减少生态干扰：采取措施减少无人机飞行对自然环境的干扰，如降低飞行高度、减少飞行噪声、避免在繁殖季节飞行等，以保护野生动物和生态系统。

（6）加强空中交通管制与协调

1）空中交通规则遵守：无人机操作员应熟悉并遵守空中交通规则，避免与民航飞机、军用飞机等发生空中冲突，确保空中交通安全。

2）国际协调与沟通：在敏感地区执行无人机任务前，应进行充分的国际协调与沟通，确保飞行活动得到相关国家或地区的明确同意和批准，避免引发外交紧张或军事冲突。

无人机安全飞行与风险管理是一个系统工程，涉及飞行环境评估、法规遵守、操作员技能提升、设备维护、应急预案制定以及对自然环境的尊重等多个方面。通过综合运用上述策略，无人机用户可以有效降低飞行风险，提升飞行安全，同时促进无人机行业的可持续发展，为公众和社会创造更多的价值。无人机操作员应持续学习和实践，不断提升自身能力和安全意识，共同营造一个安全、有序、环保的无人机飞行环境。

5.2.4　无人机保险与法律责任

无人机技术的飞速进步与应用领域的不断拓宽，使其在现代社会扮演着日益重要的角色。从商业到娱乐，无人机的多功能性为各行各业带来了前所未有的机遇。然而，随着无人机数量的激增，其操作过程中潜在的法律风险也逐渐显现，对无人机操作员的法律责任意识提出了更高要求。下面将深入探讨无人机操作可能遭遇的主要法律风险，并提出相应的风险防范策略，以期提高行业整体的合规水平。

1. 法律风险详述

（1）飞行法规与禁飞区

1）风险描述：无人机操作必须遵循国家及地方制定的飞行管理规定，包括但不限于实名制注册、飞行许可申请、飞行高度与速度限制，以及特定区域的禁飞或限飞规定。违反上述规定，操作者将面临警告、罚款、设备没收乃至刑事追责。

2）案例分析：2024 年的"无人机黑飞"事件导致多架航班被迫紧急避让，严重影响航空安全。该事件最终导致无人机操作员被处以高额罚款，并面临进一步的司法审查。

（2）隐私侵权

1）风险描述：无人机携带的摄像头或其他传感器，若未经许可在私人领地或非公共场合进行拍摄，将构成对个人隐私权的严重侵犯。此外，即使在公开区域，对特定个人的持续跟踪拍摄同样可能构成隐私侵害。

2）案例分析：2022 年，一起无人机非法拍摄私人住宅区的案件引起广泛关注。无人机操作员在未获居民同意的情况下，利用无人机对某小区进行航拍，后被小区居民发现并报警。法院判决无人机操作员侵犯了小区居民的隐私权，责令其删除所有非法获取的影像资料，并向受害者支付精神损害赔偿金。

（3）财产损害与人身伤害

1）风险描述：无人机失控或操作失误导致的坠落、碰撞等事故，可能对地面人员造成伤害，或损坏第三方财物，无人机操作员需承担相应的民事赔偿责任。

2）案例分析：2022 年，一场公众集会中，一架无人机突然失控坠落，不幸砸中一名无辜观众，致其受伤。事后，无人机操作员不仅被追究法律责任，还需支付受害者的医疗费用及后续康复支出。

（4）商业运营合规

1）风险描述：从事商业用途的无人机操作，如货物运输、广告拍摄、地理测量等，需事先获得相关部门颁发的商业运营许可证。无证经营不仅会遭受行政罚款，情节严重的还可能被追究刑事责任。

2）案例分析：2021 年，一家初创公司试图利用无人机进行快递配送，但在未取得商业运营资格的情况下擅自开展业务。市场监管部门发现后，立即对其进行了查处，公司不仅被迫停止营业，还被处以高额罚款。

（5）数据安全与知识产权

1）风险描述：无人机采集的数据可能包含敏感信息，如地理坐标、建筑结构、个人身份等，无人机操作员有义务采取措施确保数据安全，防止泄漏。同时，无人机拍摄的作品可能触及版权法，尤其是涉及他人创作元素的情况。

2）案例分析：2020 年，一家从事无人机航拍服务的公司，在未得到相关权利人许可的情况下，将含有知名地标建筑物的航拍画面用于商业广告，最终被建筑物的设计方起诉，要求停止侵权行为并赔偿经济损失。

（6）国际法与外交问题

1）风险描述：在国境线附近或国际水域上空使用无人机，需特别注意国际法及外交关系，避免引发主权争议或军事冲突。跨境飞行前，务必了解并遵守目标国家的法律法规。

2）案例分析：2023 年，一架执行边境监控任务的军用无人机，因误入邻国领空而被击落，这一事件迅速升级为国际危机，双方政府展开紧急外交谈判，试图平息事态。

2. 法律风险防范措施

（1）持续教育与培训　无人机操作员应定期接受飞行法规培训，保持对最新法律动态的关注，确保自身行为始终符合法律规定。

（2）隐私保护协议　与拍摄对象签署隐私保护协议，明确无人机拍摄的目的、范围及使用权限，尊重并保护个人隐私。

（3）责任保险　购买全面的责任保险，涵盖财产损害、人身伤害、隐私侵权等风险，为潜在的法律纠纷提供财务保障。

（4）商业资质审核　在开展任何商业性质的无人机操作前，务必检查并获取所有必要的官方许可和证书。

（5）数据加密与访问控制　采用先进的数据加密技术和严格的访问控制机制，保护无人机采集信息的安全性，防止数据泄露。

（6）版权与商标合规　在使用无人机拍摄的内容中，避免未经授权使用受版权或商标保护的元素，必要时签订版权许可协议。

（7）国际法律咨询　对于跨境飞行计划，应事先咨询专业律师，了解并遵守目的地国家的无人机管理法规，确保飞行合法性。

3. 无人机保险的种类

无人机技术的广泛应用，不仅促进了经济的多元化发展，也带来了诸多不可预见的风险。为了保障无人机操作员及其周围人群的安全，以及维护财产不受损失，无人机保险应运而生。无人机保险的多样性反映了无人机操作中可能面临的各种风险。对于无人机操作员而言，选择合适的保险产品不仅是对自己负责，更是对社会负责的表现。无人机保险不仅能提供经济上的保障，还能增强操作员的风险意识，促使他们更加谨慎地规划飞行路线，遵守飞行规范，从而减少事故的发生，保护公共安全。下面介绍无人机保险的主要种类。

1）第三者责任险：第三者责任险是无人机保险中最基础也是最重要的一环。它旨在保护无人机操作员免受因无人机操作不当对第三方造成的人身伤害或财产损失而产生的经济责任。一旦发生事故，保险公司将代替操作员承担赔偿责任，显著减轻其经济负担。这种保险尤其适用于频繁在人口密集区域飞行的无人机，因为这些区域发生事故的可能性相对较高。

2）机身险：机身险又称为无人机综合险，是专门针对无人机本身的保险。它涵盖了无人机在飞行过程中可能遇到的各种风险，包括但不限于飞行事故、自然灾害、盗窃、设备故障等。对于价格高昂的专业级无人机而言，机身险显得尤为重要，因为它能有效降低因意外导致的经济损失。

以大疆推出的"行业无忧"保险计划为例，这一服务提供了包括无限次数的置换或维修在内的全面保障，无论是轻微刮擦还是严重损坏，只要在保险期内，用户都能享受到及时的维修或更换服务。除此之外，"行业无忧"还承诺快速响应、灵活服务选择、专业技术支持以及飞丢保障等，全方位提升了无人机操作员的体验。

3）操作员责任险：操作员责任险是一种专门为无人机操作员设计的保险产品，旨在覆盖由于操作员自身的疏忽或错误操作导致的伤害或损失。它包括操作员在飞行过程中的自我伤害，以及因操作失误给第三方带来的伤害或财产损失。此险种强调了无人机操作员在飞行活动中的责任意识，有助于提升行业内的安全标准。

4）隐私责任险：随着无人机搭载的摄像头越来越高清，隐私问题日益凸显。隐私责任险应运而生，它为无人机操作员在无意中侵犯他人隐私时提供了一层保护。当无人机不慎拍摄到私人场景或敏感信息，从而引发法律纠纷时，隐私责任险将承担相应的法律责任和赔偿，帮助操作员避免因隐私侵权而承受的经济损失。

5）数据泄露责任险：在数字化时代，无人机不仅作为拍摄工具，还常常被用于数据采集。无人机所携带的传感器可以收集大量的地理信息、环境数据和个人信息。数据泄露责任险则致力于保护无人机操作员免受因数据泄露导致的法律责任。它通常覆盖数据恢复成本、法律费用以及可能的赔偿金，确保在数据安全受到威胁时，操作员能够得到及时的财务援助。

无人机保险的种类繁多，每一种都有其独特的保护范围和作用。无人机操作员在选择保险时，应根据自身的飞行需求、无人机的类型以及可能面临的特定风险，综合考虑，以确保在遇到突发状况时，能够得到最恰当的保障和支持。

4. 无人机保险的作用

无人机保险作为一种风险管理，其在降低无人机运营风险中的作用至关重要，主要体现在以下方面。

（1）经济补偿与财务保障　第三者责任险能够为无人机操作者提供财务保障，确保在无人机意外造成第三方伤害或财产损失时，操作员无须承担巨额赔偿费用。

机身险则重点保障无人机本身，覆盖因飞行事故、自然灾害、盗窃等造成的物理损坏或丢失。

（2）提升信誉与客户信任　拥有全面的无人机保险，对于无人机服务提供商而言，能够显著提升其市场信誉和客户信任度。客户在选择服务时，往往会倾向于那些能够证明自己具备风险应对能力的供应商。无人机保险的存在，不仅体现了操作员的专业性和责任感，也为客户提供了额外的安全感，增强了双方的合作意愿

无人机保险作为风险管理的重要组成部分，其作用远远超出了简单的财务补偿范畴。它不仅为无人机操作员提供了全面的保障，降低了运营中的不确定性和风险，还促进了行业内的安全文化与规范建设，为无人机行业的可持续发展奠定了坚实的基础。

5.2.5 无人机网络安全防护

1. 面临的问题

无人机系统作为现代科技的产物，集成了复杂的软硬件组件和通信技术，使其成为信息安全领域中的重要研究对象。无人机在执行任务时，不仅需要与地面站进行实时通信，还可能携带各种传感器、相机等设备，收集和传输大量数据。这些特性使得无人机系统面临着多方面的网络安全威胁，包括但不限于黑客攻击、数据窃取以及其他潜在的网络安全隐患。下面详细探讨这些威胁及其可能带来的后果。

（1）黑客攻击

1）遥控信号劫持：无人机与地面站之间的通信可能通过无线电波或卫星链路实现。黑客可以利用信号劫持技术，干扰或截获这些通信信号，从而控制无人机，改变其飞行路径，或迫使其执行特定任务，如强制降落。

2）软件漏洞利用：无人机的控制系统、导航软件或应用程序可能存在未被发现的安全漏洞。黑客可以通过这些漏洞植入恶意代码，篡改飞行参数，或者窃取存储在无人机上的敏感信息。

3）GPS 信号欺骗：GPS 信号是无人机导航的重要组成部分。黑客可以发射虚假的GPS 信号，误导无人机的定位系统，使其偏离预定航线，甚至引导至特定地点，从而达到控制无人机的目的。

4）无线网络渗透：无人机与地面站之间可能通过 WiFi、蓝牙或蜂窝网络进行通信。黑客可以通过无线网络渗透技术接入无人机的网络，进而控制无人机或窃取数据。

（2）数据窃取

1）传输中的数据拦截：无人机在执行任务时，可能需要实时传输视频、图像、位置信息等数据。如果这些数据在传输过程中没有得到适当的加密保护，黑客就可以截获这些数据，用于商业间谍活动、侵犯隐私等非法目的。

2）存储数据盗取：无人机内部存储的飞行记录、拍摄的图像或视频等数据，如果

缺乏有效的安全措施，也可能成为黑客的目标。被盗取的数据可用于各种非法活动，如勒索、信息泄露等。

（3）其他网络安全问题

1）拒绝服务（DoS）攻击：黑客可以发起拒绝服务攻击，通过大量无效请求占用无人机或地面站的资源，导致系统无法正常工作，从而影响无人机的飞行任务。

2）中间人（MITM）攻击：在这种攻击中，黑客插入无人机与地面站的通信链路中，监听或修改通信数据，从而获取敏感信息或控制无人机。

3）固件/软件篡改：无人机的固件或软件可能被黑客远程篡改，植入后门或恶意代码，使得无人机在特定条件下执行恶意操作，或在不知不觉中泄露数据。

4）供应链攻击：无人机的制造和维护可能涉及多个供应商，供应链中的任何薄弱环节都可能被黑客利用，植入恶意组件或软件，对最终产品造成安全威胁。

2. 网络安全防护的必要性

无人机系统的信息安全防护是至关重要的，原因在于无人机在执行任务时，面临着多方面的网络安全威胁，这些威胁不仅可能对无人机系统本身造成损害，还可能带来更广泛的安全、隐私和经济问题。以下几点概括了无人机网络安全防护的必要性。

（1）防止黑客攻击

1）遥控信号劫持：黑客可能通过无线电频率劫持无人机的遥控信号，从而接管无人机的控制权。例如，在 2016 年，一群研究人员展示了如何通过无线信号劫持一架商用无人机，改变其飞行路径，这一演示突显了遥控信号安全的重要性。

2）软件漏洞利用：无人机的软件系统可能存在安全漏洞，黑客可以通过这些漏洞植入恶意代码，控制无人机或窃取数据。2018 年，研究人员发现了多款无人机中存在未授权访问的漏洞，允许攻击者远程控制无人机。

3）GPS 信号欺骗：黑客可以发射虚假的 GPS 信号，误导无人机的定位系统，使其偏离预定航线。例如，2013 年，美国军方报告称，其在中东地区的无人机遭遇了 GPS 欺骗攻击，导致无人机偏离原定航线。

4）无线网络渗透：黑客可以通过无线网络渗透技术，接入无人机的网络，进而控制无人机或窃取数据。2019 年，一项研究揭示了无人机与智能手机之间通过 WiFi 连接时存在的安全漏洞，使得黑客能够远程控制无人机。

（2）保护数据安全　无人机在执行任务时收集和传输的数据，包括视频、图像和位置信息，如果没有适当的加密保护，很容易被黑客截获。例如，2017 年，一家知名无人机制造商的云平台遭到黑客攻击，导致大量用户上传的飞行记录和图像数据被盗。

（3）避免经济损失

1）无人机系统的安全漏洞可能导致设备失窃、破坏或数据泄露，造成直接的财产损失。例如，2018 年，一家农业公司因无人机数据泄露，导致其精准农业技术的核心数据被竞争对手获取，造成了数百万美元的经济损失。

2）业务中断和信任丧失也会产生间接经济损失。2020 年，某无人机配送服务因一起严重的数据泄露事件，导致用户数据泄露，引发了公众对该公司数据保护能力的质疑，最终导致股价下跌和客户流失。

（4）遵守法律与道德责任　无人机操作员和制造商有责任确保无人机系统的安全。例如，2019 年，欧洲航空安全局（EASA）发布了无人机安全操作指南，要求所有无人机操作员必须遵守严格的飞行安全和数据保护规定，以避免法律责任和道德谴责。

（5）维护公众信任　频繁的无人机安全事件会削弱公众对无人机技术的信任。例如，2018 年，伦敦盖特威克机场因无人机侵入空域，导致数百航班延误，影响了数千名乘客的出行，这一事件引起了公众对无人机安全性的广泛关注和担忧。

（6）保障物理安全　被黑客控制的无人机可能被用作攻击工具，对特定目标或人群造成物理伤害。例如，2017 年，叙利亚冲突中出现了使用无人机投掷简易爆炸装置的报道，显示了无人机被恶意使用的物理安全风险。

3. 网络安全防护措施

无人机系统作为高科技集成体，其安全防护需要综合多种技术和策略，以确保数据安全、系统稳定和操作员隐私。下面详细介绍。

（1）加密通信

1）端到端加密：这是一种加密技术，确保数据在发送者和接收者之间传输时完全加密，即使数据在传输过程中被截获，也无法被解密。AES 和 RSA 是两种常见的加密算法，前者用于数据加密，后者常用于密钥交换，保证了无人机与地面站之间的通信安全。

2）安全协议：TLS 和 SSH 协议在通信过程中提供额外的加密层，确保即使通信数据在网络中传输，也能防止中间人攻击或数据被窃听。

（2）软件安全审计

1）定期更新与补丁管理：操作系统、应用程序和固件的更新通常包含安全补丁，可修复已知的安全漏洞。定期检查并安装这些更新是维护无人机系统安全的重要步骤。

2）代码审查：由专业安全团队对无人机控制软件的源代码进行审查，寻找潜在的安全缺陷，如 SQL 注入、跨站脚本（XSS）、缓冲区溢出等，确保代码质量和安全性。

（3）双因素认证

1）身份验证机制：在传统的用户名、密码之外，添加第二层认证，如生物识别（指纹、面部识别）或基于时间的一次性密码（OTP），提高无人机控制的访问门槛，确保只有授权人员才能操作无人机。

2）物理安全措施：

① 设备锁定：使用生物识别技术或其他物理安全锁，如密码锁或智能卡，确保无人机在未经授权的情况下无法启动或操作。

② 安全存储：无人机应存放在安全的环境中，如加锁的仓库或专用的无人机库房，以防止设备被盗或被物理破坏。

（4）网络安全防护

1）防火墙：在无人机的网络边界部署防火墙，阻止未经授权的网络访问，只允许预定义的 IP 地址或端口进行通信，防止恶意流量进入。

2）入侵检测系统（IDS）：部署入侵检测系统，持续监控网络流量，识别异常行为或已知的攻击模式，如 DDoS 攻击、端口扫描等，及时发出警报并采取响应措施。

3）安全协议：HTTPS 和 SSH 协议分别用于加密网页数据传输和安全的远程登录，确保数据在传输过程中的安全性和完整性。

（5）安全意识培训

1）培训课程：为无人机操作员和维护人员提供定期的网络安全意识培训，包括常见攻击类型、如何识别钓鱼邮件、基本的密码管理等，提高他们的安全意识。

2）应急演练：组织模拟的网络安全应急演练，让团队成员熟悉在遭受攻击时的响应流程，包括数据备份、系统恢复和通知流程。

（6）防御性驾驶

1）GPS 信号验证：实施 GPS 信号验证，使用多颗卫星的信号进行交叉验证，确保无人机接收到的 GPS 信号是真实可靠的，防止 GPS 欺骗。

2）备用通信通道：为无人机配备短程无线电或卫星电话等备用通信手段，以防主通信链路被干扰或破坏时，能够维持基本的控制和通信能力。

（7）安全策略与合规性

1）安全策略文档：制定详细的无人机安全策略，包括操作规程、数据管理、访问控制、应急响应等，确保所有操作都遵循既定的安全准则。

2）合规性审计：定期进行安全合规性审计，对照国际或本地的安全标准和法规要求，检查无人机系统的安全配置和操作流程，确保合规性。

（8）供应链安全管理

1）供应商评估：在采购无人机部件或服务时，对供应商的安全记录和合规性进行评估，选择信誉好、安全标准高的供应商，减少供应链中的安全风险。

2）合同条款：在与供应商签订合同时，明确安全责任和保密义务，包括数据保护、知识产权和安全事件通报机制。

（9）监测与日志记录

1）活动监控：持续监控无人机系统的各项活动，包括飞行任务、数据传输、系统登录等，使用安全信息和事件管理系统（SIEM）自动分析日志，识别异常行为。

2）日志记录：保存详细的系统日志，包括登录尝试、数据访问、飞行记录等，以便在发生安全事件时进行调查和取证，同时也有助于进行合规性审计和性能分析。

通过综合运用上述安全措施，无人机系统可以有效抵御黑客攻击、数据窃取等网络安全威胁，确保数据的完整性和操作员的隐私安全。然而，网络安全是一个动态的领域，需要无人机制造商、操作员和监管机构持续关注新兴威胁，定期更新安全策略和技术，以维护无人机系统的安全和稳定。

5.2.6 高密度空域协同作业管理

1. 高密度空域协同作业管理遇到的挑战

随着无人机技术的不断进步和应用场景的广泛拓展，特别是在城市环境中的物流配送、紧急服务、媒体拍摄、基础设施检查等领域，无人机的数量和飞行频率呈指数级增长。这种趋势不仅极大地提升了服务效率和可达性，同时也给高密度空域中的空中交通管理（Air Traffic Management，ATM）带来了前所未有的挑战和压力。以下是对上述挑战的深入剖析和探讨。

（1）空域共享与冲突解决

1）无人机与传统航空器共存：在高密度空域中，无人机与传统有人驾驶飞机、直升机以及其他无人机的空域共享变得日益复杂。无人机的体积较小、飞行高度较低的特点，使得它们可能与常规航空器在同一空域内飞行，增加了碰撞风险。例如，城市空中走廊的设立是为了确保无人机与商业航班的分离，但随着无人机数量的激增，如何在有限的空域内高效安排飞行路径，避免飞行冲突，成为一个紧迫的问题。

2）无人机自主能力局限：无人机的自主飞行能力和实时决策系统尚未达到与有人驾驶飞机同等的水平，这使得空中交通管制员在解决飞行冲突时面临更大的挑战。例如，当两架无人机接近同一飞行路径时，它们可能不具备即时调整航向或高度的能力，需要地面站或空中交通管理系统的干预，以确保安全飞行。

（2）飞行计划与动态调整

1）实时任务需求：无人机的飞行计划往往比有人驾驶飞机更为灵活，可能因实时任务需求而频繁变更。这要求空中交通管理系统能够快速响应并调整飞行计划，以避免潜在的飞行冲突。例如，紧急医疗物资的运送可能需要无人机在短时间内调整路线，前往最近的医院，这就考验了空中交通管理系统的动态调整能力。

2）高频次起降与路径规划：商业无人机的高频次起降和密集的飞行路径规划，对现有空域管理系统的灵活性和计算能力提出了更高要求。例如，大型电商的无人机配送服务可能每天需要成百上千次的起降，如何在繁忙的城市空域中规划最优化的飞行路线，避免拥堵和冲突，是空中交通管理面临的一大难题。

（3）通信与监控

1）无线电频率干扰：无人机与空中交通管制中心之间的通信可能受到无线电频率干扰，尤其是在城市环境中，高楼大厦和电子设备的信号反射和干扰可能影响通信质量。例如，城市的高层建筑群可能会导致信号盲区，影响无人机与地面站之间的数据传输。

2）雷达监测的局限性：无人机的尺寸和低空飞行特性，使得现有的雷达监测系统难以有效追踪，需要依赖更先进的监视技术，如ADS-B（自动相关监视广播）、无人机感知与避障系统等。ADS-B技术可以提供无人机的实时位置、高度和速度信息，帮助空中交通管制员更好地监控无人机的飞行状态。

（4）数据管理与隐私保护

1）飞行数据的海量收集：大量无人机的飞行数据，包括飞行路径、高度、速度等，需要被收集、存储和分析，这对数据管理系统的容量和处理能力提出挑战。例如，无人机在执行任务时生成的海量数据需要实时处理，以确保飞行安全和效率。

2）城市环境中的隐私风险：无人机在城市环境中飞行时，可能收集到大量的个人隐私数据，如何在保障飞行安全的同时，保护公民隐私，成为亟待解决的问题。例如，无人机在执行空中巡逻或快递配送任务时，可能会无意中拍摄到私人住宅或个人活动，这需要严格的数据管理和隐私保护措施，以防止个人信息的滥用和泄露。

（5）法规与标准

1）跨国界飞行的法律障碍：目前，各国和地区的无人机管理法规尚处于发展阶段，标准和规定存在差异，这给跨国界的无人机飞行带来了法律障碍。例如，欧盟和美国在无人机飞行的高度限制、飞行区域划分等方面的法规有所不同，这限制了无人机在全球范围内的自由飞行。

2）安全标准的统一：无人机的注册、许可、操作员培训和认证体系尚需完善，以确保所有无人机操作符合安全标准。例如，无人机操作员的资格认证制度可以确保操作者具备必要的飞行技能和安全知识，减少因操作失误引发的飞行事故。

（6）突发事件响应 高密度空域中的无人机飞行增加了空中突发事件的可能性，如无人机失控、电池故障、通信中断等，需要空中交通管理部门具备快速响应和紧急处理能力。例如，当无人机失去通信联系时，空中交通管制员需要能够立即启动应急预案，指挥附近其他航空器避开潜在的危险区域。

（7）技术集成与兼容性系统间的无缝集成

1）数据交换与信息共享：无人机空中交通管理需要与现有的航空交通管理系统进行无缝集成，这涉及不同系统之间的数据交换、信息共享和标准兼容性问题。例如，无人机的实时位置数据需要与航空交通管制系统同步，以确保空中交通的整体安全。

2）适应新技术的挑战：无人机技术的快速迭代，要求空中交通管理系统能够持续更新，以适应新技术和新功能的集成。例如，随着无人机载重能力的提升，空中交通管理需要考虑重型无人机对空域结构和飞行规则的影响，以及如何与其他航空器进行有效协同管理。

2．解决方案

有效的空中交通管理对于确保所有航空器的安全运行至关重要。以下是结合无人机交通管理系统（Unmanned Traffic Management，UTM）和其他方法在高密度空域中进行有效管理的一些策略。

（1）UTM UTM 是一个集成的系统，旨在协调和管理低空无人机的运行，特别是在高密度的城市环境中。它包括以下几个关键组成部分。

1）注册与认证：所有无人机和操作员需要在系统中注册，并通过必要的认证程序。

2）飞行计划申报：无人机操作员需要提前提交飞行计划，包括飞行路线、高度和时间，以便进行审批。

3）动态空域管理：根据实时的空中交通状况，动态调整可用的空域，以避免冲突。

4）冲突检测与解决：使用传感器和通信技术来检测潜在的碰撞风险，并采取措施防止冲突。

5）数据共享与通信：确保所有相关方（包括其他无人机、航空管制中心和地面站）之间的信息流畅。

6）应急响应：建立紧急情况下的响应机制，例如失控的无人机或突发事件。

（2）空域申请流程　无人机操作员在飞行前需要遵守一定的空域申请流程，通常包括：

1）检查飞行区域：确认飞行区域是否属于受限空域，如机场附近、军事基地或国家公园。

2）提交飞行计划：向相应的航空当局提交详细的飞行计划，包括飞行的高度、速度、持续时间和目的。

3）获得批准：等待并接收航空当局的批准，有时可能需要特定的许可或豁免。

4）遵守飞行规则：一旦获得批准，无人机操作员必须严格遵守所有的飞行规定和指令。

随着技术的不断进步和法规的逐步完善，无人机将在更多领域发挥重要作用，为社会带来更多的便利与价值。未来，无人机将成为智慧城市空中交通的重要组成部分，实现人机共存、和谐飞行的美好愿景。

5.2.7　无人机事故后的证据收集与报告

无人机事故的妥善处理对于事故原因的准确分析、责任界定，以及后续预防措施的制定至关重要。下面详细介绍在事故发生后有效地收集现场证据、撰写详尽的事故报告的方法，确保事故调查的公正性和透明度。

1. 现场证据收集

（1）立即响应　一旦确认无人机事故，立即通知相关的应急响应团队或组织。

（2）现场保护　确保事故现场不被破坏，避免无关人员接近，如果可能，用绳子或隔离带围出保护区域。

（3）收集飞行数据

1）无人机飞行日志：无人机通常配备有内置的飞行记录器，记录着飞行的高度、速度、GPS位置、电池状态、传感器读数等信息。确保安全地下载并备份这些数据。

2）地面站日志：地面站也会记录操作员的指令、无人机的状态反馈，以及与无人机的通信记录。这些数据对于理解事故前后的情况非常关键。

3）系统硬件日志：收集无人机各个硬件组件的运行日志，例如电动机、电调（ESC）、GPS模块、IMU等，以检查是否有硬件故障的迹象。

4）系统软件日志：包括无人机操作系统和任何加载的软件模块的日志，查看是否有软件错误或异常行为。

5）通信记录：记录与地面站之间的所有通信，包括语音通话、文本消息等。

（4）视频与图片记录

1）视频记录：无人机上的摄像头会录制飞行过程中的视频，务必完整保留事故发生前后的所有视频资料。

2）云台操作记录：如果无人机配备了可调整的云台，收集云台的运动记录，这有助于了解摄像头的角度变化。

3）无人机残骸：对无人机残骸进行详细拍摄，记录每个部分的位置和损坏程度。

4）环境照片：拍摄事故现场的全景，包括周围的地形、障碍物、天气状况等，以及任何可能影响飞行的因素。

5）标记关键点：在照片中标注出关键点，如撞击点、散落物分布、潜在的证据来源等。

（5）通信记录

1）语音通话：记录与地面站之间的所有语音通信，包括事故前后的对话。

2）文本消息：保存与操作员或第三方的任何文本、邮件或社交媒体交流记录。

（6）其他证据

1）目击者证言：尽快采访目击者，收集他们的陈述，并记录下他们的联系信息。

2）气象数据：获取事故发生时的气象报告，包括风速、风向、气温、湿度等。

3）环境数据：收集有关地形、建筑物、树木等可能影响飞行的环境因素信息。

（7）证据存储与保护

1）数据备份：立即将所有收集到的电子数据进行加密备份，防止数据丢失或篡改。

2）实物证据：无人机残骸及其他实体证据应妥善保管，避免自然因素或人为破坏。

（8）法律与合规考虑

1）遵守法规：确保所有的证据收集活动符合当地的法律法规和隐私保护要求。

2）专业协助：考虑聘请法律顾问和技术专家协助证据的收集和分析，确保其合法性和有效性。

2. 事故报告撰写

撰写无人机事故报告是一项关键的工作，它不仅有助于理解事故的根本原因，而且对于预防未来的事故、改进操作规程，以及法律责任的界定都至关重要。下面介绍一份详细、专业的无人机事故报告应该包含的内容。

（1）封面与标题页

标题："无人机事故报告"。

日期：报告编写日期。

事故日期：事故发生的具体日期和时间。

地点：事故发生的精确地理位置。

涉事无人机信息：无人机的型号、序列号、所属单位或个人。

报告编号：如果适用，可以给报告分配一个唯一的编号。

（2）引言

目的：简述报告的目的和背景。

概览：事故发生的简要描述，包括基本的时间、地点和事故性质。

（3）事故详情

事故描述：详细叙述事故发生前后的具体情境，包括无人机的状态、飞行任务、操作员的行动、环境条件等。

证据收集：列出所有收集到的证据，包括飞行日志、视频记录、现场照片、目击者证言、气象与环境数据等。

1）飞行日志与数据：

① 飞行日志摘要：提供飞行日志的关键信息摘要，如起飞时间、飞行路线、高度、速度、电池状态、传感器读数等。

② 系统日志摘要：概述系统日志中的异常记录，包括任何故障代码、警告信息、操作命令等。

2）视频与图片记录：

① 视频摘要：描述视频记录中的关键时刻，包括事故发生的瞬间、无人机的状态变化、环境状况等。

② 图片目录：列出所有现场照片，包括无人机残骸、撞击点、散落物分布、周围环境等。

3）目击者证言：

① 证人名单：列出所有目击者的名字和联系方式。

② 证言摘要：概括目击者提供的信息，包括他们观察到的事故经过、时间、地点等。

4）气象与环境数据：

① 气象报告：提供事故发生时的气象数据，如风速、风向、温度、湿度等。

② 环境分析：分析事故地点的地形、障碍物、人流车流状况等环境因素。

（4）初步分析

1）事故原因假设：基于收集的证据，提出可能的事故原因，如人为错误、机械故障、外部因素等。

2）责任方分析：初步判断事故责任归属，包括操作员、制造商、环境因素等。

（5）影响评估

1）人员伤亡：记录事故造成的人员伤害，包括受伤人数、伤势严重程度等。

2）财产损失：评估无人机、地面设施、第三方财产的损失情况。

3）环境影响：分析事故对周边环境的潜在影响。

（6）建议与预防措施

1）责任界定：根据证据分析，明确责任方。

2）预防措施：提出具体的预防措施，如改进操作规程、加强人员培训、定期设备检查等。

（7）附录

1）证据副本：包括所有证据的复印件、照片、视频文件等。

2）专家意见：如果适用，附上专家对事故的分析和意见。

（8）审核与批准

1）审核人：列出负责审核报告的人员及其签名。

2）批准人：列出最终批准报告的高层管理人员及其签名。

第6章 无人机巡检作业实践

> **目标和要求：** 无人机巡检作业旨在通过无人机进行巡检，提升巡检效率、减少人工成本。要求操作员具备专业技能，能够合理规划航线、规范巡检数据管理、准确识别故障以及编制详细的巡检报告，确保巡检工作的有效性和可靠性。
>
> **重点和难点：** 无人机巡检作业的重点在于确保高质量的数据采集和高效的缺陷检测；难点主要包括应对复杂的现场环境、恶劣天气条件对飞行的影响，从依赖人工巡检向无人机巡检的转变过程中的一系列适应问题，以及确保大量巡检数据的有效管理和分析。

6.1 巡检作业流程与规范

无人机巡检在电网中已经深入应用，为加快推进数字化建设工作，按照国家电网的要求，无人机自主巡检规模化应用将开始全面推广。

6.1.1 巡检作业流程

1. 作业前准备

（1）现场勘查 无人机巡检作业前，应根据巡检任务需求，收集所需巡检设备的地理位置分布图，提前掌握巡检线路走向和走势、交叉跨越、杆塔坐标、巡检区域地形地貌、起飞和降落点环境、交通运输条件及其他航线规划条件，对复杂地形、复杂气象条件下或夜间开展的无人机巡检作业，以及现场勘察认为危险、复杂和困难程度较大的无人机巡检作业，应专门编制组织措施、技术措施和安全措施。现场勘察至少由无人机操作员和现场负责人参与完成，并正确填写"无人机巡检作业现场勘查记录单"。

（2）危险源辨识 无人机巡检作业工作负责人应能正确评估被巡设备布置情况、线路走向和走势、线路交叉跨越情况、空中管制区分布、周边地形地貌、通信阻隔和无线电干扰情况、交通运输条件、邻近树竹及建筑设施分布、周边人员活动情况、作业时段及其他危险点等对巡检作业安全、质量和效率的影响；能根据现场情况正确制定为保证作业安全和质量需采取的技术措施和安全措施。

（3）航线规划 作业前一周，工作负责人根据巡检任务类型、被巡设备布置、无人机巡检系统技术性能状况、周边环境等情况正确规划巡检航线，按照国家有关法规规划，对

无人机巡检培训教程

无人机在输电线路通道两侧的空间内活动的规则、方式和时间等进行提前申请,并获得许可。

(4)工作票办理 使用无人机巡检系统开展线路设备巡检、通道环境巡视、线路勘察和灾情巡视等工作,应填写无人机巡检作业工作票。应严格按照工作票签发、许可、终结流程进行。

一张工作票只能使用一种型号的无人机巡检系统。使用不同型号的无人机巡检系统进行作业,应分别填写工作票。一个工作负责人不能同时执行多张工作票。在巡检作业工作期间,工作票应始终保留在工作负责人手中。

工作许可人应由熟悉空域使用相关管理规定和政策,熟悉地形地貌、环境条件,熟悉线路情况,熟悉无人机巡检系统,熟悉相关安全工作规程,具有航线申请、空管报批相关工作经验,并经省(地、市)检修公司分管生产领导书面批准的人员担任。

工作许可人需负责审查飞行空域是否已获批准、航线规划是否满足安全飞行要求、安全措施等是否正确完备、安全策略设置等是否正确完备、查异常处理措施是否正确完备。

2. 巡检作业流程

无人机巡检作业流程如图 6-1 所示。

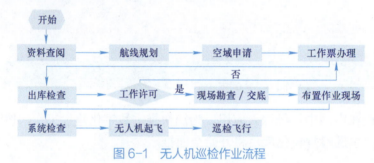

图 6-1 无人机巡检作业流程

6.1.2 输电设备本体巡检规范

1. 输电设备本体巡检内容

输电设备本体巡检内容见表 6-1。

表 6-1 输电设备本体巡检内容

分类	设备	可见光巡检	红外巡检
线路本体	导、地线	散股、断股、损伤、断线、放电烧伤、悬挂漂浮物、弧垂过大或过小、严重锈蚀、有电晕现象、导线缠绕(混线)、覆冰、舞动、风偏过大、对交叉跨越物距离不足等	发热点、放电点
	杆塔	杆塔倾斜、塔材弯曲、地线支架变形、塔材丢失、螺栓丢失、严重锈蚀、脚钉缺失、爬梯变形、土埋塔脚等	
	金具	线夹断裂、裂纹、磨损、销钉脱落或严重锈蚀;均压环、屏蔽环烧伤、螺栓松动;防振锤跑位、脱落、严重锈蚀、阻尼线变形、烧伤;间隔棒松脱、变形或离位;各种连接板、连接环、调整板损伤、裂纹等	连接点、放电点发热

（续）

分类	设备	可见光巡检	红外巡检
线路本体	绝缘子	绝缘子自爆，伞裙破损，严重污秽，有放电痕迹，弹簧销缺损，钢帽裂纹、断裂，钢脚严重锈蚀或蚀损等	击穿发热
	其他	设备损坏情况	发热点
	光缆	损坏、断裂、弛度变化等	
附属设施	防鸟、防雷等装置	破损、变形、松脱等	
	各种监测装置	缺失、损坏等	

2. 巡检要求

（1）飞行及巡检拍摄要求　无人机作业应尽可能实现对杆塔设备、附属设施的全覆盖，根据机型特点、巡检塔型，遵照标准化作业流程开展作业，巡检导、地线，绝缘子串，销钉，均压环，防振锤等重要设备或发现缺陷故障点时，从俯视、仰视、平视等多个角度、顺线路方向、垂直线路方向进行航拍，避免逆光拍摄。

无人机巡检拍摄内容应包含塔全貌、塔头、塔身、杆号牌、绝缘子、各挂点、金具、通道等，各部位拍摄要求见表 6-2。

表 6-2　各部位拍摄要求

拍摄部位		拍摄重点
直线塔	塔概况	塔全貌、塔头、塔身、杆号牌、塔基
	绝缘子串	绝缘子
	悬垂绝缘子横担端	绝缘子碗头销、保护金具、铁塔挂点金具
	悬垂绝缘子导线端	导线线夹、各挂板、联板等金具
		碗头挂板销
	地线悬垂金具	地线线夹、接地引下线连接金具、挂板
	通道	小号侧通道、大号侧通道
耐张塔	塔概况	塔全貌、塔头、塔身、杆号牌、塔基
	耐张绝缘子横担端	调整板、挂板等金具
	耐张绝缘子导线端	导线耐张线夹、各挂板、联板、防振锤等金具
	耐张绝缘子串	每片绝缘子表面及连接情况
	地线耐张金具（直线金具）	地线耐张线夹、接地引下线连接金具、防振锤、挂板
	引流线绝缘子横担端	绝缘子碗头销、铁塔挂点金具
	引流绝缘子导线端	碗头挂板销、引流线夹、联板、重锤等金具
	引流线	引流线、引流线绝缘子、间隔棒
	通道	小号侧通道、大号侧通道

1）基本原则：面向大号侧，先左后右，从下至上（对侧从上至下），先小号侧后大号侧。有条件的单位，应根据输电设备结构选择合适的拍摄位置，并固化作业点，建立标准化航线库。航线库应包括线路名称、杆塔号、杆塔类型、布线型式、杆塔地

理坐标、作业点成像参数等信息。

2）直线塔拍摄原则：

①单回直线塔：面向大号侧，先拍左相再拍中相后拍右相，先拍小号侧后拍大号侧。

②双回直线塔：面向大号侧，先拍左回后拍右回，先拍下相再拍中相后拍上相（对侧先拍上相再拍中相后拍下相，按∩形顺序拍摄），先拍小号侧后拍大号侧。

3）耐张塔拍摄原则：

①单回耐张塔：面向大号侧，先拍左相再拍中相后拍右相，先拍小号侧再拍跳线串后拍大号侧。小号侧先拍导线端后拍横担端，跳线串先拍横担端后拍导线端；大号侧先拍横担端后拍导线端。

②双回耐张塔：面向大号侧，先拍左回后拍右回，先拍下相再拍中相后拍上相（对侧先拍上相再拍中相后拍下相，按∩形顺序拍摄），先拍小号侧再拍跳线后拍大号侧。小号侧先拍导线端后拍横担端，跳线串先拍横担端后拍导线端；大号侧先拍横担端后拍导线端。

（2）图像采集标准　无人机开展输电设备本体巡检时，其图像采集内容包括杆塔及基础各部位，导、地线，附属设施，大小号侧通道等；采集的图像应清晰，可准确辨识销钉及缺陷，拍摄角度合理。交流线路单回直线酒杯塔无人机巡检路径如图6-2所示；交流线路单回直线酒杯塔无人机巡检拍摄规则见表6-3。

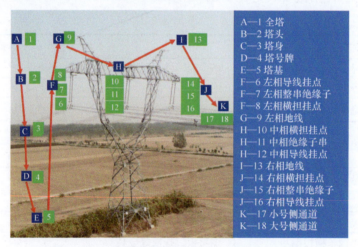

图6-2　交流线路单回直线酒杯塔无人机巡检路径

表6-3　交流线路单回直线酒杯塔无人机巡检拍摄规则

拍摄部位编号	悬停位置	拍摄部位	示例	拍摄方法
1	A—1 略高于或平齐塔头，距离杆塔约15m处拍摄	全塔		拍摄角度：俯视 拍摄要求：杆塔全貌，能够清晰分辨全塔和杆塔角度，主体占比不低于全幅80%

（续）

拍摄部 位编号	悬停位置	拍摄部位	示例	拍摄方法
2	B—2 高于或平齐塔头，距离塔头10m	塔头		拍摄角度：俯视 拍摄要求：能够完整看到杆塔塔头
3	C—3 在塔身中间或塔头下端，距离塔身约15m处	塔身		拍摄角度：平/俯视 拍摄要求：能够看到除塔头、塔基外的其他结构全貌
4	D—4 平齐或稍高于塔号牌，距离约5m	塔号牌		拍摄角度：平/俯视 拍摄要求：能够清晰分辨塔号牌上线路双重名称
5	E—5 高于塔基约5m，距离拍摄部位约10m	塔基		拍摄角度：俯视 拍摄要求：能够看清塔基附近地面情况，拉线是否连接牢靠
6	F—6 侧方悬停，距离拍摄部位约5m	左相导线挂点		拍摄角度：平/俯视 拍摄要求：能够清晰分辨螺栓、螺母、锁紧销等小尺寸金具及防振锤。设备相互遮挡时，采取多角度拍摄。每张照片至少包含一片绝缘子
7	F—7 侧方悬停，距离拍摄部位约10m	左相整串绝缘子		拍摄角度：平视 拍摄要求：需覆盖绝缘子整串，可拍多张照片，最终能够清晰分辨绝缘子表面损痕和每片绝缘子连接情况

（续）

拍摄部位编号	悬停位置	拍摄部位	示例	拍摄方法
8	F—8 侧方悬停，距离拍摄部位约5m	左相横担挂点		拍摄角度：平／俯视 拍摄要求：能够清晰分辨螺栓、螺母、锁紧销等小尺寸金具。设备相互遮挡时，采取多角度拍摄。每张照片至少包含一片绝缘子
9	G—9 侧方悬停，距离拍摄部位约5m	左相地线		拍摄角度：平／俯／仰视 拍摄要求：能够判断各类金具的组合安装状态、与地线接触位置铝包带安装状态、清晰分辨锁紧位置的螺母销等部件。设备相互遮挡时，采取多角度拍摄
10	H—10 侧方悬停，距离拍摄部位约5m	中相横担挂点		拍摄角度：平／俯视 拍摄要求：能够清晰分辨螺栓、螺母、锁紧销等小尺寸金具。设备相互遮挡时，采取多角度拍摄。每张照片至少包含一片绝缘子
11	H—11 侧方悬停，距离拍摄部位约10m	中相绝缘子串		拍摄角度：平视 拍摄要求：需覆盖绝缘子整串，可拍多张照片，最终能够清晰分辨绝缘子表面损痕和每片绝缘子连接情况
12	H—12 侧方悬停，距离拍摄部位约5m	中相导线挂点		拍摄角度：平／俯视 拍摄要求：能够清晰分辨螺栓、螺母、锁紧销等小尺寸金具及防振锤。设备相互遮挡时，采取多角度拍摄。每张照片至少包含一片绝缘子
13	I—13 侧方悬停，距离拍摄部位约5m	右相地线		拍摄角度：平／俯／仰视 拍摄要求：能够判断各类金具的组合安装状态、与地线接触位置铝包带安装状态、清晰分辨锁紧位置的螺母销等部件。设备相互遮挡时，采取多角度拍摄

（续）

拍摄部位编号	悬停位置	拍摄部位	示例	拍摄方法
14	J—14 侧方悬停，距离拍摄部位约5m	右相横担挂点		拍摄角度：俯视 拍摄要求：需覆盖绝缘子整串，可拍多张照片，最终能够清晰分辨绝缘子表面损痕和每片绝缘子连接情况
15	J—15 侧方悬停，距离拍摄部位约10m	右相整串绝缘子		拍摄角度：平视/俯视 拍摄要求：能够清晰分辨螺栓、螺母、锁紧销等小尺寸金具及防振锤。金具相互遮挡时，采取多角度拍摄
16	J—16 侧方悬停，距离拍摄部位约5m	右相导线挂点		拍摄角度：平视/俯视 拍摄要求：能够清晰分辨螺栓、螺母、锁紧销等小尺寸金具及防振锤。金具相互遮挡时，采取多角度拍摄
17	K—17 距离拍摄部位约10m	小号侧通道		拍摄角度：平视/俯视 拍摄要求：能够清晰完整地看到杆塔的通道情况，如树木、交叉、跨越情况
18	K—18 侧方悬停，距离拍摄部位约10m	大号侧通道		拍摄角度：平视/俯视 拍摄要求：能够清晰完整地看到杆塔的通道情况，如树木、交叉、跨越情况

6.1.3 ▶ 变电设备本体巡检规范

1. 巡视内容

变电设备本体巡检内容见表 6-4（包括但不限于表 6-4 中的内容）。

表 6-4 变电设备本体巡检内容

序号	巡视对象	内容说明
1	构支架	本体变形、倾斜、严重裂纹、异物搭挂；钢筋混凝土构支架两杆连接抱箍横梁处锈蚀、连接松动、外皮脱落、风化露筋、贯穿性裂纹
2	设备金具	线夹断裂、裂纹、磨损、销钉脱落或严重腐蚀、螺栓松动，金具锈蚀、变形、磨损、裂纹，开口销及弹簧销缺损或脱出，特别要注意检查金具经常活动、转动的部位和绝缘子串悬挂点的金具
3	绝缘子及绝缘子串	绝缘子与瓷横担脏污，有瓷质裂纹、破碎，绝缘子铁帽及钢脚锈蚀，钢脚弯曲；合成绝缘子伞裙破裂、烧伤，金具、均压环变形、扭曲、锈蚀等异常情况；绝缘子与构支架横担有闪络痕迹和局部火花放电留下的痕迹；绝缘子串、绝缘横担偏斜；绝缘子槽口、钢脚、锁紧销不配合，锁紧销退出等
4	避雷器	引流线松股、断股和弛度过紧及过松；接头松动、变色；均压环位移、变形、锈蚀，有放电痕迹；瓷套部分有裂纹、破损，防污闪涂层破裂
5	电流互感器	油浸式电流互感器的油位异常、膨胀器变形；一次侧接线端子接触松动；金属外壳锈蚀；引线断股、散股
6	母线	异物悬挂；外观破损，表面脏污，连接松动；母线表面绝缘包敷松动、开裂、起层和变色；引线断股、松股，连接螺栓松动脱落
7	电力变压器	套管外部有破损裂纹、严重油污、放电痕迹及其他异常现象；油枕、套管及法兰、阀门、油管、瓦斯继电器等各部位渗漏油；存在异物
8	电压互感器	外绝缘表面有裂纹、放电痕迹、老化迹象，防污闪涂料脱落，各连接引线及接头松动、变色迹象
9	避雷针	避雷针本体歪斜、锈蚀、塔材缺失、脱落；接地引下线锈蚀、断落；避雷针无编号、法兰螺栓松动、锈蚀；避雷针基础有破损、酥松、裂纹、露筋及下沉
10	周边隐患、站房顶面	周边500m内存在气球广告，庆典活动飘带、横幅；存在大块塑料薄膜、金属飘带等易浮物的废品收购站、垃圾回收站、垃圾处理厂；没有有效固定措施的蔬菜大棚塑料薄膜、农用地膜、遮阳膜；周边有可能造成变电站围墙倒塌、变电站整体下沉、杆塔倒塌的开挖作业；站房顶面开裂、积水、杂物堆积

2. 巡检要求

（1）飞行及巡检拍摄应满足相关技术要求 具体如下：

1）拍摄时应确保相机参数设置合理、对焦准确，保证图像清晰、曝光合理、不出现模糊现象。

2）变电站目标设备应位于图像中间位置，销钉类目标及缺陷在放大情况下清晰可见。

（2）图像采集标准 见表6-5。

表 6-5　变电设备本体巡检拍摄图像采集标准

拍摄部位编号	悬停位置	拍摄部位	示例	拍摄角度
1	悬停位置高于设备20m	构支架		作业人员应保证所拍摄照片对象覆盖完整、清晰度良好、亮度均匀。拍摄过程中，须保证被拍摄主体处于相片中央位置，且处于清晰对焦状态
2	悬停位置高于设备20m	设备金具		作业人员应保证所拍摄照片对象覆盖完整、清晰度良好、亮度均匀。拍摄过程中，须保证被拍摄主体处于相片中央位置，且处于清晰对焦状态
3	悬停位置高于设备20m	绝缘子及绝缘子串		作业人员应保证所拍摄照片对象覆盖完整、清晰度良好、亮度均匀。拍摄过程中，须保证被拍摄主体处于相片中央位置，且处于清晰对焦状态
4	悬停位置高于设备20m	避雷器		作业人员应保证所拍摄照片对象覆盖完整、清晰度良好、亮度均匀。拍摄过程中，须保证被拍摄主体处于相片中央位置，且处于清晰对焦状态
5	悬停位置高于设备20m	电流互感器		作业人员应保证所拍摄照片对象覆盖完整、清晰度良好、亮度均匀。拍摄过程中，须保证被拍摄主体处于相片中央位置，且处于清晰对焦状态
6	悬停位置高于设备20m	母线		作业人员应保证所拍摄照片对象覆盖完整、清晰度良好、亮度均匀。拍摄过程中，须保证被拍摄主体处于相片中央位置，且处于清晰对焦状态
7	悬停位置高于设备20m	电力变压器		作业人员应保证所拍摄照片对象覆盖完整、清晰度良好、亮度均匀。拍摄过程中，须尽量保证被拍摄主体处于相片中央位置，且处于清晰对焦状态

（续）

拍摄部位编号	悬停位置	拍摄部位	示例	拍摄角度
8	悬停位置高于设备20m	电压互感器		作业人员应保证所拍摄照片对象覆盖完整、清晰度良好、亮度均匀。拍摄过程中，须尽量保证被拍摄主体处于相片中央位置，且处于清晰对焦状态
9	悬停位置高于设备20m	避雷针		作业人员应保证所拍摄照片对象覆盖完整、清晰度良好、亮度均匀。拍摄过程中，须尽量保证被拍摄主体处于相片中央位置，且处于清晰对焦状态
10	悬停位置高于设备20m	周边隐患、站房顶面		作业人员应保证所拍摄照片对象覆盖完整、清晰度良好、亮度均匀。拍摄过程中，须尽量保证被拍摄主体处于相片中央位置，且处于清晰对焦状态

6.1.4 配电设备本体巡检规范

1. 巡检内容

配电设备本体巡检内容见表6-6。

表6-6 配电设备本体巡检内容

巡检对象		内容说明
线路本体	地基与基面	回填土下沉或缺土、水淹、冻胀、堆积杂物等
	杆塔基础	明显破损、酥松、裂纹、露筋等，基础移位、边坡保护不够等
	杆塔	杆塔倾斜、塔材严重变形、严重锈蚀，塔材、螺栓、脚钉缺失，土埋塔脚等；混凝土杆未封杆顶、破损、裂纹，爬梯严重变形等
	接地装置	断裂、严重锈蚀、螺栓松脱、接地体外露、缺失，连接部位有雷电烧痕等
	拉线及基础	拉线金具等被拆卸、拉线棒严重锈蚀或蚀损、拉线松弛、断股、严重锈蚀、基础回填土下沉或缺土等
	绝缘子	伞裙破损、严重污秽、有放电痕迹、弹簧销缺损，钢帽裂纹、断裂，钢脚严重锈蚀或蚀损、绝缘子串严重倾斜
	导线、地线、引流线	散股、断股、损伤、断线、放电烧伤、悬挂漂浮物、严重锈蚀、导线缠绕（混线）、覆冰等

（续）

巡检对象		内容说明
线路本体	线路金具	线夹断裂、裂纹、磨损、销钉脱落或严重锈蚀；均压环、屏蔽环烧伤，螺栓松动；防振锤跑位、脱落、严重锈蚀，阻尼线变形、烧伤；间隔棒松脱、变形或离位、悬挂异物；各种连板、连接环、调整板损伤、裂纹等
附属设施	防雷装置	破损、变形、引线松脱、烧伤等
	防鸟装置	固定式：破损、变形、螺栓松脱等 活动式：褪色、破损等 电子、光波、声响式：损坏
	各种监测装置	缺失、损坏
	航空警示器材	高塔警示灯、跨江线彩球等缺失、损坏
	防舞动防冰装置	缺失、损坏等
	配网通信线	损坏、断裂等
	杆号、警告、防护、指示、相位等标志	缺失、损坏、字迹或颜色不清、严重锈蚀等

配电设备本体巡检时，应至少拍摄杆塔杆号牌、杆塔全景图、杆塔基础图、杆塔设备近景图、杆塔重点构件近景图、沿线概况图。

2. 巡检要求

（1）飞行及巡检拍摄要求

1）斜对角俯拍：对电杆及铁塔拍摄宜采用斜对角俯拍方式，尽可能将全部人巡无法看到、无法看清部位单张或分张拍摄清楚。

斜对角俯拍方式是指无人机高度高于被拍摄物体，并且中轴线延长线与线路走向成15°～60°方向拍摄，然后将无人机旋转180°飞至被拍摄物体对侧再次拍摄。使用此方法可以以较少的拍摄图片尽可能多地采集被拍摄物体的信息。

2）近距离拍摄：拍摄设备近景图时，应提前确认设备周围情况，如附近有无高杆植物，有无其他高压线路、低压线路或通信线，有无拉线，有无其他可能对无人机造成危害的障碍物。无人机拍摄时，后侧至少保持 3m 安全距离。如无人机受电磁或气流干扰应向后轻拨摇杆，将无人机水平向后移动。使用无人机失控自动返航功能时，禁止在高低压导线、通信线、拉线正下方飞行，以免无人机失控自动返航时撞击正上方线路。对于有拉线的杆塔，严禁无人机环绕杆塔飞行。拍摄时，无人机姿态调整应以低速、小舵量控制。

3）降低飞行高度拍摄：无人机在需要降低高度飞行时，应采用无人机摄像头垂直向下，遥控器显示屏可以清晰观察到下降路径时方可降低飞行高度。降低飞行前规划好无人机升高线路，避免无人机撞击上侧盲区物体。

4）转移作业地点拍摄：无人机转移作业地点前，应将无人机上升至高于线路及转移路径上全部障碍物高度沿直线向前飞行。

（2）图像采集标准　无人机开展配电设备本体巡检时，其图像采集内容包括杆塔及基础各部位，导地线，附属设施，大小号侧通道等；采集的图像应清晰，可准确辨识销钉级别缺陷，拍摄角度合理。

表 6-7 为配电线路单回路直线杆本体巡检作业图像采集标准方法。

表 6-7　配电线路单回路直线杆本体巡检作业图像采集标准方法

拍摄部位编号	悬停位置	拍摄部位	示例	拍摄方法
1	悬停位置距离杆塔 10m	杆塔		拍摄角度：平视 / 俯视 拍摄要求：杆塔全貌，能够清晰分辨全杆和杆塔角度
2	悬停位置等高塔头或安全情况下低于塔头 2m	杆号		拍摄角度：俯视 拍摄要求：能够清楚识别杆号
3	悬停位置高于杆塔头 2m	杆塔头		拍摄角度：平视 / 俯视 拍摄要求：能够完整看清杆塔头
4	悬停位置等高杆塔头或安全情况下低于杆塔头 2m	小号侧通道		拍摄角度：平视 拍摄要求：与杆塔头平行，面向小号侧拍摄，能看到完整的通道概况
5	悬停位置等高杆塔头或安全情况下低于杆塔头 2m	大号侧通道		拍摄角度：平视 拍摄要求：与杆塔头平行，面向大号侧拍摄，能看到完整的通道概况
6	悬停位置等高杆塔头或安全情况下低于杆塔头 0.5m	左边相金具、绝缘子、挂点		拍摄角度：平视 / 俯视 拍摄要求：能够清晰分辨螺栓、螺母、锁紧销、绝缘子等小尺寸金具。金具相互遮挡时，采取多角度拍摄

（续）

拍摄部位编号	悬停位置	拍摄部位	示例	拍摄方法
7	悬停位置等高杆塔头	中相左侧金具、绝缘子、挂点		拍摄角度：平视 / 俯视 拍摄要求：能够清晰分辨螺栓、螺母、锁紧销、绝缘子等小尺寸金具。金具相互遮挡时，采取多角度拍摄
8	悬停位置高于杆塔头 2m	杆顶		拍摄角度：俯视 拍摄要求：位于杆塔顶部，采集杆塔坐标信息
9	悬停位置高于杆塔头 2m	中相右侧金具、绝缘子、挂点		拍摄角度：平视 / 俯视 拍摄要求：能够清晰分辨螺栓、螺母、锁紧销、绝缘子等小尺寸金具。金具相互遮挡时，采取多角度拍摄
10	悬停位置等高塔头或安全情况下低于杆塔头 0.5m	右边相金具、绝缘子、挂点		拍摄角度：平视 / 俯视 拍摄要求：能够清晰分辨螺栓、螺母、锁紧销、绝缘子等小尺寸金具。金具相互遮挡时，采取多角度拍摄

6.2 实战案例分析

6.2.1 典型巡检案例分析与经验分享

1. 配网无人机声纹检测案例

无人机声纹相机支持超声波频段采样音频，利用其麦克风阵列波束形成技术获取声源分布数据，通过将声源分布数据同视频图像进行声像融合，可发现各种设备金具、绝缘子、导线连接件等部位的异常放电情况。图 6-3 所示为 10kV 中相绝缘子悬浮放电。

2023 年 10 月，泰州无人机作业中心利用无人机搭载声纹相机，针对 10kV 线路共计 2000 余基杆塔开展了集中声学成像局部放电检测，顺利完成 50km 的检测工作，效果极为显著，如图 6-4 所示。

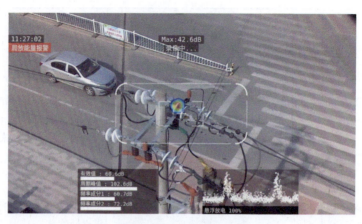

图 6-3　10kV 中相绝缘子悬浮放电

图 6-4　声纹相机检测效果

目前在电力系统的局部放电检测中，手持式声学成像仪已经广泛应用于各地电网公司，帮助一线巡检人员排查各种设备的局部放电问题。但架空线路跨度大，往往横跨山区、河湖等地形，人工徒步巡检困难大、效率低且无法做到全覆盖检测。因此，使用将声学成像技术与无人机设备相结合的无人机声纹相机，巡检人员就可以对 5km 范围内的杆塔逐基进行检测，提高了检测效率和人员的安全，如图 6-5、图 6-6 所示。

图 6-5　开关沿面放电

图 6-6　无人机携带机载声纹相机起飞

综上所述，无人机声纹局部放电检测技术具有效率高、覆盖全面的特点，解决了传统人工巡检所遇到的环境地形干扰造成的效率低、影响作业安全等问题，发展前景较好。

2. 配网无人机红外检测案例

无人机任务吊舱主要为单光源吊舱，分为可见光吊舱及红外吊舱，其红外任务设备分辨率相对较高，具备热图数据，可发现如接头松动、绝缘子损坏等相关发热异常情况。

图 6-7　红外相机检测效果

2024 年 6 月，无人机作业中心利用无人机搭载红外设备吊舱，对 ×× 开展了集中红外测温。由于无人机测控距离超过了 5km，因此通过一次起降，顺利完成了 ×× 基 10kV 配电线路的红外测温工作，效果极为显著，如图 6-7 所示。

在配电系统中，变压器、开关、熔丝具、刀闸、避雷器、过电压保护器、互感器、无功补偿装置、并沟线夹、电缆桩头等发热问题是影响配电网络安全稳定运行的重要因素。传统的检测方法，如人工巡检和地面红外测温，尽管在一定程度上能够发现部分问题，但在面对配电线路布局复杂、环境多变且设备密集的特点时，其局限性愈发明显。人工巡检难以覆盖所有角落，地面测温受视线和距离限制，难以准确检测到位于高处或隐蔽位置的发热状况，这导致了故障检测的不全面和效率低下。为此在配电巡检中引入了无人机红外测温手段，可对 5km 段内杆塔逐基进行检测，提高了工作效率和质量。

综上所述，无人机巡检红外测温技术具有单次起降大范围测量的优点，解决了以往红外测温人工作业量大、效率低下的问题，发展前景良好。

3. 无人机自主巡检案例

无人机作业中心通过手动采集和三维点云航迹规划生成的航迹文件，对配电网杆塔按照预设的航迹进行无人机自主飞行、自主拍照、任务结束后自主返航提供依据，减少了人工操作，保障飞行安全及巡检质量。

将人工采集航线规划自主巡检采集的照片，与三维点云数据航线规划自主巡检采集的照片进行对比，发现拍摄效果对比重合度在 97% ~ 99% 之间，没有太大差异，如图 6-8 所示。

针对人工巡检排查不到的缺陷隐患，如绑扎带安装不规范等，某供电公司利用无人机进行配电网线杆可见光巡检，开展配电网架空线路日常巡检，无须人员爬杆便可清晰查看缺陷隐患，方便快捷，如图 6-9 ~ 图 6-12 所示。

图6-8　人工航线规划与三维点云航线规划成果照片对比

图6-9　杆碗头挂板、楔形耐张线夹缺销钉

图6-10　绑扎带安装不规范

图6-11　缺绝缘护罩

图6-12　碗头挂板缺销钉、螺母平扣

4. 无人机单兵巡检作业车网格化巡检

为做好客户用电需求服务，配电线路架设往往绕不开道路狭窄的乡村田野（图 6-13），还有水网密布的鱼塘蟹塘等。传统巡检模式下，此类区域车辆多数情况无法通行，运维人员往往需要背负巡检设备步行完成巡线工作，不但费时费力、效率低下，而且巡检质量无法得到保障。国家电网江苏省电力有限公司泰州供电分公司无人机单兵巡检作业车的出现很好地解决了这一难题。

图 6-13　配电线路的复杂环境

无人机单兵巡检作业车专为网格化巡检打造，是一款灵活、机动、多功能的作业车，配备的工具箱能够满足人员日常巡检，同时搭载的尾箱为无人机及附属装备提供存储、起降平台，配合单兵车巡检 App 实现无人机自主作业、精准起降，如图 6-14 所示。网格人员巡检过程中接到无人机巡检任务，仅需前往指定作业点，取出无人机、打开起降板，无人机即可进行全自主巡检。

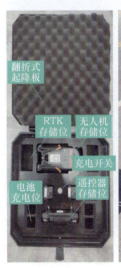

图 6-14　无人机单兵巡检作业车

作为新一代巡检设备，无人机单兵巡检作业车具备便捷性、安全性、易用性、多功能性等诸多优点。自 2022 年推广至今，该成果目前已在国家电网江苏省电力有限公司泰州供电分公司配置 15 辆无人机单兵巡检作业车，基层网格人员通过简单的基础培训，即可应用该装备开展无人机现场自主巡检作业，显著降低自主巡检对人员技能的高要求，实现覆盖 30～40km 交通范围内输配线路巡检低成本、低门槛、高效率巡检作业，单个起降可完成约 30 基配电杆塔的精细化巡检作业，工作效率实现大幅提升，如图 6-15 所示。

5. 配网无人机自主避障 + 前端识别的自主巡检案例

无人机在配网巡检的应用不同于输电线路，由于配网线路大多在居民区，且杆塔高度较低，容易受环境影响，存在着一些突出问题：一是配网通道环境复杂，存在树木、建筑超高等因素，影响飞行安全，树木、建筑遮挡导致目标拍摄困难，自主巡检难度较大。二是线路结构复杂，由于配网分支线路较多，且接线方式多样，实际线路架设环境和架设方式各异，对航迹规划和线路巡检提出更高要求。三是配网线路设备种类多样，尺寸较小且不规则，容易受通道障碍物遮挡，无法保证巡检照片质量，导致部分设备缺陷无法准确及时发现。四是依赖人工巡检，手段单一，巡检效果受操作人员技能水平、操作经验、人员精力、环境突变等因素制约，且未打通巡检作业的后台实时管理，巡检资源未得到最优配置，应用效益未充分发挥。

图 6-15　无人机单兵巡检作业
车输配网格化作业

针对上述问题国家电网江苏省电力有限公司泰州供电分公司深入探索了配网无人机自主避障＋前端识别的自主巡检方式，通过无人机搭载全向激光雷达，应用无人机仿线飞行技术，结合避障策略算法，实现自主绕障飞行。同时利用配网前端在线智能识别和缺陷检测算法、模型轻量化技术，实现算法和模型在机载轻量级设备、遥控器、平板计算机终端的运行，实现无人机前端在线设备识别和缺陷隐患检测，提升了现场巡检和缺陷处置效率。目前已经完成配网无人机业务模块建设应用，充分融合 PMS3.0 配电，已经实现的功能架构解决了当前应用中的痛点和难点问题，实现无人机业务应用在线化、移动化、透明化和智能化目标，如图 6-16 所示。

图 6-16　无人机业务应用

在国家电网江苏省电力有限公司泰州供电分公司配电海陵网格点，十里变电站 158 线 1 号～3 号杆巡检现场，无人机基于电力北斗高精度定位技术，依托 PMS3.0 台账里的杆塔经纬度信息以及电力北斗导航服务，执行巡检作业任务。依靠无人机搭载的国产 AI 机载模块，基于前端人工智能算法视觉识别配网杆塔、塔头，完成目标搜寻，目标导航，调取 45 类配网塔形库。结合关键部位的识别，基于无人机巡检拍摄目标的融合定位（图 6-17），自动生成拍照点，自主识别缺陷，实时生成缺陷报告。在巡检过程中，基于激光雷达避障算法，无人机实时感知周围的环境信息，自主避障，保障飞行安全，实现配网无人机自主巡检。

图 6-17　基于无人机巡检拍摄目标的融合定位

目前，该模式已在国家电网江苏省电力有限公司泰州供电分公司 50 条配网线路开展巡检工作，落地实施后取得了良好成效，极大提高了配网巡检作业自主性和智能化水平，使无人机巡检作业安全性更高、效率更高，减轻了运检人员的劳动强度，大幅度降低运维与成本。

6. 海陵区无人机固定机场示范区建设案例

泰州市海陵区为泰州市主城区，占地面积约 370km²。2024 年 4 月，国家电网江苏省电力有限公司泰州供电分公司启动无人机固定机场示范区建设工作，经过近 2 个月的建设，综合考虑信号覆盖、设备密度等因素，城区单机场覆盖半径按 3km，市郊覆盖半径按 5km 布局，在洋桥变电站、寺巷变电站等地共部署大疆 2 代机场 21 套，覆盖海陵区 220kV 变电站 5 座、110kV 变电站 19 座；覆盖 57 条输电线路，长度约 1166km；覆盖 271 条配电线路，长度约 1300km，实现海陵区无人机自主巡检输、变、配合专业覆盖，同步可支撑该区域的安全督查、施工勘察等场景应用。

6.2.2 ▸ 数据处理与分析技巧

1. 数据规范命名

对获取的电力设备的图片或视频，应及时处理并分类存档。作业员在巡检数据导出后应添加当次的任务信息和巡检目标的线路杆塔信息，实现巡检数据的规范命名；采用软件进行适当处理，查找缺陷并添加标记，对线路设备缺陷规范化分类分级记录，生成检测报告；对巡检工作全过程数据进行分类存储，便于后续查询检索。

（1）程序添加数据标签　在巡检作业过程中，无人机设备拍摄的巡检图像和后期添加的信息标签文件，宜采用专业数据库管理，存储时应保证命名的唯一性。宜采用专用的标注软件进行标注操作，对巡检图像批量添加信息标签，内容至少包括电压等级、设备名称、设备编号、巡检时间和巡检人员。对于巡检视频文件，需截取关键帧另存为".jpg"格式图像文件，批量添加标签规则相同。缺陷图像重命名时，要求清楚描述缺陷部位和类型，缺陷描述应按照"相－侧－部－问"的顺序，命名规范为"电压等级＋设备双重称号"－"缺陷简述"－"该图片原始名称"。对 RTK 自主精细巡检拍摄的图像，其标签应增加拍摄位置、距目标设备的拍摄距离、拍摄角度、相机焦距、目标设备成像角度和光照条件。

（2）手动重命名　若没有安装巡检图像数据库管理软件，作业人员应从无人机存储卡中导出图片或视频，选择当次任务数据，批量添加电压等级、设备双重称号，并备注当次任务的巡检时间、巡检人信息。之后根据当次任务的起止设备编号，将巡检数据与设备逐个对应，将数据保存至本地规范存储路径下。对存在缺陷的图片或视频，清楚描述缺陷部位和类型后另存到缺陷图像存储路径下。

2. 缺陷识别与标注

1）缺陷识别。巡检人员宜采用缺陷识别软件批量处理巡检数据并人工审核识别结果的准确性。当不具备程序自动识别条件时，需要由巡检人员进行人工审核，根据电网设备的典型缺陷和隐患特征，在巡检图片和视频中定位缺陷和隐患。

2）缺陷标注。缺陷标注内容为对巡检图像及视频截取帧图像中的缺陷设备。用矩形框需要标注出图片中缺陷设备部位的准确位置，并依据相关规定标注设备缺陷信息。

3. 审核与存档

批量缺陷识别和标注工作完成后，巡检人员可在图像审核界面批量审核本次作业任务的所有缺陷标注与标签信息，确保识别审核结果的准确性和完备性，然后将审核结果导入专用数据库管理，并由管理员审核入库的规范性。若不具备巡检数据库管理软件，则应采用管理人员抽检的方式进行规范性审核。

4. 缺陷分级

电网设备在运行过程中，由于天气等客观因素以及设备本身存在的问题，会产生各式各样的缺陷。设备缺陷的存在必然影响设备的安全运行，影响供电可靠性。因此，加强缺陷管理是电力系统设施管理的重要环节，在参照《输变电一次设备缺陷分类标准》（Q/GDW 1906—2013）的基础上，对各类电网设施所发生的缺陷进行分级，以便于分析统计，找出规律，从而进一步指导设备缺陷管理。

设备缺陷按照其严重程度可分为三级：一般缺陷、严重缺陷、危急缺陷。

1）一般缺陷：指设备虽然有缺陷，但是在一定期间内对设备安全运行影响不大。

2）严重缺陷：也称重大缺陷，指缺陷对设备运行有严重威胁，短期内设备尚可维持运行。

3）危急缺陷：也称紧急缺陷，指缺陷已危及设备安全运行，随时可能导致事故发生。

5．报告编写

无人机巡检报告一般可分为三部分：设备基本信息、巡检作业信息、设备缺陷信息。

1）设备基本信息包括设备电压等级、设备双重称号、设备范围、设备投运时间、设备类型、上次检修时间等信息。

2）巡检作业信息应包含巡检类型、巡检作业人员、作业天气、作业机型、巡检时间及天气等信息。

3）设备缺陷信息一般包含缺陷汇总信息、缺陷描述表、缺陷图等。缺陷汇总表应按照设备缺陷类型、缺陷分级分类统计。缺陷描述表应分项列出危急、严重、一般缺陷，并逐项进行缺陷描述，生成汇总表格，并附缺陷演示图片。

6．典型缺陷分析技巧

配电设备在运行过程中，因为遭受天气袭扰、施工工艺缺陷以及设备本身存在的问题，会产生各种缺陷。下面从实际出发，对常见的缺陷进行分类示例，从而进一步指导配电专业的缺陷管理工作。

（1）杆塔本体缺陷

1）杆塔上有鸟巢，如图6-18所示。

2）塔材缺并帽、并帽平扣：一方面，杆塔在风力作用下发生振动，引起螺栓松动或丢失，对新线路建议直接安装防松螺母，以减少运行维护量；另一方面，该类缺陷多由施工遗留造成，因此无人机随工验收工作必须加强落实，如图6-19所示。

图6-18　杆塔上有鸟巢　　　　　　　图6-19　塔材缺并帽、并帽平扣

3）杆塔遗留工具：该类缺陷完全是施工遗留问题，如不严重可以结合停电检修进行消缺，如图6-20所示。

4）塔顶损坏：该缺陷在运行8年以上的混凝土杆上经常出现，此类缺陷需要每年持续关注，避免杆塔本体进一步损坏，如图6-21所示。

5）杆塔本体有异物缠绕：该缺陷在非城区段较为典型，植物类缠绕异物多由人为引起，比如丝瓜藤与葡萄藤，该缺陷由人为引发的时候往往长得不高，不会对杆塔造成严重影响，但需密切关注野生植物，及时在夏季、春季剪短野生藤蔓的根部，如图6-22所示。

图 6-20 杆塔遗留工具

图 6-21 塔顶损坏

图 6-22 杆塔本体有异物缠绕

（2）导线类缺陷

1）绑扎带安装不规范：该类缺陷是施工遗留问题，应该加强落实无人机随工验收，及时对缺陷进行整改，如图 6-23 所示。

图 6-23 绑扎带安装不规范

2）导线遭遇雷击：杆塔落雷后，产生过电压，高温短路电流在绝缘子处进行放电。该缺陷主要会对绝缘子造成不利影响，绝缘子烧伤后要检查有无零值，并结合停电进行更换，如图 6-24 所示。

3）跳线未绑扎：该类缺陷是施工遗留问题，应该加强落实无人机随工验收，及时对缺陷进行整改，如图 6-25 所示。

图 6-24　导线遭遇雷击

图 6-25　跳线未绑扎

4）引流线、导线散股，导线断股：由于石场飞石或导线施工时受伤、经过长时间运行疲劳或导线遗留异物磨损均会造成此类缺陷。视损伤程度，根据运行规程规定进行处理，如图 6-26 所示。

图 6-26　引流线、导线散股，导线断股

（3）金具类缺陷

1）碗头挂板缺销钉，碗头挂板缺螺母：施工人员安装螺栓时，螺栓力矩不够，在风力作用下，使螺栓松动；或是施工安装时，销钉、垫片未严格按要求安装，如图 6-27 所示。

2）直角挂板、楔形耐张线夹缺销钉，耐张线夹锈蚀：销钉缺陷比较普遍，多由于施工不善造成，实际运行中造成的销钉缺陷比较少见；锈蚀是因为生产时留有杂质，造成镀锌层附着不牢固，长时间使用后镀锌层被破坏，如图 6-28 所示。

图 6-27 碗头挂板缺销钉，碗头挂板缺螺母

图 6-28 直角挂板、楔形耐张线夹缺销钉，耐张线夹锈蚀

3）缺并沟线夹：该类缺陷是施工遗留问题，应该加强落实无人机随工验收，及时对缺陷进行整改，如图 6-29 所示。

图 6-29 缺并沟线夹

4）抱箍锈蚀：抱箍生产时留有杂质，造成镀锌层附着不牢固，长时间使用后镀锌层被破坏，塔材沿杂质缝隙开始腐蚀起皮。酸雨区域和近海区常见该缺陷，如图 6-30 所示。

5）并沟线夹缺螺栓：该类缺陷可能是施工遗留问题，应该加强落实无人机随工验收；也可能是施工人员安装螺栓时，螺栓力矩不够，在风力作用下，使螺栓松动，如图 6-31 所示。

图6-30 抱箍锈蚀

图6-31 并沟线夹缺螺栓

（4）绝缘子类缺陷

1）绝缘子表面釉损坏：由于石场飞石或导线施工时受伤，发生缺陷时可结合停电计划进行更换，如图6-32所示。

图6-32 绝缘子表面釉损坏

2）复合瓷瓶未换、螺钉缺失、缺少固定措施；该类缺陷为施工遗留问题，应该加强落实无人机随工验收，如图6-33所示。

3）绝缘子脏污；绝缘子脏污后防雷、绝缘能力会减弱，会进一步发展为绝缘子闪烁导致零值绝缘子产生，应及时视脏污情况进行清扫，如图6-34所示。

图 6-33　复合瓷瓶未换、螺钉缺失、缺少固定措施

图 6-34　绝缘子脏污

4）绝缘子脱落、倾斜：在风力作用下发生振动，引起螺栓松动或丢失，造成绝缘子松动、倾斜，甚至脱落，该缺陷发生后需及时对绝缘子进行重新加固或者更换，否则会进一步影响导线的稳定性，如图 6-35 所示。

图 6-35　绝缘子脱落、倾斜

5）绝缘子有放电痕迹：杆塔落雷后，产生过电压，高温短路电流通过绝缘子串放电，造成绝缘子表面瓷釉烧伤。绝缘子闪络烧伤首末端烧伤明显，绝缘子烧伤后要检查有无零值，并结合停电进行更换，如图 6-36 所示。

图 6-36　绝缘子有放电痕迹

（5）避雷器类缺陷

1）避雷器缺失：在风力作用下发生振动，引起螺栓松动或丢失，造成避雷器脱落；该缺陷也可能由于施工工艺不符合要求造成避雷器松动后脱落，如图 6-37 所示。

图 6-37　避雷器缺失

2）避雷器上引线断裂：该缺陷是由于在长期运行过程中避雷器引线会经受来自外界环境（如高温、低温、湿度等）和电力系统（如电流冲击等）的影响，可能导致引线的绝缘材料老化，产生裂纹、腐蚀等问题，最终导致引线断裂；也可能是因为施工工艺不符合要求导致接触不良、连接不紧固，使避雷器上引线断裂，如图 6-38 所示。

图 6-38　避雷器上引线断裂

3）避雷器缺绝缘防护罩：该类缺陷是设计或者施工缺陷，应该加强图纸与材料审核工作，并加强落实无人机随工验收，及时对缺陷进行整改，如图 6-39 所示。

图 6-39　避雷器缺绝缘防护罩

4）杆避雷器脱扣：该缺陷是由于在风力作用下发生振动，引起螺栓松动或丢失，造成避雷器脱扣；也可能因为施工工艺不符合要求导致螺栓容易松动，如图 6-40 所示。

图 6-40　杆避雷器脱扣

5）下桩头连接件断裂：该缺陷是由于运动时间较长或施工工艺不符合要求导致连接件容易断裂，如图 5-41 所示。

图 6-41　下桩头连接件断裂

6）过电压保护器上桩头未搭接：该类缺陷是施工遗留问题，应该加强落实无人机随工验收，及时对缺陷进行整改，如图 6-42 所示。

图 6-42　过电压保护器上桩头未搭接

（6）通道缺陷

1）通道内林木与导线安全距离不足：该缺陷可以由无人机激光雷达扫描，并结合林业部门数据建模，生成预测林木生长的报告。目前泰州地区已实现了对通道内林木生长情况的无人机预警和监测，如图 6-43 所示。

图 6-43　通道内林木与导线安全距离不足

2）通道保护区内有施工：针对该缺陷应加强电力宣传，并加强通道流动巡视，及时对通道保护区附近施工进行管控，如图 6-44 所示。

图 6-44　通道保护区内有施工

6.2.3 环境影响评估与生态保护

　　随着科技的飞速跃进与智能化浪潮的席卷，无人机技术在诸多领域展现出了前所未有的应用潜力，其中，无人机巡检技术在电力行业的广泛应用尤为引人注目。21世纪的今天，环境保护已经成为全球共识，不仅仅是一个国家或地区的问题，而是全人类共同面临的挑战。随着工业化、城市化进程的加速，环境问题日益凸显，包括但不限于气候变化、生物多样性丧失、水资源短缺、空气与水污染、土地退化等，这些问题不仅威胁着地球生态系统的健康，也直接影响到人类的生存和发展质量。在此背景下，全球各国纷纷出台了一系列环境保护政策，国际社会通过《巴黎协定》《生物多样性公约》等国际协议，共同致力于减缓气候变化、保护自然生态系统的宏伟目标。在这样的时代背景下，各行各业都面临着转型升级的压力，力求在经济发展与环境保护之间找到平衡。电力行业作为国民经济的命脉，更是站在了这场绿色转型的前沿。传统的电力巡检方式往往依赖大量人力，不仅效率低下，还可能对环境造成一定的负面影响，如车辆排放增加、对野生动物栖息地的打扰等。因此，无人机巡检作为一种新兴技术手段，因其高效、精确、低碳的特点，逐渐成为电力行业转型升级的关键一环，它不仅能够提升巡检效率和安全性，还符合全球范围内对环境保护和可持续发展的迫切需求。无人机巡检作业的推广和应用，正是在这样的大环境下应运而生。它要求我们在利用高科技提升生产力的同时，必须深入考虑其对自然环境和野生动物的影响，力求最小化负面影响，实现人与自然和谐共生。随着生态文明建设的推进和公众环保意识的提升，无人机巡检作业的环保性成为衡量其价值的重要维度之一，促使业界不断探索更环保、更智能的巡检模式，为全球环境治理贡献力量。

为了确保无人机巡检作业合法合规、安全高效，以下列举了在该领域内需遵循的部分关键法律法规与行业标准，具体条款请参考最新颁布的正式文件。

序号	法律法规 / 行业标准	内容简介
1	《中华人民共和国民用航空法》	规定了民用航空活动的基本法律框架，包括无人机飞行管理
2	《中华人民共和国飞行基本规则》	明确了各类飞行器的飞行规则，是无人机飞行必须遵守的基本准则
3	《无人驾驶航空器飞行管理暂行条例》	详细规定了无人机的注册、驾驶员资质、空域申请、飞行计划等内容
4	《电力设施保护条例》	关于电力设施的安全保护措施，包括无人机在电力线路巡检中的行为规范
5	《架空输电线路无人机巡检作业安全工作规程》	针对无人机在电力巡检中的特定安全操作规定
6	GB/T 38997—2020 《轻小型多旋翼无人机飞行控制与导航系统通用要求》	规定了无人机系统的技术要求、试验方法等
7	GB/T 35018—2018《民用无人驾驶航空器系统分类及分级》	对无人机进行分类与分级的标准，指导不同类别无人机的适用范围
8	CH/Z 3001—2010《无人机航摄安全作业基本要求》	针对无人机航摄作业的安全要求和操作规范
9	《35kV 及以下电压等级架空电力线路无人机巡检技术导则》	本标准具体针对配电架空线路，规定了无人机巡检的配置要求、巡检内容、异常处理及巡检资料管理等，确保低电压等级线路巡检的安全性和有效性
10	《民用无人机驾驶员管理规定》	明确了无人机驾驶员的资质要求、培训、考核及执照管理，这对于配电无人机巡检人员的资格认证至关重要
11	《配电网运维规程》	虽不是专门针对无人机巡检，但其中涉及的配电线路运维要求同样适用于无人机巡检作业，包括安全距离、作业环境条件等

附　录

附录 A　现场勘查记录格式

勘查单位_____ 部门（或班组）_____ 编号_____

1. 勘查负责人_____ 勘查人员_____
_____

2. 勘查的线路名称或设备双重名称（多回线路应注明双重称号及方位）
_____
_____

3. 工作任务 [工作地点（地段）和工作内容]
_____
_____

4. 现场勘查内容

4.1　工作地点需要停电的范围
4.2　保留的带电部位
4.3　作业现场的条件、环境及其他危险点（应注明：交叉、邻近（同杆塔、并行）电力线路；多电源、自发电情况，有可能反送电的设备和分支线；地下管网沟道及其他影响施工作业的设施情况）
4.4　应采取的安全措施（应注明：接地线、绝缘隔板、遮拦、围栏、标识牌等装设位置）
4.5　附图与说明

记录人：_____　　　　　　　　　勘查时间____年____月____日____时

附录 B　配电第一种工作票格式

配电第一种工作票

单位_____　　编号_____

1. 工作负责人_____　　班组_____

2. 工作班成员（不包括工作负责人）_____

_____共____人

3. 停电线路名称（多回线路应注明双重称号）_____

_____

4. 工作任务

工作地点（地段）或设备 [注明变（配）电站、线路名称、设备双重名称、线路的起止杆号等]	工作内容

5. 计划工作时间：自____年____月____日____时____分至____年____月____日____时____分

6. 安全措施（应改为检修状态的线路、设备名称，应断开的断路器（开关）、隔离开关（刀闸）、熔断器，应合上的接地刀闸，应装设的接地线、绝缘隔板、遮拦（围栏）和标示牌等，装设的接地线应明确具体位置，必要时可附页绘图说明）

6.1　调控或运维人员（变配电站、发电厂等）应采取的安全措施	已执行

6.2　工作班完成的安全措施	已执行

6.3 工作班完成的安全措施

线路名称、设备双重名称、装设位置	接地线编号	装设人	装设时间	拆除人	拆除时间

6.4　配合停电线路应采取的安全措施	已执行

6.5　保留或邻近的带电线路、设备

_____

6.6　其他安全措施和注意事项

_____

工作票签发人签名_____　　　　　　　　　　___年___月___日___时___分

工作负责人签名_____　　　　　　　　　　___年___月___日___时___分

6.7　其他安全措施和注意事项补充（由工作负责人或工作许可人填写）

_____

_____

7.　工作许可

许可内容	许可方式	工作许可人	工作负责人签名	工作许可时间			
				年	月	日	时　　分
				年	月	日	时　　分
				年	月	日	时　　分

8.　现场交底，工作班成员确认工作负责人布置的工作任务、人员分工、安全措施和注意事项并签名

_____

_____

9.　___年___月___日___时___分工作负责人确认工作票所列当前工作所需的安全措施全部执行完毕，下令开始工作

10.　工作任务单登记

工作任务单编号	工作任务	小组负责人	工作许可时间	工作结束报告时间

11．人员变更

11.1　工作负责人变动情况：原工作负责人_____离去，变更为工作负责人_____

工作票签发人_____　　　　　　　　____年___月___日___时___分

原工作负责人签名确认_____　　　　新工作负责人签名确认_____

　　　　　　　　　　　　　　　　　　　　　　____年___月___日___时___分

11.2　工作人员变动情况

新增人员	姓名					
	变更时间					
离开人员	姓名					
	变更时间					

工作负责人签名确认：_____

12．工作票延期：有效期延长到___年___月___日___时___分

工作负责人签名确认_____　　　　　　____年___月___日___时___分

工作许可人签名确认_____　　　　　　____年___月___日___时___分

13．每日开工和收工记录（使用一天的工作票不必填写）

收工时间	工作负责人	工作许可人	开工时间	工作许可人	工作负责人

14．工作终结

14.1　工作班现场所装设接地线共____组、个人保安线共____组已全部拆除，工作班布置的其他安全措施已恢复，工作班人员已全部撤离现场，材料工具已清理完毕，杆塔、设备上已无遗留物。

14.2　工作终结报告

终结内容	报告方式	工作负责人	工作许可人	终结报告时间				
				年	月	日	时	分
				年	月	日	时	分
				年	月	日	时	分

15．备注

15.1　指定专责监护人_____负责监护_____

_____（地点及具体工作）

15.2　其他事项

_____

_____

附录 C　配电第二种工作票格式

配电第二种工作票

单位_____　　编号_____

1. 工作负责人_____　　班组_____

2. 工作班成员（不包括工作负责人）_____

_____共____人

3. 工作任务

工作地点（地段）或设备 [注明变（配）电站、线路名称、设备双重名称、线路的起止杆号等]	工作内容

4. 计划工作时间：自____年____月____日____时____分至____年____月____日____时____分

5. 工作条件和安全措施（必要时可附页绘图说明）

_____

_____

_____

_____

6. 现场补充的安全措施

_____

_____

7. 工作许可

许可内容	许可方式	工作许可人	工作负责人签名	工作许可时间				
				年	月	日	时	分
				年	月	日	时	分
				年	月	日	时	分

8. 现场交底，工作班成员确认工作负责人布置的工作任务、人员分工、安全措施和注意事项并签名

_____

_____

9. ____年____月____日____时____分工作负责人确认工作票所列安全措施全部执行完毕，下令开始工作

10. 工作票延长：有效期延长到____年____月____日____时____分

工作负责人签名：_____　　　　　　　　____年____月____日____时____分

工作票许可人签名：_____　　　　　　　____年____月____日____时____分

11. 工作终结

11.1　工作班布置的其他安全措施已恢复，工作班人员已全部撤离现场，材料工具已清理完毕，杆塔、

设备上已无遗留物。

11.2　工作终结报告

终结内容	报告方式	工作负责人签名	工作许可人	终结报告时间				
				年	月	日	时	分
				年	月	日	时	分
				年	月	日	时	分

12.　备注

12.1　指定专责监护人_____负责监护_____

_____（地点及具体工作）

12.2　其他事项：

_____

_____

附录 D 配电带电工作票格式

配电带电工作票

单位＿＿＿＿＿＿＿＿＿＿＿＿＿＿＿＿＿＿＿＿＿   编号＿＿＿＿＿＿＿＿＿＿＿＿＿＿＿＿＿

1. 工作负责人＿＿＿＿＿＿＿＿＿＿＿＿＿＿＿＿   班组＿＿＿＿＿＿＿＿＿＿＿＿＿＿＿＿＿

2. 工作班成员（不包括工作负责人）＿＿＿＿＿＿＿＿＿＿＿＿＿＿＿＿＿＿＿＿＿＿＿＿＿＿

＿＿＿＿＿＿＿＿＿＿＿＿＿＿＿＿＿＿＿＿＿＿＿＿＿＿＿＿＿＿＿＿＿＿＿＿＿共＿＿人

3. 工作任务

线路名称、设备双重名称	工作地点	工作内容及人员分工	监护人

4. 计划工作时间：自＿＿年＿＿月＿＿日＿＿时＿＿分至＿＿年＿＿月＿＿日＿＿时＿＿分

5. 安全措施

5.1 调控或运维人员应采取的安全措施

线路名称、设备双重名称	是否需要停用重合闸	作业点负荷侧需要停电的线路、设备	应装设的安全遮拦（围栏）和悬挂的标示牌

5.2 其他安全措施和注意事项

＿＿

＿＿

工作票签发人签名＿＿＿＿＿＿＿＿＿＿＿＿   ＿＿＿年＿＿月＿＿日＿＿时＿＿分

工作负责人签名＿＿＿＿＿＿＿＿＿＿＿＿＿   ＿＿＿年＿＿月＿＿日＿＿时＿＿分

6. 工作许可

许可的线路、设备	许可方式	工作许可人	工作负责人签名	工作许可时间			
				年	月	日	时	分
				年	月	日	时	分
				年	月	日	时	分

7. 现场补充的安全措施

＿＿

＿＿

8．现场交底，工作班成员确认工作负责人布置的工作任务、人员分工、安全措施和注意事项并签名

_____

_____

_____

9．____年____月____日____时____分工作负责人下令开始工作

10．工作票延长：有效期延长到____年____月____日____时____分

工作负责人签名_____   ____年____月____日____时____分

工作票许可人签名_____   ____年____月____日____时____分

11．工作终结

11.1 工作班布置的其他安全措施已恢复，工作班人员已全部撤离现场，材料工具已清理完毕，杆塔、设备上已无遗留物

11.2 工作终结报告

终结的线路或设备	报告方式	工作许可人	工作负责人签名	终结报告时间				
				年	月	日	时	分
				年	月	日	时	分
				年	月	日	时	分

12．备注

_____

_____

附录 E　低压工作票格式

低压工作票

单位＿＿＿＿＿＿＿＿＿＿＿＿＿＿＿＿＿＿＿＿＿　　编号＿＿＿＿＿＿＿＿＿＿＿＿＿＿＿＿

1. 工作负责人＿＿＿＿＿＿＿＿＿＿＿＿＿＿＿　　班组＿＿＿＿＿＿＿＿＿＿＿＿＿＿＿＿＿

2. 工作班成员（不包括工作负责人）＿＿＿＿＿＿＿＿＿＿＿＿＿＿＿＿＿＿＿＿＿＿＿＿＿＿

＿＿＿＿＿＿＿＿＿＿＿＿＿＿＿＿＿＿＿＿＿＿＿＿＿＿＿＿＿＿＿＿＿共＿＿人

3. 工作的线路名称、设备双重名称、工作任务

＿＿

＿＿

4. 计划工作时间：自＿＿＿年＿＿＿月＿＿＿日＿＿＿时＿＿＿分至＿＿＿年＿＿＿月＿＿＿日＿＿＿时＿＿＿分

5. 工作条件和安全措施（必要时可附页绘图说明）

5.1　工作的条件和应采取的安全措施（停电、接地、隔离和装设的安全遮拦、围栏、标示牌等）

＿＿

＿＿

5.2　保留的带电部位

＿＿

＿＿

5.3　其他安全措施和注意事项

＿＿

＿＿

工作票签发人签名＿＿＿＿＿＿＿＿＿＿＿＿　　＿＿＿年＿＿＿月＿＿＿日＿＿＿时＿＿＿分

工作负责人签名＿＿＿＿＿＿＿＿＿＿＿＿　　＿＿＿年＿＿＿月＿＿＿日＿＿＿时＿＿＿分

6. 工作许可

6.1　现场补充的安全措施

＿＿

＿＿

6.2　确认本工作票安全措施正确完备，许可工作开始

许可方式＿＿＿＿＿＿＿＿＿＿＿＿＿＿　　许可时间＿＿＿年＿＿＿月＿＿＿日＿＿＿时＿＿＿分

工作许可人签名＿＿＿＿＿＿＿＿＿＿　　工作负责人签名＿＿＿＿＿＿＿＿

7. 现场交底，工作班成员确认工作负责人布置的工作任务、人员分工、安全措施和注意事项并签名

＿＿

＿＿

8. ＿＿＿年＿＿＿月＿＿＿日＿＿＿时＿＿＿分工作负责人确认工作票所列安全措施全部执行完毕，下令开始工作

9. 工作票延长：有效期延长到＿＿＿年＿＿＿月＿＿＿日＿＿＿时＿＿＿分

工作负责人签名＿＿＿＿＿＿＿＿＿＿＿＿　　＿＿＿年＿＿＿月＿＿＿日＿＿＿时＿＿＿分

工作票许可人签名＿＿＿＿＿＿＿＿＿＿＿＿　　＿＿＿年＿＿＿月＿＿＿日＿＿＿时＿＿＿分

10. 工作终结

工作班现场所装设接地线共＿＿＿组、个人保安线共＿＿＿组已全部拆除，工作班布置的其他安全措施已恢复，工作班人员已全部撤离现场，材料工具已清理完毕，杆塔、设备上已无遗留物。

工作负责人签名＿＿＿＿＿＿＿＿＿＿＿＿　　工作票许可人签名＿＿＿＿＿＿＿＿＿＿

工作终结时间＿＿＿年＿＿＿月＿＿＿日＿＿＿时＿＿＿分

11. 备注

＿＿

＿＿

附录 F　配电故障紧急抢修单格式

配电故障紧急抢修单

单位＿＿＿＿＿＿＿＿＿＿＿＿＿＿＿＿　　编号＿＿＿＿＿＿＿＿＿＿＿＿＿＿

1. 工作负责人＿＿＿＿＿＿＿＿＿＿＿＿　　班组＿＿＿＿＿＿＿＿＿＿＿＿＿＿

2. 工作班成员（不包括工作负责人）＿＿＿＿＿＿＿＿＿＿＿＿＿＿＿＿＿＿＿＿

＿＿＿＿＿＿＿＿＿＿＿＿＿＿＿＿＿＿＿＿＿＿＿＿＿＿＿＿＿＿＿共＿＿人

3. 工作任务

工作地点（地段）或设备 [注明变（配）电站、线路名称、设备双重名称、线路的起止杆号等]	工作内容

4. 安全措施

内容	安全措施
由调控、运维人员完成的线路间隔名称、状态（检修、热备用、冷备用）	
现场应断开的断路器（开关）、隔离开关（刀闸）、熔断器	
应装设的遮拦（围栏）及悬挂的标示牌	

线路名称、设备双重名称、装设位置	接地线号	装设人	装设时间	拆除人	拆除时间
保留带电部位及其他安全注意事项					

5. 上述 1 至 4 项由抢修工作负责人＿＿＿＿＿＿根据抢修任务布置人＿＿＿＿＿＿的指令，并根据现场勘查情况填写

6. 许可抢修时间＿＿年＿＿月＿＿日＿＿时＿＿分工作许可人＿＿＿＿＿＿

7. ____年____月____日____时____分工作负责人确认故障紧急抢修单所列安全措施全部执行完毕，下令开始工作

8. 抢修结束汇报：本次抢修工作于____年____月____日____时____分结束。抢修班人员已全部撤离，材料、工具已清理完毕，故障紧急抢修单已终结

现场设备状况及保留安全措施：

_____

_____

工作许可人_____

抢修负责人_____   填写时间____年____月____日____时____分

9. 备注

_____

_____

附录 G 配电工作任务单格式

配电工作任务单

单位＿＿＿＿＿＿＿＿＿＿ 工作编号＿＿＿＿＿＿＿＿＿ 编号＿＿＿＿＿＿＿＿＿＿＿

1. 工作负责人姓名＿＿＿＿＿＿＿

2. 小组负责人姓名＿＿＿＿＿＿ 小组名称＿＿＿＿＿＿＿＿＿＿＿＿＿＿＿＿＿＿

＿＿＿＿＿＿＿＿＿＿＿＿＿＿＿＿＿＿＿＿＿＿＿＿＿＿＿＿＿＿＿共＿＿人

3. 工作任务

工作地点（地段）或设备 [注明变（配）电站、线路名称、设备双重名称、线路的起止杆号等]	工作内容

4. 安全措施

内容	安全措施
由调控、运维人员完成 的线路间隔名称、状态（检修、热备用、冷备用）	
现场应断开的断路器（开关）、隔离开关（刀闸）、熔断器	
应装设的遮拦（围栏）及悬挂的标示牌	

线路名称、设备双重名称、装设位置	接地线号	装设人	装设时间	拆除人	拆除时间
保留带电部位及其他安全注意事项					

5. 上述 1 至 4 项由抢修工作负责人＿＿＿＿＿＿根据抢修任务布置人＿＿＿＿＿＿的指令，并根据现场勘查情况填写

6. 许可抢修时间＿＿年＿＿月＿＿日＿＿时＿＿分工作许可人＿＿＿＿＿＿

7. ____年____月____日____时____分工作负责人确认故障紧急抢修单所列安全措施全部执行完毕，下令开始工作

8. 抢修结束汇报：本次抢修工作于____年____月____日____时____分结束。抢修班人员已全部撤离，材料、工具已清理完毕，故障紧急抢修单已终结

现场设备状况及保留安全措施：

_____

_____

工作许可人_____

抢修负责人_____   填写时间____年____月____日____时____分

9. 备注

_____

_____

附录 H　绝缘安全工器具预防性试验项目、周期和要求

序号	器具	项目	周期	要求				说明
1	电容型验电器	A. 启动电压试验	1年	启动电压值不高于额定电压的45%，不低于额定电压的10%				试验时接触电极应与试验电极相接触
		B. 工频耐压试验	1年	额定电压/kV	试验长度/m	工频耐压/kV		
						1min	3min	
				低压	0.08	2.5		
				10	0.7	45		
				20	0.8	80		
2	携带型短路接地线	A. 成组直流电阻试验	5年	在各接线鼻之间测量直流电阻，对于25mm²、35mm²、50mm²、70mm²、95mm²、120mm²的各种截面，平均每米的电阻值应分别小于0.79mΩ、0.56mΩ、0.40mΩ、0.28mΩ、0.21mΩ、0.16mΩ				同一批次抽测，不少于2条，接线鼻与软导线压接的应做该试验
		B. 接地操作杆工频耐压试验（整杆）	5年	额定电压/kV	试验长度/m	工频耐压/kV		试验电压加在护环与紧固头之间
						1min	3min	
				低压		2.5		
				10		45		
				20		80		
3	个人保安线	A. 成组直流电阻试验	5年	在各接线鼻之间测量直流电阻，对于10mm²、16mm²、25mm²各种截面，平均每米的电阻值应小于1.98mΩ、1.24mΩ、0.79mΩ				同一批次抽测，不少于两条
		B. 工频耐压试验	5年	工频耐压2.5kV，持续时间1min				
4	绝缘杆	工频耐压试验	1年	额定电压/kV	试验长度/m	工频耐压/kV		
						1min	3min	
				低压	0.08	2.5		
				10	0.7	45		
				20	0.8	80		
5	核相器	A. 连接导线绝缘强度试验	1年	额定电压/kV	工频耐压/kV	持续时间/min		浸在电阻率小于100Ω·m的水中
				10	8	5		
				20	16	5		
		B. 绝缘部分工频耐压试验	1年	额定电压/kV	试验长度/m	工频耐压/kV	持续时间/min	
				低压	0.7	45	1	
				10	0.8	80	1	

（续）

序号	器具	项目	周期	要求				说明
5	核相器	C. 电阻管泄漏电流试验	半年	额定电压 /kV	工频耐压 /kV	持续时间 /min	泄漏电流 /mA	
				10	10	1	≤2	
				20	20	1	≤2	
		D. 动作电压试验	1 年	最低动作电压应达 0.25 倍额定电压				
6	绝缘罩	工频耐压试验	1 年	额定电压 /kV	工频耐压 /kV	时间 /min		
				10	20	1		
				20	30	1		
7	绝缘隔板	A. 表面工频耐压试验	1 年	额定电压 /kV	工频耐压 /kV	时间 /min		
				35 及以下	60	1		
		B. 工频耐压试验	1 年	额定电压 /kV	工频耐压 /kV	时间 /min		
				10	20	1		
				20	30	1		
8	绝缘胶垫	工频耐压试验	1 年	电压等级 /kV	工频耐压 /kV	持续时间 /min		适用于带电设备区域
				高压	15	1		
				低压	3.5	1		
9	绝缘靴	工频耐压及泄漏电流试验	半年	工频电压 /kV	持续时间 /min	泄漏时间 /min		适用于高压
				15	1	≤6		
10	绝缘手套	工频耐压试验	半年	电压等级 /kV	工频耐压 /kV	持续时间 /min	泄漏时间 /min	
				高压	20	1	≤9	
				低压	30	1	≤2.5	
11	绝缘夹钳	工频耐压试验	1 年	额定电压 /kV	试验长度 /m	工频耐压 /kV	持续时间 /min	
				10	0.7	45	1	
				20	0.8	80	1	
12	绝缘绳	工频耐压试验	半年	工频耐压 105kV，试验长度 0.5m，持续时间 1min				

注：1. 绝缘安全工器具的具体试验方法参照 DL/T 1476 相关内容。

2. 本附录合并了个人保安线的试验要求。

附录Ⅰ　标示牌样式

名称	悬挂处	样式		
		尺寸/mm（长×宽）	颜色	字样
禁止合闸，有人工作！	一经合闸即可送电到施工设备的断路器（开关）和隔离开关（刀闸）操作把手上	200×160 和 80×65	白底，红色圆形斜杠，黑色禁止标志符号	红底白字
禁止合闸，线路有人工作！	线路断路器（开关）和隔离开关（刀闸）把手上	200×160 和 80×65	白底，红色圆形斜杠，黑色禁止标志符号	红底白字
禁止分闸！	接地刀闸与检修设备之间的断路器（开关）操作把手上	200×160 和 80×65	白底，红色圆形斜杠，黑色禁止标志符号	红底白字
在此工作！	工作地点或检修设备上	250×250 和 80×80	衬底为绿色，中有直径 200mm 和 65mm 的白圆圈	黑字，写于白圆圈中
止步，高压危险！	施工地点邻近带电设备的遮拦上；室外工作地点的围栏上；禁止通行的过道上；高压试验地点；室外构架上；工作地点邻近带电设备的横梁上	300×240 和 200×160	白底，黑色正三角形及标志符号，衬底为黄色	黑字
从此上下！	工作人员可以上下铁架、爬梯上	250×250	衬底为绿色，中有直径 200mm 的白圆圈	黑字，写于白圆圈中
从此进出！	室外工作地点围栏的出入口处	250×250	衬底为绿色，中有直径 200mm 的白圆圈	黑体黑字，写于白圆圈中
禁止攀登，高压危险！	高压配电装置构架的爬梯上，变压器、电抗器等设备的爬梯上	500×400 和 200×160	白底，红色圆形斜杠，黑色禁止标志符号	红底白字

附录 J 配电倒闸操作票样式

配电倒闸操作票

单位：   编号：

发令人：	受令人：	发令时间： 年 月 日 时 分
操作开始时间： 年 月 日 时 分		操作结束时间： 年 月 日 时 分
操作任务：		

顺序	操作项目	√
备注：		
操作人：	监护人：	

附录 K　起重工具检查和试验周期、质量标准

编号	起重工具名称	检查与试验质量标准	检查与预防性试验周期
1	白棕绳、纤维绳	检查：绳子光滑、干燥无磨损现象 试验：以 2 倍容许工作荷重进行 10min 的静力试验，不得有断裂和显著的局部延伸现象	每月检查 1 次；每年试验 1 次
2	钢丝绳（起重用）	检查：①绳扣可靠，无松动现象；②钢丝绳无严重磨损现象；③钢丝断裂根数在规程规定限度以内 试验：以 2 倍容许工作荷重进行 10min 的静力试验，不得有断裂和显著的局部延伸现象	每月检查 1 次（非常用的钢丝绳在使用前应进行检查）；每年试验 1 次
3	合成纤维吊装带	检查：吊装带外部护套无破损，内芯无断裂 试验：以 2 倍容许工作荷重进行 12min 的静力试验，不得有断裂现象	每月检查 1 次；每年试验 1 次
4	铁链	检查：①链节无严重锈蚀，无磨损；②链节无裂纹 试验：以 2 倍容许工作荷重进行 10min 的静力试验，链条不得有断裂、显著的局部延伸及个别链节拉长等现象	每月检查 1 次；每年试验 1 次
5	葫芦（绳子滑车）	检查：①葫芦滑轮完整灵活；②滑轮吊杆（板）无磨损现象，开口销完整；③吊钩无裂纹、变形；④棕绳光滑无任何裂纹现象（如有损伤须经详细鉴定）；⑤润滑油充分 试验：①新安装或大修后，以 1.25 倍容许工作荷重进行 10min 的静力试验后，以 1.1 倍容许工作荷重作动力试验，不得有裂纹、显著局部延伸现象；②一般的定期试验，以 1.1 倍容许工作荷重进行 10min 的静力试验	每月检查 1 次；每年试验 1 次
6	绳卡、卸扣等	检查：丝扣良好，表面无裂纹 试验：以 2 倍容许工作荷重进行 10min 的静力试验	每月检查 1 次；每年试验 1 次
7	电动及机动绞磨（拖拉机绞磨）	检查：①齿轮箱完整，润滑良好；②吊杆灵活，铆接处螺钉无松动或残缺；③钢丝绳无严重磨损现象，断丝根数在规程规定范围以内；④吊钩无裂纹变形；⑤滑轮滑杆无磨损现象；⑥滚筒突缘高度至少应比最外层绳索的表面高出该绳索的一个直径，吊钩放在最低位置时，滚筒上至少剩有 5 圈绳索，绳索固定点良好；⑦机械转动部分防护罩完整，开关及电动机外壳接地良好；⑧卷扬限制器在吊钩升起距起重构架 300mm 时自动停止；⑨荷重控制器动作正常；⑩制动器灵活良好 试验：①新安装的或经过大修的以 1.25 倍容许工作荷重升起 100mm 进行 10min 的静力试验后，以 1.1 倍容许工作荷重作动力试验，制动效能应良好，且无显著的局部延伸；②一般的定期试验，以 1.1 倍容许工作荷重进行 10min 的静力试验	半年检查 1 次；第③项使用前应进行检查；第⑦~⑩项每月检查 1 次；每年试验 1 次

（续）

编号	起重工具名称	检查与试验质量标准	检查与预防性试验周期
8	吊钩、卡线器	检查：①无裂纹或显著变形；②无严重腐蚀、磨损现象；③转动部分灵活、无卡涩现象 试验：以 1.25 倍容许工作荷重进行 10min 静力试验，用放大镜或其他方法检查，不得有残余变化、裂纹及裂口	半年检查 1 次；每年试验 1 次
9	抱杆	检查：①金属抱杆无弯曲变形、焊口无开焊；②无严重腐蚀；③抱杆帽无裂纹、变形 试验：以 1.25 倍容许工作荷重进行 10min 静力试验	每月检查 1 次，使用前检查；每年试验 1 次
10	其他起重工具	试验：以 ≥ 1.25 倍容许工作荷重进行 10min 静力试验（无标准可依据时）	使用前检查；每年试验 1 次

注：1. 新的起重设备和工具，允许在设备证件发出日起 12 个月内不需重新试验。

2. 机械和设备在大修后应试验，而不得受预防性试验期限的限制。

附录 L　配电一级动火工作票格式

盖"合格／不合格"章　　　　　　　　　　　盖"已终结／作废"章

配电一级动火工作票

单位（车间）＿＿＿＿＿＿＿＿＿＿＿＿＿　　　　编号＿＿＿＿＿＿＿＿＿＿＿＿＿

1. 动火工作负责人班组＿＿＿＿＿＿

2. 动火执行人＿＿＿＿＿＿

3. 动火地点及设备名称

＿＿

＿＿

4. 动火工作内容（必要时可附页绘图说明）

＿＿

＿＿

5. 动火方式

＿＿

＿＿＿＿＿＿＿＿＿＿＿＿＿＿＿＿＿＿＿＿（动火方式可填写焊接、切割、打磨、电钻、使用喷灯等）

6. 申请动火时间

自＿＿＿年＿＿＿月＿＿＿日＿＿＿时＿＿＿分

至＿＿＿年＿＿＿月＿＿＿日＿＿＿时＿＿＿分

7. （设备管理方）应采取的安全措施

＿＿

＿＿

8. （动火作业方）应采取的安全措施

＿＿

＿＿

动火工作票签发人签名＿＿＿＿＿＿

签发日期＿＿＿年＿＿＿月＿＿＿日＿＿＿时＿＿＿分

（动火作业方）消防管理部门负责人签名＿＿＿＿＿＿

（动火作业方）安监部门负责人签名＿＿＿＿＿＿

分管生产的领导或技术负责人（总工程师）签名＿＿＿＿＿＿

9. 确认上述安全措施已全部执行

动火工作负责人签名＿＿＿＿＿＿　　　运维许可人签名＿＿＿＿＿＿

许可时间＿＿＿年＿＿＿月＿＿＿日＿＿＿时＿＿＿分

10. 应配备的消防设施和采取的消防措施、安全措施已符合要求。可燃性、易爆气体含量或粉尘浓度测定合格

（动火作业方）消防监护人签名＿＿＿＿＿＿

（动火作业方）安监部门负责人签名＿＿＿＿＿＿

（动火作业方）消防管理部门负责人签名＿＿＿＿＿＿动火工作负责人签名＿＿＿＿＿＿动火执行人签名＿＿＿＿＿＿

分管生产的领导或技术负责人（总工程师）签名＿＿＿＿＿＿

许可动火时间＿＿＿年＿＿＿月＿＿＿日＿＿＿时＿＿＿分

11．动火工作终结

动火工作于＿＿＿年＿＿＿月＿＿＿日＿＿＿时＿＿＿分结束，材料、工具已清理完毕，现场确无残留火种，参与现场动火工作的有关人员已全部撤离，动火工作已结束。

动火执行人签名＿＿＿＿＿＿　　　（动火作业方）消防监护人签名＿＿＿＿＿＿

动火工作负责人签名＿＿＿＿＿＿　　运维许可人签名＿＿＿＿＿＿

12．备注

（1）对应的检修工作票、工作任务单和故障紧急抢修单编号＿＿＿＿＿＿

（2）其他事项

＿＿

＿＿

附录M　配电二级动火工作票格式

<table>
<tr><td>盖"合格／不合格"章</td><td>盖"已终结／作废"章</td></tr>
</table>

配电二级动火工作票

单位（车间）_____　　编号_____

1．动火工作负责人_____班组_____

2．动火执行人_____

3．动火地点及设备名称

_____

_____

4．动火工作内容（必要时可附页绘图说明）

_____

_____

5．动火方式

_____（动火方式可

填写焊接、切割、打磨、电钻、使用喷灯等）

6．申请动火时间

自___年___月___日___时___分

至___年___月___日___时___分

7．（设备管理方）应采取的安全措施

_____

_____

8．（动火作业方）应采取的安全措施

_____

_____

动火工作票签发人签名_____

签发日期___年___月___日___时___分

消防人员签名_____安监人员签名_____

分管生产的领导或技术负责人（总工程师）签名_____

9．确认上述安全措施已全部执行

动火工作负责人签名_____　运维许可人签名_____

许可时间___年___月___日___时___分

10．应配备的消防设施和采取的消防措施、安全措施已符合要求。可燃性、易爆气体含量或粉尘浓度测定合格

气体含量或粉尘浓度测定合格。

（动火作业方）消防监护人签名_____

（动火作业方）安监部门负责人签名_____

动火工作负责人签名_____动火执行人签名_____

许可动火时间___年___月___日___时___分

11．动火工作终结

动火工作于＿＿年＿＿月＿＿日＿＿时＿＿分结束，材料、工具已清理完毕，现场确无残留火种，参与现场动火工作的有关人员已全部撤离，动火工作已结束。

动火执行人签名＿＿＿＿＿＿（动火作业方）消防监护人签名＿＿＿＿＿＿

动火工作负责人签名＿＿＿＿＿＿运维许可人签名＿＿＿＿＿＿

12．备注

（1）对应的检修工作票、工作任务单和故障紧急抢修单编号＿＿＿＿＿＿

（2）其他事项

＿＿＿

＿＿＿

附录 N　动火管理级别的划定

N.1　一级动火区

油区和油库围墙内；油管道及与油系统相连的设备，油箱（除此之外的部位列为二级动火区域）；危险品仓库及汽车加油站、液化气站内；变压器、电压互感器、充油电缆等注油设备、蓄电池室（铅酸）；一旦发生火灾可能严重危及人身、设备和电网安全以及对消防安全有重大影响的部位。

N.2　二级动火区

油管道支架及支架上的其他管道；动火地点有可能火花飞溅落至易燃易爆物体附近；电缆沟道（竖井）内、隧道内、电缆夹层；调度室、控制室、通信机房、电子设备间、计算机房、档案室；一旦发生火灾可能危及人身、设备和电网安全以及对消防安全有影响的部位。

附录 O　登高工器具试验标准表

序号	名称		项目	周期	要求	说明
1	安全带	坠落悬挂安全带	静负荷试验	1 年	试验静负荷 3300N，持续时间 5min	牛皮带试验周期为半年
		围杆作业安全带		1 年	试验静负荷 2205N，持续时间 5min	
		区域限制安全带		1 年	试验静负荷 1200N，持续时间 5min	
		安全绳		1 年	试验静负荷 2205N，持续时间 5min	
2	安全帽		A. 冲击吸收性能试验	1 年	受冲击力小于 4900N	使用期限：从制造之日起，塑料帽 ≤2.5 年，玻璃钢帽 ≤3.5 年
			B. 耐穿刺性能试验	1 年	钢锥不接触头模表面	
3	脚扣		A. 静负荷试验	1 年	试验静负荷 1176N，持续时间 5min	
			B. 扣带强力试验	1 年	试验静负荷 90N，持续时间 5min	
4	登高板		静负荷试验	半年	试验静负荷 2205N，持续时间 5min	
5	硬梯	竹梯、木梯	静负荷试验	半年	试验静负荷 1765N，持续时间 5min	
		其他梯子		1 年		
		人字梯限张装置	强度试验	1 年	试验静压力 1960N，持续时间 5min	

注：1. 安全带的静负荷试验数据来自 DL/T 1476。

2. 依据 GB 2811—2019《头部防护　安全帽》，安全帽到达强制报废期限（标准中第 7.2 条款规定了安全帽的制造商应在产品永久标识中明示产品的强制报废期限；同时，第 7.3 条款规定了安全帽的制造商应提供安全帽的报废判别条件和使用期限）后应进行报废处理。

3. 登高工器具的具体试验方法参照 DL/T 1476 的相关内容。

4. 本表合并了安全带、安全帽的试验要求。

参 考 文 献

[1]   中国电力企业联合会. 架空电力线路多旋翼无人机巡检系统分类和配置导则：T/CE 308-2021[S]. 北京：
      中国电力企业联合会，2020.

[2]   国家能源局. 架空电力线路多旋翼无人机飞行控制系统通用技术规范：DL/T 2119-2020[S]. 北京：国
      家能源局，2020.

[3]   国家电网公司. 国家电网公司电力安全工作规程 线路部分：Q/GDW 1799.2-2013[S]. 北京：国家电
      网公司，2013.

[4]   王剑，刘恨. 电力行业无人机巡检作业人员培训考核规范 [M]. 北京：中国电力出版社，2020.

[5]   游步新. 电网企业无人机驾驶员基础培训教程 [M]. 北京：中国电力出版社，2022.

[6]   戴永东. 电网无人机巡检技能实训教材 [M]. 北京：中国水利水电出版社，2022.